普通高等教育"十二五"规划教材

清洁生产教程

于宏兵　主编

孙大光　乔 奇　副主编

化 学 工 业 出 版 社

·北 京·

本书全面系统地阐述了清洁生产理论与方法。全书共分为 8 章,从理论角度,系统地介绍了清洁生产、清洁生产审核概念与原理、清洁生产相关理论与方法;从工业原理角度阐述了清洁生产的能流与物质流分析方法,介绍了清洁生产评价、清洁生产机制、清洁生产法规与标准,在清洁生产审核的方法学等方面还应用了编者及其团队的部分研究成果;从实践角度,列举了电力、染料、机械、汽车等行业的清洁生产审核案例。

本书可作为开设清洁生产课程的高等院校以及环境工程、环境科学、环境管理、环境评价等相关专业本科生和研究生的教材;同时也可作为从事清洁生产审核、环境影响评价和节能减排的科学技术人员的工具书。

图书在版编目(CIP)数据

清洁生产教程/于宏兵主编. —北京:化学工业
出版社,2011.11(2025.2重印)
普通高等教育"十二五"规划教材
ISBN 978-7-122-12680-1

Ⅰ. 清… Ⅱ. 于… Ⅲ. 无污染工艺-高等学校-
教材 Ⅳ. X383

中国版本图书馆 CIP 数据核字(2011)第 217891 号

责任编辑:满悦芝 文字编辑:荣世芳
责任校对:边 涛 装帧设计:尹琳琳

出版发行:化学工业出版社(北京市东城区青年湖南街 13 号 邮政编码 100011)
印 装:北京天宇星印刷厂
787mm×1092mm 1/16 印张 15 字数 371 千字 2025 年 2 月北京第 1 版第 7 次印刷

购书咨询:010-64518888 售后服务:010-64518899
网 址:http://www.cip.com.cn
凡购买本书,如有缺损质量问题,本社销售中心负责调换。

定 价:48.00 元

编写人员

主　　编：于宏兵

副 主 编：孙大光　　乔　奇

参编人员：闫春红　　张　霞　　马淑琴　　蒋　彬　　于瀚洋

　　　　　庄　琳　　展思辉　　王胜强　　王得荣

前　言

全球资源、能源和环境空间的有限性是人类可持续发展面临的客观现实，人类别无选择，必须提高资源和能源的利用效率和循环利用效率，减少污染物对环境的影响。我国是资源和能源消费大国，也是资源贫国，节能降耗、减排增效是我国必须选择的发展道路。传统的高耗能、高消耗的经济发展模式已严重阻碍了我国经济的健康可持续发展。因此，转变经济增长模式，引导企业走新型工业化道路，成为我国发展中亟待解决的问题。

清洁生产的核心是"节能降耗、减排增效"，尽可能降低企业生产过程中资源和能源的使用，减少环境污染物排放，尽可能使用无毒和无害的原料，生产可再生利用的产品，清洁生产的理念和思想完全符合现代企业发展和国家的可持续发展的要求。清洁生产技术与清洁生产审核是生产单位实现清洁生产的有效途径和方法，是一套科学性和实用性很强的方法学，是融合了现代产业生态学、系统学、工业生产原理、生态学、环境科学、环境工程学、化工等学科的基本理论和方法。

本书不仅阐述了清洁生产的基本理论、原理和方法，还特别吸收国际和国内近年来清洁生产研究的新成果与进展。结合我国清洁生产开展的特点、存在问题和需求，对清洁生产方法的理论与实践做了较全面系统的总结。

本书共分为8章，第1章介绍了清洁生产概念的产生、基础知识、基本理论、研究方法，清洁生产的定义和内涵，清洁生产目标、研究对象和主要内容。第2章主要介绍了清洁发展机制。第3章论述了清洁生产工具性的理论和方法，如生态设计、生命周期评价、低碳经济和绿色经济在清洁生产上的应用，重点介绍了清洁生产的基本原理和方法。第4章介绍了我国清洁生产法规标准体系和管理制度。第5章论述了清洁生产评价内容、原则和方法体系。第6章理论和实践相结合论述了清洁生产审核程序。第7章从企业清洁生产能流和物质流分析的需求论述了工业生产原理和方法。第8章结合电厂、化工、汽车和机械等行业典型案例，论述清洁生产审核方法学在实际中的应用。各章编者分工如下：第1章，于宏兵、孙大光；第2章，于宏兵、张霞、闫春红；第3章，孙大光、马淑琴；第4章，孙大光、蒋彬；第5章，乔奇、于宏兵；第6章、第7章，于宏兵、孙大光；第8章，于宏兵、孙大光、马淑琴、张霞、闫春红。于瀚洋、庄琳、展思辉、王胜强、王得荣等对相关案例资料进行了筛选和整理。

2005年开始本书的电子稿就已用于本科和研究生清洁生产课程的教学中，经过多年的教学实践检验，根据教学效果和学生反馈信息不断充实和完善。在本书内容和结构设计上重点考虑清洁生产课程教学需求，体现学科的特点，尽可能全面、系统地进行相关基础理论的梳理和应用。为体现应用学科的教学效果，还增加了案例分析，和思考题等内容，引导学生理论结合实践。

本书从写作到成稿，历时3年，写作团队倾注心血，特别是于宏兵教授、孙大光高级工程师、乔奇研究员多年一直从事清洁生产管理、清洁生产审核、清洁生产技术研究工作，发表了数十篇清洁生产理论与方法的学术论文和著作。在本书编撰过程中，编者把自身清洁生产技术成果、实际案例以及在清洁生产审核方法学方面的探索和领悟进行总结归纳整理，为本书的写作奠定了基础，本书部分内容体现了编者近年来在该领域的研究成果。

本书出版，得到了国家重大水专项辽河流域重化工业节水减排清洁生产技术集成研究项目支持（项目编号2009ZX07208-002-006、2009ZX07208-002-004）；得到了国家科技支撑项目（2008BAC43B01）、环保部公益项目（200909101）的支持，在此一并感谢。

由于编者水平和时间有限，疏漏之处在所难免，殷切希望读者对本书提出宝贵建议，以利于共同促进清洁生产理论、方法与实践的进一步发展。

编者

2011 年 12 月

目　录

1 绪 论

1.1 清洁生产的产生

清洁生产（Cleaner Production）是在环境和资源危机的背景下，国际社会在总结了各国工业污染控制经验的基础上提出的一个全新的污染预防的环境战略。它的产生过程，就是人类寻求一条实现经济、社会、环境、资源协调发展的可持续发展道路的过程。

1.1.1 不断加重的环境问题

18世纪工业革命以来，由于工业生产规模不断扩大，资源消耗速度加快，废弃物排放明显增加，致使生态环境破坏严重，而大自然的承受能力是有限的，当消纳不了这些污染物时就出现了一系列的大面积乃至全球性的恶性污染事件，其中著名的是所谓的"八大公害事件"（表1-1）。

表1-1 八大公害事件

事件名称	主要污染物	发生地点	发生年份	危害情况	公害原因
马斯河谷烟雾	烟尘、SO_2	比利时	1930	几千人病，60人亡	山谷厂多、逆温天气
多诺拉烟雾	烟尘、SO_2	美国	1948	42%人病，17人亡	厂多、逆温、雾日
伦敦烟雾	烟尘、SO_2	美国	1952	5天内4000人亡	烟煤取暖、逆温
洛杉矶光化学烟雾	石化尾气、汽车尾气	美国	1943	多数病，400人亡	尾气在紫外线作用下生成光化学烟雾
水俣病	甲基汞	日本	1953	180人病，50人亡	氮生产中的催化剂
富山骨痛病	镉	日本	1931～1972	280人病，34人亡	炼锌厂含镉废水
四日市哮喘	烟尘、SO_2、重金属粉尘	日本	1955	500人病，36人亡	工厂排放量多
米糠油	多氯联苯	日本	1968	万人病，16人亡	有害有机物多氯联苯进入食用油

不断发生的环境公害事件使人类逐渐意识到，通过任意地、不计后果地掠夺自然资源、肆意地排放污染物而促进生产力大幅度增长的同时，自己也付出了惨重的代价，以下的环境问题已经被人类所认识到并威胁人类的生存。

（1）全球变暖 由于大量排放温室气体，全球气温上升了0.6℃。全球变暖是一种大规模的环境灾难，它会导致海洋水体膨胀和两极冰雪融化，使海平面上升，危及沿海地区的经济发展和人民生活，影响农业和自然生态系统，加剧洪涝、干旱及其他气象灾害，并会影响人类健康，加大疾病危险和死亡率，增加传染病。

（2）大气污染 主要污染物有悬浮颗粒物、一氧化碳、臭氧、二氧化硫、氮氧化物、碳氢化物、铅等。大气污染会导致气候变暖、酸雨、臭氧层破坏，对动植物产生危害，对人类健康也会产生有害影响。

（3）水体污染 全世界多数河流都受到不同程度的污染，其中约有40%的河流稳定流量受到较为严重的污染。全球每年水污染导致 10 亿人患各类病，300 万儿童因腹泻死亡。

（4）酸雨蔓延　被称为"空中恶魔"的酸雨目前已成为一种范围广、跨越国界的大气污染现象。酸雨会破坏土壤，使湖泊酸化，危害动植物生长；会刺激人的皮肤，诱发皮肤病、肺水肿、肺硬化；会腐蚀金属制品、油漆、皮革、纺织品和含碳酸盐的建筑。我国目前已有30％的地区有降酸雨的现象，主要集中在长江以南。

（5）海洋污染　目前，全球每年都有数十亿吨的淤泥、污水、工业垃圾和化工废物等直接流入海洋，河流每年也将近百亿吨的淤泥和废物带入沿海水域。海洋污染造成赤潮频频发生，使近海鱼虾锐减。

（6）臭氧层破坏　1985 年，英国科学家观测到南极上空出现臭氧层空洞，并证实其同氟利昂分解产生的氯原子有直接关系。臭氧层耗损使大量紫外线直接辐射到地面，导致人类皮肤癌、白内障发病率增高，并抑制人体免疫系统功能；农作物因受害而减产；破坏海洋生态系统的食物链，导致生态平衡的破坏。高空中臭氧虽在减少，但低空中臭氧含量的增加还会引起光化学烟雾，危害森林、农作物、建筑物等，并会造成人类的机体失调和中毒。

（7）生物物种减少　当前地球上生物种类多样性损失的速度比历史上任何时候都快，鸟类和哺乳动物现在的灭绝速度可能是它们在未受干扰的自然界中的 100～1000 倍。大面积地砍伐森林，过度捕猎野生动物，工业化和城市化发展造成的污染、植物破坏，无控制的旅游，土壤、水、空气的污染，全球变暖等人类的各种活动是引起大量物种灭绝或濒临灭绝的原因，这将逐渐瓦解人类生存的基础。

（8）森林锐减　20 世纪 50 年代后，全球森林面积逐渐减少，1980 年至 1990 年期间全球平均每年损失森林 995 万公顷，约等于韩国的面积。

（9）土地荒漠化　这是目前世界上最严重的环境与社会经济问题，全球每年有 600 万公顷的土地变为荒漠。亚太地区是荒漠化比较突出的一个地区，中国、阿富汗、蒙古、巴基斯坦和印度是受荒漠化影响较重的国家。荒漠化是引起沙尘暴的原因。

（10）固体废物污染　固体废物堆放侵占大量土地，对农田破坏严重；严重污染空气和水体；垃圾传播疾病；危险废物诱发癌症。

1.1.2　人类对污染治理方法的逐步转变

自工业革命以来，工业化大生产不仅以前所未有的速率增加世界物质财富，壮大工业化国家的力量，也以前所未有的规模消耗着全球有限的自然资源，制造出有损于自然生态和人类自身的污染物。但是，长期以来，人类对工业化大生产的这种负面作用缺乏足够的认识。许多工业污染物或任其自流，让自然界稀释、化解；或为降低眼前污染物浓度，先经人为"稀释"再行排放，最后靠自然界消纳。这种做法通常被称之为"稀释排放"。

工业化初期采取"稀释排放"，环境尚能承受。但是，自然界的容量和自净能力是有限的，超越这个限度必然引发严重后果。所以，至 20 世纪 50 年代，包括伦敦光化学烟雾、日本水俣病在内的一些恶性环境污染事件相继发生。面对事实，人们开始意识到问题的严重性，各工业化国家不得不由"排污"转向"治污"，即针对生产末端产生的污染物开发行之有效的治理技术，这也就是人们常说的"末端治理"。和"稀释排放"相比，"末端治理"是一大进步，不仅有助于消除污染事件，也在一定程度上减缓了生产活动对环境污染和生态破坏的势头。

随着工业化的进一步迅速扩展，污染物急剧增加，"末端治理"也很快显出其局限性。很多情况下，末端治理需要投入昂贵的设备费用、惊人的维护开支和最终处理费用，其工作本身还要消耗资源、能源，并且这种处理方式会使污染在空间和时间上发生转移而产生二次污染。人类为治理污染付出了高昂而沉重的代价，收效却并不理想。

20 世纪 70 年代，环境问题不断恶化的同时又发生了全球性的石油危机，迫使工业化国家纷纷采取废物资源化政策，发展废物"循环回收利用"技术，节约资源与能源，减少废物的产生和排放。但是由于技术和经济因素，不是所有的工业废物都能找到循环途径，特别是种类越来越多、成分越来越复杂的化学废物，其分离技术复杂、成本高，难以进行循环回收利用；同时很多废物在收集、储存、运输和回收加工处理过程中存在相当的环境风险，仍然可能对人类与环境造成危害。

进入 20 世纪 80 年代，人们回顾了过去几十年工业生产与环境管理实践，深刻认识到"稀释排放"、"末端治理"、"循环回收利用"等"先污染后治理"的污染防治方法不但不能解决日益严重的环境污染问题，反而继续造成自然资源和能源的巨大浪费，加重环境污染和社会负担。面对这种情况，人类开始醒悟到，与其治理"末端"污染，不如开发替代产品，调整工艺过程，优化系统配置，使污染物减至最少。这导致并催生了清洁生产的出现以及大规模的实践。

1.1.3　清洁生产的提出

在外界环境问题压力的驱使以及人们对污染治理方法转变的推动下，渴望寻求一条能够推进工业可持续发展的最佳途径，即在工业发展的同时，削减有害物质的排放，减少人类健康和环境的风险，减少生产工艺过程中的原料和能源消耗，降低生产成本，使得经济与环境相互协调，经济效益与环境效益统一，这个愿望越来越迫切。

走可持续发展道路就成为了必然选择，1987 年，为了推进"我们共同的未来"，国际社会提出了可持续发展的概念。从理论上讲，可持续发展就是在不危及满足下一代人需求的基础上满足当代人的需求。可持续发展真正的挑战是如何把理论推向实践。清洁生产提供了一种把可持续发展从理论框架推向实际行动的可操作的途径。

1989 年，联合国环境规划署工业与技术经济处（UNEP Division of Technology，Industry and Economics，UNEP-DTIE）在内罗毕召开的第 16 次大会上正式提出了清洁生产的概念，其中的定义为：对生产工艺过程与产品采取一体化预防性环境策略，以减少其对人类与环境的可能危害；对生产过程而言是节约原材料、能源，尽可能不使用有毒的原材料，尽可能地减少有害废物的排放和毒性；对产品而言是要求产品在整个生命周期内对环境的影响少。接着 UNEP-DTIE 马上开始了树立概念认识，建立机构及能力，进行实证式示范等工作来推进可持续发展。

1992 年，联合国环境与发展大会通过了《里约宣言》和《21 世纪议程》，会议号召世界各国在促进经济发展的进程中，不仅要关注发展的数量和速度，而且要重视发展的质量和持久性。大会呼吁各国调整生产和消费结构，广泛应用环境无害技术和清洁生产方式，节约资源和能源，减少废物排放，实施可持续发展战略。清洁生产正式写入《21 世纪议程》，并成为通过预防来实现工业可持续发展的专用术语。从此，清洁生产在全球范围内逐步推行。

1.2　清洁生产的概念及内涵

1.2.1　清洁生产的定义

1998 年在第五次国际清洁生产研讨会上，清洁生产的定义得到进一步的完善。联合国环境规划署这样定义清洁生产：清洁生产是将综合性预防的环境战略持续地应用于生产过程、产品和服务中，以提高效率，降低对人类和环境的危害。对生产过程来说，清洁生产是指通过节约能源和资源，淘汰有害原料，减少废物和有害物质的产生和排放；对产品来说，清洁生产是指降低产品生命周期即从原材料开采到寿命终结的处置的整个过程对人类和环境的影响；对服务来说，清洁生产是指将预防性的环境战略结合到服务的设计和提供服务的活动中。

我国于 2002 年 6 月 29 日颁布的《中华人民共和国清洁生产促进法》也给出了清洁生产的定义。即：清洁生产是指不断采取改进设计、使用清洁的能源和原料、采用先进的工艺技术与设备、改善管理、综合利用等措施，从源头削减污染，提高资源利用效率，减少或者避免生产、服务和产品使用过程中污染物的产生和排放，以减轻或者消除对人类健康和环境的危害。

这两个定义虽然表述不同，但内涵是一致的。《清洁生产促进法》关于清洁生产，借鉴了联合国环境规划署的定义，结合我国实际情况，表述得更加具体、更加明确，便于理解。

从清洁生产的定义可以看出，实施清洁生产体现了以下四个方面的原则。

① 减量化原则，即资源消耗最少、污染物产生和排放最小。

② 资源化原则，即"三废"最大限度地转化为产品。

③ 再利用原则，即对生产和流通中产生的废弃物作为再生资源充分回收利用。

④ 无害化原则，尽最大可能减少有害原料的使用以及有害物质的产生和排放。

总之，清洁生产的核心是"节能、降耗、减污、增效"，这是可持续发展的要求，是相对于粗放的传统工业生产模式而产生的一种新模式，也是世界工业发展的一个大趋势。

1.2.2　清洁生产的内容

"清洁生产"的内容相当广泛。如：企业通过技术改造削减排污量，降低能源消耗，既提高了经济效益，又减少了对环境的污染。通过清洁生产，大量降低了工业用水和矿产资源的消耗。推广"绿色产品"的使用，如生产和使用可降解塑料，消除"白色污染"等。概括地说清洁生产的主要内容应包括三个方面，即清洁的能源、清洁的生产过程和清洁的产品。

（1）清洁的能源　它包括常规能源的清洁利用，如城市煤气化供气等；对沼气等再生能源的利用；新能源的开发以及各种节能技术的开发利用。

（2）清洁的生产过程　尽量少用、不用有毒有害的原料；采用无毒、无害的中间产品；选用少废、无废工艺和高效设备；尽量减少或消除生产过程中的各种危险性因素，如高温、高压、低温、低压、易燃、易爆、强噪声、强振动等；采用可靠、简单的生产操作和控制方法；对物料进行内部循环利用；完善生产管理，不断提高科学管理水平。

（3）清洁的产品　产品设计应考虑节约原料和能源，少用昂贵和稀缺的原料；利用二次资源作原料；产品在使用过程中以及使用后不含危害人体健康和生态环境的因素；产品包装合理；产品使用后易于回收、重复使用和再生；使用寿命和使用功能合理。

清洁生产内容包含以下两个"全过程"控制。

（1）产品的生命周期全过程控制　从原材料加工、提炼到产品产出、产品使用直到报废处置的各个环节所采取的必要的措施，实现产品整个生命周期资源和能源消耗的最小化。

（2）生产的全过程控制　从产品开发、规划、设计、建设、生产到运营管理的全过程，采取措施、提高效率，防止生态破坏和污染的产生。

应该指出，清洁生产是一个相对的、动态的概念，所谓清洁的工艺和清洁的产品是和现有的工艺相比较而言的。正如清洁生产的英文单词 Cleaner Production 中的清洁 Cleaner 一词为比较级，表明"清洁"是一个相对的概念。推行清洁生产，本身是一个不断完善的过程，随着社会经济的发展和科学技术的进步，需要适时地提出更新的目标，不断采用新的方法和手段，争取达到更高的水平。

1.2.3　清洁生产的特点

清洁生产包含从原料选取、加工、提炼、产出、使用到报废处置及产品开发、规划、设计、建设生产到运营管理的全过程所产生污染的控制。执行清洁生产是现代科技和生产力发展的必然结果，是从资源和环境保护角度上要求工业企业的一种新的现代化管理手段，其特点有如下四点。

（1）清洁生产是一项系统工程　推行清洁生产需要企业建立一个预防污染、保护资源所必需的组织机构，要明确职责并进行科学的规划，制定发展战略、政策、法规。是包括产品设计、能源与原材料的更新与替代、开发少废无废清洁工艺、排放污染物处置及物料循环等的一项复杂系统工程。

（2）重在预防和有效性　清洁生产是对产品生产过程产生的污染进行综合预防，以预防为主，通过污染物产生源的削减和回收利用，使废物减至最少，以有效地防止污染的产生。

（3）经济性良好　在技术可靠的前提下执行清洁生产、预防污染的方案，进行社会、经济、环境效益分析，使生产体系运行最优化，即产品具备最佳的质量价格。

（4）与企业发展相适应　清洁生产结合企业产品特点和工艺生产要求，使其目标符合企业生产经营发展的需要。环境保护工作要考虑不同经济发展阶段的要求和企业经济的支撑能力，这样清洁生产不仅推进企业生产的发展，而且保护了生态环境和自然资源。

1.2.4　开展清洁生产的意义

清洁生产是一种全新的发展战略，他借助相关理论和技术，在产品的整个生命周期的各个环节采取"预防"措施，将生产技术、生产过程、经营管理及产品等方面与物流、能量、信息等要素有机结合起来，并优化运行方式，从而实现最小的环境影响、最少的资源能源使用、最佳的管理模式以及最优化的经济增长水平。更重要的是，环境是经济的载体，良好的环境可更好地支撑经济的发展，并为社会经济活动提供所必需的资源和能源，从而实现经济的可持续发展。

（1）开展清洁生产是实现可持续发展战略的需要　1992 年在巴西里约热内卢召开的联合国环境发展大会是世界各国对环境和发展问题的一次联合行动。会议通过的《21 世纪议程》制订了可持续发展的重大行动计划，可持续发展已取得各国的共识。

《21 世纪议程》将清洁生产看作是实现可持续发展的关键因素，号召工业提高能效，开发更清洁的技术，更新、替代对环境有害的产品和原材料，实现环境和资源的保护和有效管理。清洁生产是可持续发展的最有意义的行动，是工业生产实现可持续发展的必要途径。

（2）开展清洁生产是控制环境污染的有效手段　尽管国际社会为保护人类的生存环境做出了很大努力，但环境污染和自然环境恶化的趋势并未得到有效控制，全球性环境问题的加剧对人类生存和发展构成了严重的威胁。造成全球环境问题的原因是多方面的，其中重要的一条是几十年来以被动反应为主的环境管理体系存在严重缺陷，无论是发达国家还是发展中国家均走着先污染后治理这一人们为之付出沉重代价的道路。

清洁生产彻底改变了过去被动的、滞后的污染控制手段，强调在污染产生之前就予以削减，即在产品及其生产过程和服务中减少污染物的产生和对环境的不利影响。这一主动行动，具有效率高、可带来环境效益、容易为组织接受等特点，因而已经成为和必将继续成为控制环境污染的一项有效手段。

（3）开展清洁生产可大大减轻末端治理的负担 末端治理是目前国内外控制污染的最重要的手段，对环境保护起着极为重要的作用，如果没有它，今天的地球可能早已面目全非，但人们也因此付出了高昂的代价。

据美国环保局统计，1990 年美国用于三废处理的费用高达 1200 亿美元，占 GDP 的 2.8%，成为国家的一个严重负担。我国近几年用于三废处理的费用一直仅占 GDP 的 0.6%～0.7%，已使大部分城市和企业不堪负重。

清洁生产可以减少甚至在某些情况下消除污染物的产生，这样不仅可以减少末端处理设施的建设投资，而且可以减少日常运转费用。

（4）开展清洁生产是提高企业市场竞争力的最佳途径 实现经济、社会和环境效益的统一，提高企业的市场竞争力，是企业的根本要求和最终归宿。开展清洁生产的本质在于实行污染预防和全过程控制，它将给企业带来不可估量的经济、社会和环境效益。

清洁生产是一个系统工程，一方面它提倡通过工艺改造、设备更新、废物回收利用等途径，实现"节能、降耗、减污、增效"，从而降低生产成本，提高企业的综合效益；另一方面它强调提高企业的管理水平，提高包括管理人员、工程技术人员和操作工人在内的所有员工在经济观念、环境意识、参与管理意识、技术水平、职业道德等方面的素质。同时，清洁生产还可以有效改善操作工人的劳动环境和操作条件，减轻生产过程对员工健康的影响，为组织树立良好的社会形象，促使公众对其产品的支持，提高企业的市场竞争力。

1.2.5 清洁生产与末端治理

末端治理是指污染物产生以后，在其直接或间接排到环境之前进行处理，以减轻环境危害的治理方式。与直接排放相比，末端治理是一大进步，不仅有助于消除污染事件，也在一定程度上减缓了生产活动对环境的污染和破坏程度。但是随着时间的推移和工业化进程的加速，末端治理的局限性日益增大。

首先，随着生产的发展，工业生产所排污染物的种类越来越多，国家规定的污染物（特别是有毒有害污染物）排放标准也越来越严格，从而对污染治理与控制的要求也越来越高。为达到更加严格的排放标准，企业不得不大大提高治理费用。即使如此，一些标准还难以达到。另一方面，"三废"处理与处置往往只有环境效益而无明显的经济效益，因而给企业带来了严重的经济负担，进一步影响了企业治理污染的积极性和主动性。

其次，由于污染治理技术有限，污染治理很难达到彻底消除污染的目的。排放的"三废"在处理、处置过程中对环境还有一定的风险，而且有些污染物不能生物降解，治理不当还会造成二次污染；有的治理只是将污染物转移，如湿式除尘将废气变为废水排入水体，大量废水经处理变为含重金属的污泥及活性污泥等；废物的焚烧及废渣的填埋又污染了大气和水体，如此形成恶性循环。

再次，末端治理不仅需要投资，而且使一些可以回收的资源（包含未反映的原料）得不到有效的回收利用而流失，致使企业原材料消耗增高，产品成本增加，经济效益下降。末端治理与生产过程控制往往没有密切结合起来，资源和能源不能在生产过程中得到充分利用。任何生产过程中排出的污染物实际上都是物料，如农药、染料生产得率都比较低，这不仅对环境产生极大威胁，同时也严重浪费了资源。如果改进生产工艺及控制，提高产品得率，可以大大削减污染物的产生，不但增加了经济效益，也会减轻末端治理的负担，所以末端治理这种方式难以从根本上缓解环境压力。

清洁生产是关于产品和产品生产过程的一种新的、持续的、创造性的思维，它是指对产品和生产过程持续运用整体预防的环境保护战略。清洁生产是要引起全社会对工业产品生产以及使用全过程对环境影响的关注，使污染物产生量、流失量和治理量达到最小，资源充分利用，是一种积极、主动的态度。而末端治理仅仅把注意力集中在对生产过程中已经产生的污染物的处理上，具体对企业来说，只有环保部门来处理这一问题，所以总是处于一种被动的、消极的地位。

目前生产工艺，即使最先进的工艺也不能完全避免污染的产生，用过的产品还必须最终处理处置。尽管末端治理存在一些弊端，但末端治理与清洁生产还需要相互补充，清洁生产和末端治理是长期并存的，只有通过生产全过程和末端治理的双过程控制，才能达到保护环境的最终目的。清洁生产始终应处在污染控制的主导地位。清洁生产与末端治理比较见表 1-2。

表 1-2 清洁生产与末端治理比较表

比较项目	清洁生产	末端治理
思想方法	污染物消除在生产过程	污染物产生后再处理
产生时代	20 世纪 80 年代末期	20 世纪 60 至 80 年代
控制过程	生产全过程，产品生命周期	污染物达标排放控制
控制效果	比较稳定	处理效果受产污量影响
产污量	明显减少	间接可推动减少
排污量	减少	减少
资源利用率	增加	无显著变化
资源耗用	减少	增加（治理污染消耗）
产品产量	增加	无显著变化
产品成本	降低	增加（治理污染费用）
经济效益	增加	减少（用于治理污染）
治理污染费用	减少	随排放标准严格，费用增加
污染转移	无	有可能
目标对象	全社会	企业及周围环境

1.3 国内外清洁生产的发展

1.3.1 国外清洁生产的发展

1989 年 5 月联合国环境规划署的工业与环境计划活动中心（UNEP IE/PAC）根据 UNEP 理事会会议的决议，制订了《清洁生产计划》，在全球范围内推进清洁生产。该计划的主要内容之一为组建两类工作组：一类为制革、造纸、纺织、金属表面加工等行业清洁生产工作组；另一类则是组建清洁生产政策及战略、数据网络、教育等业务工作组。该计划还强调要面向政界、工业界、学术界人士，提高他们的清洁生产意识，教育公众，推进清洁生产的行动。

自 1990 年以来，联合国环境规划署已先后在坎特伯雷、巴黎、华沙、牛津、汉城、蒙特利尔举办了六次国际清洁生产高级研讨会。在 1998 年 10 月韩国汉城第五次国际清洁生产高级研讨会上，出台了《国际清洁生产宣言》，包括 13 个国家的部长及其他高级代表和 9 位公司领导人在内的 64 人共同签署了该宣言。《国际清洁生产宣言》的主要目的是提高公共部门和私有部门中关键决策者对清洁生产战略的理解及该战略在他们中间的影响，它也将激励对清洁生产咨询服务的更广泛需求。《国际清洁生产宣言》是对作为一种环境管理战略的清洁生产的公开承诺。

20 世纪 90 年代初，经济合作和发展组织（OECD）在许多国家采取不同措施鼓励采用清洁生产技术。例如在联邦德国，将 70% 投资用于清洁生产工艺的工厂可以申请减税。在英国，税收优惠政策是导致风力发电增长的原因。自 1995 年以来，经合组织国家的政府开始把它们的环境战略针对产品而不是工艺，以此为出发点，引进生命周期分析，以确定在产品生命周期（包括制造、运输、使用和处置）中的哪一个阶段有可能削减或代替原材料投入和最有效并以最低费用消除污染物和废物。这一战略刺激和引导生产商和制造商以及政府政策制定者去寻找更富有想象力的途径来实现清洁生产和清洁产品。

目前，一些国家在清洁生产立法、组织机构建设、科学研究、信息交换、示范项目和推广等领域已取得明显成就。

(1) 美国　清洁生产最早是由美国一家化学公司自愿搞起来的。该公司从自身的多年环保实践中感受到以末端治理为主的传统做法的种种弊端，认识到源削减的重要性，主动在公司内开展污染预防活动，取得了非常好的效果。这一经验在美国推广开来，进而在世界各地展开。1990 年 10 月美国国会通过了《污染预防法》，该法正式宣布：污染预防是美国的基本国策，是美国用预防污染取代末端治理政策的重大举措。《污染预防法》确定的目标是：在可行的情况下，污染应在源头预防或削减，而不是产生后再去控制。同时，在环保局的指导下，开展了著名的"绿灯计划"、33/50 计划、能源之星电脑计划等一系列清洁生产活动，成效非常显著。美国国家环境保护局增设了污染预防办公室，建立了污染预防信息交换中心和污染预防研究所，编辑出版了企业污染预防指南和制药、机械维修、洗印等行业的污染预防手册，广泛启动清洁生产示范项目，鼓励中小企业以创新的方式开展污染预防，并及时交流、推广污染预防工作中取得的经验。

(2) 德国　由于对清洁生产极为重视，因此，在取代和回收有机溶剂与有害化学品方面进行了许多工作。对物品回收做了很严格的规定，物品回收最初集中在包装品上面，现已适应包括汽车、计算机、机床等范围极为广泛的产品。物品回收的要求，赋予德国工业界在设计容易循环使用的产品以及生产过程中增设回收和再利用等方面以强大的动力。

(3) 荷兰　早在 1988 年就开展了"用污染预防促进工业成功项目（PRISMA）"，在食品加工、电镀、金属加工、公共运输和化学工业 5 个行业 10 家企业中开展污染预防研究。结果表明，工业企业废物减量与排放预防的潜力很大，仅仅通过"加强内部管理"就能使废物削减 25%～30%，若能改进工艺、革新技术，还能进一步削减 30%～80%。1990 年，荷兰出版了颇具影响的《废物与排放预防手册》，使清洁生产有章可循，逐步走入正轨。

(4) 波兰　是发展中国家开展清洁生产较早的国家。波兰工业部和环境部联合签署了《清洁生产政策》，发表了《清洁生产宣言》，制订了清洁生产计划。全国已有 670 多家企业参加清洁生产活动，有 440 多人获得清洁生产专家资格。仅 1992～1993 年间，因实施清洁生产，全国固体废物、废水、废气和新鲜水用量就分别削减了 22%、18%、24% 和 22%。清洁生产在波兰正日益扩展，已经成为工业企业实现可持续发展的有力手段。

（5）澳大利亚　政府把清洁生产视为企业最佳环境管理手段，积极在企业中宣传、推广。1992 年，澳大利亚制订了国家清洁生产计划。1993 年，建立了国家清洁生产中心，全面开展清洁生产咨询服务、技术转让和人员培训，率先在汽车工业、玻璃工业、印刷工业和塑料工业等领域进行清洁生产试点和示范，对有意实施清洁生产和清洁生产卓有成效的企业，分别给予赠款、低息贷款支持和"清洁生产奖"。

（6）印度　在联合国工业发展组织的支持下，于 1993 年在草浆造纸、纺织印染、农药加工等行业实施企业废物削减示范项目（DESIRE）。示范结果表明，许多企业都有自身可以把握的废物削减机会，不一定非要依靠发达国家的技术支持。换句话说，企业应立足使用本国的清洁技术。印度的这一经验不仅有助于本国拓展清洁生产，对第三世界国家也是一个启示。

1.3.2 国外实施清洁生产的经验

总结世界上发达国家和地区以及发展中国家和地区推广及实行清洁生产的实践活动，对我国开展清洁生产活动有着重要的启示。

（1）完善推广清洁生产的前提条件

① 应当建立清洁生产的法律框架，改进有关的规章制度，以鼓励通过实施清洁生产来达到环境标准的要求。在修改和制订有关环境和资源保护的法律过程中，应将清洁生产的要求有机地纳入法律条文之中。另外，还要制定明确的相互协调的规章制度，使企业能够把资金投向清洁生产。

② 制定相关的经济政策，特别是优惠的财税政策是鼓励企业开展清洁生产的重要动力。

③ 改革科技体制，以更好地支持企业开展技术创新，平衡技术进口和自身技术发展的关系，实行清洁生产。改革的目的是通过创建致力于技术革新和清洁生产的中介机构和研究机构群体，促使研究与生产更加紧密地联系在一起。由于国内对进口技术的依赖过多，今后应该更多地开发自己的技术。

④ 公众要求政府和工业界采取有效的环境保护措施的压力显得不足，因此应进一步提高公众的环境意识，增强他们对环境保护的社会舆论压力。

⑤ 信息系统对于推行清洁生产和提高经济竞争力日益重要，因此应当改进中国的信息基础设施，包括通信、决策支持系统和基础数据库等项内容。

（2）充分发挥政府和工业部门在促进清洁生产中的作用

① 强化政府的作用。将环境问题纳入所有部门的政策中，有效地开展清洁生产。例如，农业、交通和能源各部门在制定政策时都必须支持清洁生产。政府要确定清洁生产技术和非技术研究的优先领域，并制订研究计划。支持建立能为清洁生产的发展、管理和应用提供技术的教育系统，并制订出在中学、大学和工作单位进行清洁生产技能培训的长期计划。

② 发挥产业部门的作用。鉴于清洁生产实施和市场情况千变万化，要求在所有企业中实施相同水平的清洁生产并不是一种简单易行的政策，公共部门无法监督企业全面遵守有关清洁生产的法律和法令。所以，应当创造这样一种条件，使企业界主动报告他们的情况。企业应在下述领域发挥关键作用：增强工厂员工对环境问题的认识；告诉顾客，他们的产品是采用清洁生产技术制造的；积极鼓励消费者的环境友善行为和购买环境友善产品。

（3）增强科学研究与教育的重要性

① 加强清洁生产的研究与开发。加大研究和开发的投入额度，结合基础研究与应用科学研究进行跨学科的研究。促进清洁生产研究多学科的广泛交流与合作，教育和培养一批跨学科研究的人才，以便使基础研究、应用研究及技术发展融为一体。

② 注重清洁生产的培训和教育。环境教育是采用清洁生产技术实现可持续发展的基础。如何合理利用自然资源和控制环境污染应成为普通教育和专业教育的一部分。这就需要在全国内的正规教育系统、各行各业和所有的社会团体中开展一场清洁生产教育活动。这场活动旨在向公众表明环境的可持续性是经济社会发展、进步的基础，创造一个清洁的环境是每位公民应尽的责任。

大量事实表明，要在中国成功地实施清洁生产必须提高公众对清洁生产的认识并得到他们的广泛支持。可考虑将公众划分成许多重要的目标团体，并将公众教育和参与纳入清洁生产战略计划中。

1.3.3 我国推行清洁生产的历程

我国在 20 世纪 70 年代提出"预防为主、防治结合"的工作原则，提出工业污染要防患于未然。80 年代对工业界重点污染源进行治理取得进展。90 年代以来强化环保执法，在工业界大力进行技术改造，调整不合理工业布局、产业结构和产品结构，对污染严重的企业推行"关、停、禁、改、转"的工作方针。

1992 年党中央和国务院批准的外交部和国家环保局《关于联合国环境与发展大会的报告》中提出，新建、扩建、改建项目的技术起点要高，尽量采用能耗少、物耗少、污染少的清洁生产工艺。

1993 年原国家环保局与国家经贸委联合召开的第二次全国工业污染防治会议明确提出，工业污染防治必须从单纯的末端治理转向生产全过程控制，实行清洁生产。从而确定了清洁生产在我国工业污染控制中的地位。

1994 年中国制定的《中国 21 世纪议程——中国 21 世纪人口、环境与发展白皮书》关于工业的可持续发展中，单独设立了"开展清洁生产和生产绿色产品"的领域。

1995 年修改并颁布的《中华人民共和国大气污染防治法（修订用）》中增加了清洁生产方面的内容。修订案条款中规定"企业应当优先采用能源利用率高、污染物排放少的清洁生产工艺，减少污染物产生"，要求淘汰落后的工艺设备。

1996 年颁行并实施的《中华人民共和国污染防治法（修订案）》中，要求"企业应当采用原材料利用率高、污染物排放量少的清洁生产工艺，并加强管理，减少污染物的排放"。同年，国务院颁布的《关于环境保护若干问题的决定》中重述了这些指导思想。

1997 年 4 月，国家环保总局制定并发布了《关于推行清洁生产的若干意见》，要求地方环境保护主管部门将清洁生产纳入已有的环境管理政策中，以便更深入地促进清洁生产。为指导企业开展清洁生产工作，国家环保总局还编制了《企业清洁生产审核手册》以及啤酒、造纸、有机化工、电镀、纺织等行业的清洁生产审核指南。

1999 年朱总理在人大九届二次会议上所作的《政府工作报告》中提出了"鼓励清洁生产"的新主张，这是在国家最高级讲坛上，在政府最高层次的报告中第一次提出清洁生产，这说明清洁生产已正式提上国家的议程。国家经贸委确定了冶金、石化、化工、轻工、纺织五个行业，北京、上海、天津、重庆、兰州、沈阳、济南、太原、昆明、阜阳十个城市作为清洁生产试点。

2000 年国家经贸委公布了关于《国家重点行业清洁生产技术导向目录》（第一批）。

2002 年，六届人大第 28 次常务会通过了《中华人民共和国清洁生产促进法》，为我国广泛推行清洁生产提供了法律保证。

2003 年，国务院办公厅转发了由国家发改委和国家环保总局等 11 个部门发布的《关于加快推行清洁生产的意见》。

2004 年 8 月 16 日，为全面推行清洁生产，规范清洁生产审核行为，根据《中华人民共和国清洁生产促进法》和国务院有关部门的职责分工，国家发展和改革委员会、国家环境保护总局制定、审议通过并发布了《清洁生产审核暂行办法》，自 2004 年 10 月 1 日起施行。

2006 年 3 月 14 日，十届全国人大四次会议表决通过了关于国民经济和社会发展第十一个五年规划纲要的决议，我国"十一五"规划纲要提出，"十一五"期间单位国内生产总值能耗降低 20% 左右、主要污染物排放总量减少 10%。

2007 年 4 月 25 日，在国务院召开的常务会议上，决定成立国务院节能减排工作领导小组，由温家宝总理任组长，曾培炎副总理任副组长。4 月 27 日，在国务院召开"全国节能减排电视电话会议"。温家宝总理在会议上强调：要把节能减排作为调整经济结构、转变增长方式的突破口，要大力淘汰电力、钢铁、化工、煤炭、造纸等行业的落后产能，推进节能减排科技进步，大力发展循环经济，对恶意排污实行重罚，严重的要追究刑事责任。同年 6 月，国务院印发了发展改革委会同有关部门制定的《节能减排综合性工作方案》，明确了 2010 年中国实现节能减排的目标任务和总体要求。方案指出，到 2010 年，中国万元国内生产总值能耗将由 2005 年的 1.2 吨标准煤下降到 1 吨标准煤以下，降低 20% 左右；单位工业增加值用水量降低 30%。"十一五"期间，中国主要污染物排放总量减少 10%，到 2010 年，二氧化硫排放量由 2005 年的 2549 万吨减少到 2295 万吨，化学需氧量（COD）由 1414 万吨减少到 1273 万吨；全国设市城市污水处理率不低于 70%，工业固体废物综合利用率达到 60% 以上。

2008 年 3 月 5 日十一届全国人大一次会议开幕。温家宝总理作政府工作报告 1/12 的内容，以及部署 2008 年任务的 1/6 篇幅，都说的是一个话题——节能减排。

1.3.4 我国推行清洁生产的做法及成果

（1）开展清洁生产的示范和试点工作　据不完全统计，截至 2004 年全国各地已有 3000 多家企业开展了清洁生产审核，涉及化学、轻工、建材等 10 多个行业。通过试点工作，促进了企业的工艺技术革新、生产管理水平提高、物质的循环利用、资源及能耗下降，产生了明显的经济和环境效益。

国家清洁生产中心组织和指导全国各地 219 家企业进行清洁生产试点和示范工作。这 219 家企业实施审核所提出的清洁生产方案，获经济效益 5 亿元。取得的环境效益为：每年可减少废水排放 1260 万吨，平均削减率 50%；削减 COD7.8 万吨，平均削减率 40%；削减石油类 40t；削减废气排放量 8 亿立方米；削减烟尘排放 3200t、工业粉尘 1000t、工业固体废弃物 8 万吨。

（2）进行机构建设　在联合国环境署的支持下，1994 年底我国成立了"国家清洁生产中心"，随后，全国各地和重点行业成立了清洁生产中心，至 2004 年，有关行业和各地成立了 40 多个清洁生产中心。这些清洁生产中心指导企业进行清洁生产审核，对审核结果进行绩效评估，并制定了一批清洁生产技术标准和清洁生产审核技术标准，为推行清洁生产提供了技术支持和保障。

（3）开展国际合作　在国际合作方面，原国家环保局和国家经贸委及地方政府，先后同世界银行、联合国环境规划署、联合国工业发展组织等多边组织及美国和加拿大等国家开展了清洁生产合作。具体包括以下几项。

① 1993年世界银行批准了一项中国环境技术援助项目。项目宗旨是发展和试验一种系统的中国清洁生产方法，在行业企业中证明存在巨大的清洁生产潜力，制定清洁生产政策，在中国传播清洁生产概念。

② 1996年由加拿大国际开发署按《中国21世纪议程》优先项目要求资助中加清洁生产合作项目。该项目的实施旨在增强中国的环境管理能力，促进可持续发展。具体目标是帮助中国的造纸、化肥、酿造行业实施清洁生产，加强能力建设。

③ 国家清洁生产中心和国家环保总局环境与经济政策研究中心，完成了中国环境技术援助项目B-4子项目"在中国推进清洁生产"技术和政策研究，为引入清洁生产概念、企业试点、政策制定和在全国实施奠定了基础。

④ 国家环保总局、国家经贸委等部门组织实施了"中加清洁生产政策与管理合作项目"、"中美清洁生产合作项目"，在石化、电镀、医药三个行业推行清洁生产。国家科技部与挪威合作发展署牵头组织了"中国-挪威清洁生产合作项目"，其宗旨是在中国扩大清洁生产，把清洁生产扩展为工业可持续发展战略。

（4）教育宣传培训 自1993年以来，全国已举办各类清洁生产培训和讲座200余次，有近2万人受到了培训和教育。通过宣传教育培训，使许多不同层次的领导对清洁生产有了一定的了解和认识，从事具体工作的人员掌握了清洁生产专门的知识和技能。

国家清洁生产中心在全国举办了多期清洁生产审核员培训班，培养清洁生产审核的高级和专门人才，还组织了清洁生产基础知识和内审员培训班，从不同角度、不同层次进行清洁生产观念的教育。

（5）强化清洁生产技术保障体系 为规范全国的清洁生产工作，为各行企业清洁生产工作提供科学的评价标准依据，从2002年开始组织相关单位编制不同行业的清洁生产标准，这些标准已经成为重点企业清洁生产审核、环境影响评价、环境友好企业评估、生态工业园示范建设等环境管理工作的重要依据。

1.4 清洁生产相关理论

1.4.1 环境资源的价值理论

环境资源价值理论是环境经济学的主要理论基础。主要研究环境资源价值观的科学内涵，运用环境资源价值观指导人们的实践活动，对环境资源进行计量，实行有偿使用，将自然资源开发的外部不经济性内化到开发活动中，通过市场和价格机制促使企业节约资源、保护环境，使经济活动的环境效应能以经济信息的形式反馈到国民经济计划和核算的体系中，保证积极决策既考虑直接的近期效果，又考虑间接的长远效果，科学地开发和保护环境资源。

从经济学角度来看，价值是商品经济的基本范畴之一，它是伴随着生产力水平逐步提高而出现的。商品经济价值分为使用价值和交换价值。环境资源价值观念产生出资源无价的理论，不仅制约了基础原材料的发展，更导致了人类无节制地、过度地开发使用资源，使许多野生矿产资源和珍稀生物物种在砍伐中灭绝，造成巨大的浪费。为此，应对环境资源价值进行正确估算，以合理的经济手段对环境资源进行开发利用、保护和改善，改变传统资源价值的理念，确立环境资源价值论的评估体系，以实现环境资源的最优配置。

环境资源价值理论包括哲学价值论、生态价值论、工程价值论、效用价值论、劳动价值论、资源环境价值论等。其中经典的是西方的效用价值论和马克思的劳动价值论。

（1）效用价值论　效用价值论是从物品满足人的欲望能力或人对物品效用的主观心理评价角度来解释价值及其形成过程的经济理论。所谓的效用是指物品满足人的需要的能力。效用价值论认为，一切物品的价值都来自它们的效用，物品的效用在于满足人类主观的欲望，无用之物没有价值。传统的价值就是在效用价值论的影响下形成和发展的。

19 世纪 70 年代，经济学家提出了边际效用价值论。边际效用是指消费新增一单位商品时所带来的新增的效用。主要观点为：

① 价值是以稀缺和效用为条件的。

② 价值取决于边际效用量，即满足消费者最小欲望那一单位的商品的效用。

③ 边际效用递减规律和均衡原则。递减规律是指当某物品的消费量增加时，该物品的边际效用趋于递减；均衡原则是指不同物品的消费最终获得的边际效应相等，即最后获得的总效应为最大。

边际效用价值论认为，价值是由"生产费用"和"边际效用"共同构成的，商品的供给价格等于它的生产要素的价格。供给的数量随着价格的升高而增加，随着价格的下降而减少。当供求均衡时，一个单位时间内所产生的商品量即为均衡产量，其销售价格为均衡价格，物品的价格就是价值，其价格的决定取决于物品"稀缺"的程度，价格就是为了限制消费。

运用边际效用分析方法研究环境资源价值和价格，有利于资源流动按比例配置，是自愿向边际效用最大的领域流动，使资源利用合理且有效率。有偿使用资源才是环境资源价值的真正体现。

（2）劳动价值论　传统经济学的价值观认为，没有劳动参与的东西没有价值，或者认为不能交易的东西没有价值。总之，传统经济学的价值观认为天然的自然资源和环境没有价值。在经济还不发达、环境资源矛盾不十分突出的年代，这种观点似乎正确。20 世纪后半叶，人类为了保持自然资源的消耗速率与经济增长的需求相均衡，投入了大量的人力、物力和财力。人类上人太空，下人深海，横贯南北两极，研制开发新材料、新能源等，许多环境资源早已凝结了人类劳动，它应该具有价值。例如，经过治理的河水和大气环境都有人类劳动的参与，为保护大熊猫的生存所赋予的科研人员工作、精密仪器设备、法律法规的制定等也都有人类劳动的参与。所以，环境资源的价值是物化在资源转变过程中的人类所付出的社会必要劳动量。

环境资源无价，是传统经济学和劳动价值观的一个重要缺陷。马克思主义的劳动价值论不同于效用价值论，是指物化在商品中的社会必要劳动量决定商品价值的理论。马克思主义的劳动价值论在延伸和发展中，为环境资源的价值衡量奠定了基础，为科学地把握环境资源的价值导向提供了理论依据。但是，劳动价值论没有涉及资源的有偿使用问题。所以，对环境资源的价值衡量，应以劳动价值论为理论依据，以边际效用价值论作为价格取向，才能真正体现环境资源开发利用的实际效果。

1.4.2　环境容载力理论

环境容量强调的是区域环境系统对其自然灾害的削减能力和对人文活动排污的容纳能力，侧重体现和反映了环境系统的自然属性；环境承载力则强调在区域环境系统正常结构和功能的前提下，环境系统所能承受的人类社会活动的能力，侧重体现和反映了环境系统的社会属性，环境系统的结构和功能是其承载力的根源。在区域的发展过程中，环境容量和环境承载力反映的是环境质量的两个方面，前者是以一定的环境质量标准为依据，反映的是环境质量的"量化"特征，即环境质量表现的基础；后者是以环境容量和质量标准为基础，反映的是环境质量的"质化"特征及环境质量的优劣程度。

环境容载力概念的提出主要是源于对环境容量和环境承载力两个概念的有机结合，是环境质量的量化和质化的综合表述。从一定意义上讲，环境的容载力就是环境容量和质量的承载力。环境容载力定义为自然环境系统在一定的环境容量和环境质量支持下对人类活动所提供的最大容纳程度和最大的支撑阈值。简言之，环境容载力是指自然环境在一定纳污条件下所支撑的社会经济的最大发展能力。它可以看作是环境系统结构与社会经济活动的相适宜程度的一种表示。环境容载力类型包括环境容量和环境承载力两个方面。在区域生态环境建设规划中，依据环境容载力评价结果，预测环境容量变动和承载力变动趋势，其结果可以作为生态环境功能分区的主要依据。

区域的社会经济发展规模、能力和环境系统的功能是决定环境容载力大小的主要因素。环境容载力具有可调控性，表现为人类在掌握环境系统运动变化规律的基础上，根据自身的需求对环境系统进行有目的的改造，从而提高环境容载力。例如：城市通过保持适度的人口容量和适度的社会经济增长速度从而提高环境的容载力，具有复杂结构的城市环境系统所反映出的城市环境容载力是联系城市社会经济活动与生态环境的纽带和中介，反映区域社会经济活动与环境结构和功能的协调程度。环境容载力从结构上可分为总量和分量两部分，其中分量指大气、水、土壤、生物等环境要素的容量和水、土地、矿产资源要素的承载力；总量是指环境的整体容量和自然资源的整体承载力。环境整体容载力大于各个要素容载力的总和。

1.4.3　废物与资源转化理论（物质平衡理论）

废物是指人们生产和消费活动中产生的不再被人们需要的物质，当废物的数量达到一定程度，超过了自然的净化能力，就会破坏生态环境，因此人们投入人力、物力和财力进行环境保护，如采取消烟除尘、污水净化以及填埋废渣等末端治理的方式，以期环境有所改善。然而，随着经济的发展，废物的数量越来越大，成分越来越复杂，为了治理污染需要付出的经济代价越来越高。因此，人们意识到由于自然系统吸纳废物的速率远低于废物的排放速率，一方面，大量的废物不断积累；而另一方面地球资源匮乏，越来越难以满足经济发展需要，对废物处理策略应变被动治理为提高资源的利用效率与废物的再生利用水平，从而增加资源的循环利用率，减少废物的排放，降低物质在消费活动中的排放速率，使之与自然系统吸纳废物的速率相一致。

物质平衡理论通过对整个环境-经济系统物质平衡关系的分析，揭示了环境污染的经济学本质。在生产过程中，物质按照平衡原理相互转换，生产过程中产生的废物越多，则原料（资源）消耗就越大，废物是由原料转化而来的，清洁生产使废物最小化，等于原料（资源）得到了最大化利用。此外，生产中的废物具有多功能特性，即某种生产过程中产生的废物，又可作为另一生产过程的原料。资源与废物只是一个相对概念。

物质平衡理论思想对废物减量研究有启发意义。首先，治理污染物只是改变了特定污染物的存在形式，并没有消除也不可能消除污染物的物质实体。例如：某城市主要依靠垃圾填埋方式处理垃圾，虽然垃圾处理技术有一定水平，但如果处理不当就可能污染水体和大气，破坏土地资源。这说明垃圾的无害化处理虽然能够减少垃圾对环境的危害，但容易造成其他形式的污染，而不能最终解决环境问题。因此，对垃圾的减量化管理要优于对垃圾进行末端治理。为了减少污染物对自然环境的污染，最根本的方法是采取清洁生产工艺，提高物质和能量的利用效率，并提高污染物的循环利用水平，以此减少自然资源的开采量和使用量，同时降低了污染物的排放量。

1.4.4　最优化理论

在实际生产过程中，一种产品的生产必定有一个产品质量最好、产率最高、能量消耗最少的最优生产条件。清洁生产实际上是如何满足生产特定条件下使物料消耗最少而使产品产出率最高的问题，这一问题的理论基础是数学上的最优化理论，即废物最小量化可表示为目标函数求它各种约束条件下的最优解。

（1）目标函数　废物最小量这一目标函数是动态的、相对的。一个生产过程、一个生产环节、一种设备、一种产品，若不经过末端处理实施而能达到相应的废物排放标准、能耗标准、产品质量标准等，就可以认为目标函数值得以实现。由于国家和地区的废物排放标准和能耗标准的不同，目标函数值也不同，而且即使在一个国家，随着技术进步和社会发展，这些标准也会发生变化，目标函数值也会发生变化。因此，目前清洁生产废物最小化理论不是求解目标函数值，而是为满足目标函数值，确定必要的约束条件。

（2）约束条件　通过能量衡算和物料衡算，可以得出生产过程废物产生量、能源消耗、原材料消耗与目标函数的差距，进而确定约束条件。约束条件包括：原材料及能源、生产工艺、过程控制、设备、维护与管理、产品、废物、资金、员工等。

例如城市污水控制系统的最优化问题，就是利用数学规划方法，科学地组织污染物的排放或协调各个治理环节，以便用最小的费用达到所规定的水质目标，对于这类问题可分为三种：排污口最优化处理、最优化均匀处理和区域最优化处理。其中排污口最优化处理是以各区污水处理厂为基础，在水质条件的约束下，寻求满足水体水质要求的各污水处理厂最佳处理效率的组合；目标函数是污水处理的最低费用，约束条件则是相应的水质状态方程。最优化均匀处理是在污水处理效率固定的条件下，寻求区域的污水处理和管道输水的总费用最低时，污水处理的最低费用的最佳位置和容量的组合；目标函数是污水处理和管道输水的最低总费用，约束条件则是各小区污水量的状态方程。区域最优化处理，要求通过水体自净、污水处理和管道输水这三种因素而使系统的总费用最低。

1.4.5　可持续发展理论

伴随着人们对社会发展目标以及全球性环境问题（臭氧层破坏、全球变暖和生物多样性消失等）认识的加深，可持续发展的思想在 20 世纪 80 年代初步形成。可持续发展观强调的是经济、社会和环境协调发展，其核心思想是经济发展应当建立在社会公正和环境、生态可持续的前提下，既满足当代人的需要，又不对后代人满足其需要的能力构成危害。

（1）可持续发展的基本内容

① 强调发展。发展是满足人类自身需求的基础和前提。人类要继续生存下去，就必须强调经济增长，但这种增长不是以牺牲环境来取得的增长，而是以保护环境为核心的可持续的经济增长，通过经济增长保证人类的生存和发展，并把消除贫困作为实现可持续发展的一个重要条件。

② 强调协调。经济增长目标、社会发展目标与环境保护目标三者之间必须协调统一，

即环境和经济协调发展。经济增长速度不能超过环境的承载能力，必须以自然资源和环境为基础，同环境承载能力相协调。要考虑环境和资源的价值，将环境价值计入生产成本和产品价格之中，建立资源环境核算体系，改变传统的生产方式和消费方式。

③ 强调公平。既要体现当代人在自然资源利用和物质财富分配上的公平，也要体现当代人和后代人之间的代际公平，不同国家、不同地区、不同人群之间也要力求公平。

（2）可持续发展的内涵

① 公平的含义。一是本代人的公平。可持续发展要给世界以公平的分配和公平的发展权，要把消除贫困作为可持续发展进程特别优先的问题来考虑。二是代际间的公平。这一代不要以自己的发展与需求而损害人类世世代代公平利用自然资源的权利。三是公平分配有限资源。目前的现实是，占全球人口 26% 的发达国家，消耗的能源、钢铁和纸张等均占全球的 80%。

② 可持续发展的持续性。可持续发展的内涵不仅包括需求，还包括了可持续发展的限制因素。可持续发展不用损害支持地球生命的自然系统，持续性原则的核心是人类的经济和社会发展不能超越资源与环境的承载能力。

③ 可持续发展的共同性。可持续发展作为全球发展的总目标，所体现的公平性和持续性原则是共同的。实现这一总目标，必须采用全球共同的联合行动。

（3）可持续发展的特征

① 生态持续性。不超越生态环境系统更新能力的发展，使人类的发展与地球的承载能力保持平衡，使人类生存环境得以持续。

② 经济持续性。在保护自然资源的质量及其所能提供服务的前提下，使经济发展的利益增加到最大限度。

③ 社会可持续性。可持续发展要以改善和提高生活质量为目的，与社会进步相适应。是一种在保护自然资源基础上的可持续增长的经济观、人类与自然和谐相处的生态观以及对当今后世公平分配的社会观。

生态可持续、经济可持续和社会可持续三个特征之间相互关联而不可侵害。孤立追求经济持续必然导致经济崩溃；孤立追求生态持续不能遏制全球环境的衰退。生态持续是基础，经济持续是条件，社会持续是目的。人类共同追求的应该是自然-经济-社会复合系统的持续、稳定、健康发展。

1.4.6 生态工业理论

工业发展是城市发展的重要动力源泉，在工业文明为城市发展带来勃勃生机的同时，大工业的污染，使城市远离自然，环境质量不断下降，失去原有的生态平衡，并引发了一系列的生态环境问题。受自然生态过程的启发，20 世纪 70 年代，一些科学家提出了生态工业（Eco-Industry）的思想，指出发展生态工业是城市工业可持续发展的必然选择。生态工业理论在指导城市经济产业发展以及城市生态环境规划中起着重要作用。

根据联合国工业与发展组织的定义，生态工业是指"在不破坏基本生态进程的前提下，促进工业在长期内为社会和经济利益做出贡献的工业化模式"。生态工业的实质是以生态理论为指导，模拟自然生态系统各个组成部分（生产者、消费者、还原者）的功能，充分利用不同企业、产业、项目或工艺流程之间，资源、主副产品或废弃物的横向耦合、纵向闭合、上下衔接、协同共生的相互关系，使工业系统内各企业的投入产出之间像自然生态系统那样有机衔接，物质和能量在循环转化中得到充分利用，并且无污染、无废物排出。

生态工业是依据循环经济理念和工业生态学原理而设计的一种新型工业组织形式，其内部运行机制包括物质流、能量流、信息流和价值流。其中物质流和能量流是生态工业的核心，通过工业产业链的连接、系统的集成、共享设施服务和调控系统实现生态工业物质利用的减量化、再使用和再循环，实现能源的阶梯高效利用，是构建生态工业体系的重点和基本出发点。生态工业的内涵包括以下几点。

① 废物资源化。生态工业否定废物的概念，把废物当作资源来看待，不断开发废物资源化技术，为实现工业社会物质的循环流动打下基础。

② 封闭物质循环系统和尽量减少消耗材料的使用。只有当物质在"资源-产品-废物-资源"这样一个封闭循环网络内运转，生态工业才进入了可持续发展阶段。一方面根据材料品质的差异以不同的方式再生循环利用；另一方面，开展清洁生产，从源头上减少不可再生资源和能源的使用。

③ 工业产品与经济活动的非物质化。工业产品与经济活动的非物质化是生态工业对产品的重新认识。传统生产以产品为媒介，以追求利润的最大化为企业的目标。而生态工业要求企业的经营目标从产品或产值转移到对社会的服务功能上，使企业的重心由生产新产品转向已有产品的维护，既可以节约大量原材料，又可以增加经济效益。

④ 非碳能源。以碳氢化合物为主的矿物资源是整个工业社会最基本的物质，也是许多环境问题的源头，如温室效应、酸雨等。要实现物质无损耗、能源清洁且能自给的闭合循环过程，应减少使用石化能源，提高能源利用效率，开发利用非碳能源，如太阳能、风能和生物质能等。

不同于末端治理和清洁生产，生态工业的基本思想是仿照自然界生态系统中物质流动的方式来规划工业生产、消费和废弃物处置系统。将经济利益和环境保护有机结合，不是采用末端治理的被动策略，也不仅局限在企业层次进行清洁生产，而是在企业群落或更大区域范围，从产品设计、生产工艺和使用消费的各个环节入手，从源头上消灭污染，并通过各生产工艺过程之间的物料、能量、废弃物的集成达到物质、能量的有效利用。

思 考 题

1. "八大公害事件"有哪些？
2. 简述人们对污染治理方法的思路转变。
3. 简述清洁生产的概念及内容。
4. 简述清洁生产与末端治理的关系。
5. 你认为清洁生产未来的发展趋势怎么样？

2　清洁发展机制

2.1　清洁发展机制的内容

2.1.1　产生背景

大量的科学研究表明，全球气候正在发生以变暖为主要特征的显著变化。自 1860 年以来，全球平均温度升高了 0.5℃，预计到 2100 年，地球平均地表气温将比 1990 年上升 1.4～5.8℃。而越来越多的证据显示，这种变化与人类活动密切相关。可以认为，人类社会生产生活引起的温室气体排放是导致全球气候变暖的主要原因，大面积的森林砍伐和草原破坏等土地利用变化加剧了全球气候变暖的进程。

随着科学界对二氧化碳等温室气体与全球气候变化之间关系的认识不断深化，要求国际社会采取对策，努力限制或减少二氧化碳等温室气体排放的呼声也日益增高，并于 1992 年和 1997 年相继通过了《联合国气候变化框架公约》（以下简称《公约》或 UNFCCC）和《京都议定书》（KP）。

UNFCCC 于 1994 年 3 月 21 日生效，是目前国际环境与发展领域中影响最大、涉及面最广、意义最为深远的国际法律文书。《公约》的目标是"将大气中温室气体的浓度稳定在防止气候系统受到威胁的人为干扰的水平上"，同时明确规定发达国家与发展中国家之间负有"共同但有区别的责任"，发达国家对气候变化负有主要的历史和现实的责任，理应率先承担应对气候变化的义务，而发展中国家的首要任务是发展经济与消除贫困。

《京都议定书》一直徘徊不前，直到 2004 年 11 月俄罗斯做出关键性的决定，加入该协议 90 天后，《京都议定书》开始正式生效，即 2005 年 2 月 16 日生效。《京都议定书》中规定了《公约》附件一的缔约方必须个别地或共同地确保其温室气体排放总量在 2008～2012 年的承诺期内比 1990 年水平至少减少 5.2%。议定书还根据各个国家的历史排放情况，在附件 B 中规定了每个国家的减排指标。

《京都议定书》第 6、第 12 和第 17 条分别确定了"联合履行"（JI）、"清洁发展机制"（CDM）和"国际排放权交易"（IET）三种帮助发达国家实现减排目标的灵活机制。三机制的核心在于，发达国家可以通过这三种机制在本国以外的地区取得减排的抵消额，从而以较低的成本实现减排目标。而在以上三种机制中与发展中国家直接相关的是清洁发展机制。

2.1.2　清洁发展机制的概念

清洁发展机制（Clean Development Mechanism，CDM）是指通过参与项目合作，发达国家可以获得项目产生的全部或部分经核证的减排量（Certified Emissions Reductions，CERs），用于履行其在《京都议定书》下量化的温室气体减排义务，同时发展中国家可以获得额外的资金或先进的环境友好技术，从而促进本国的可持续发展的一种双赢的灵活机制。

CDM 是一种双赢机制，由于发达国家的技术水平高于发展中国家，发达国家相应的减排成本也高于发展中国家，因此，发达国家通过提供技术、资金，帮助发展中国家实现温室气体减排，并以较低成本实现的 CERs 作为自身减排义务的履行。在此过程中，发展中国家实现了资金与技术的引进，发达国家在不影响本国经济的前提下实现了自身减排义务履行，CDM 的实施照顾了各方利益。

2.1.3 清洁发展机制的目的和意义

清洁发展机制的设立具有双重目的：促进发展中国家的可持续发展和为实现公约的最终目标做出贡献；协助发达国家缔约方实现其在《京都议定书》第三条之下量化的温室气体减限排承诺。

通过 CDM，发达国家可从在发展中国家实施的 CDM 项目中取得经证明的减排量（CERs），用以抵消一部分其对《京都议定书》承诺的减排义务（其余部分的减排量按规定需在本国内完成）。以较低成本的"境外减排"实现部分减排目标，可帮助发达国家减轻实现减排目标的压力。

另一方面，在发展中国家实施的 CDM 项目绝大多数是提高能效、节约能源、可再生能源、资源综合利用、造林和再造林等项目，它们符合发展中国家优化能源结构、促进技术进步、保护区域和全球环境的经济社会发展目标和可持续发展战略。此外，在实施 CDM 项目过程中，发展中国家可获得发达国家的技术转让、购买 CERs 资金甚至是项目的投资。

2.1.4 清洁发展机制的项目要求

为了保证这些目标的实现，议定书第十二条要求清洁发展机制项目必须满足以下要求。

① 每一个相关缔约方必须是自愿参与项目。

② 项目必须是产生实际的、可测量的和长期的温室气体减排效益。

③ 项目实现的温室气体减排必须是没有该项目活动时不会发生的（即所谓的"额外性"）。

《京都议定书》的规定只针对如下六种温室气体：二氧化碳（CO_2）、甲烷（CH_4）、氧化亚氮（N_2O）、氢氟碳化物（HFCs）、全氟化碳（PFCs）和六氟化硫（SF_6）。也就是说，只有针对这六种温室气体的减排项目才有可能成为清洁发展机制项目。

考虑到议定书对清洁发展机制的规定是非常原则性的，不具有实际可操作性，无法依据其开展具体的项目合作，从 1998 年开始，公约缔约方会议（Conference of the Parties，COP）及其附属科技咨询机构（Subsidiary Body for Scientific and Technological Advice，SBSTA）就制定更加详细的可操作的清洁发展机制规则进行了长达四年的艰苦谈判，终于在 2001 年于马拉喀什举行的第七次缔约方会议上就清洁发展机制的实施规则，包括清洁发展机制参与要求、项目合格性标准、项目参与机构和方法学等各方面达成一致。这些规则体现在第七次缔约方会议关于"东京议定书第 6.12 和 17 条所规定机制的原则、性质和范围"和"清洁发展机制的模式和程序"的决定中。它们是第七次缔约方会议通过的《马拉喀什协定》的一部分。

同时，在该次会议上，缔约方也选举产生了清洁发展机制执行理事会。根据其职责，执行理事会在其成立后就清洁发展机制实施涉及的大量技术和细节问题做出了一系列决定，并反映在其历次会议的决定和报告中。目前，关于清洁发展机制的国际规则已经比较完善，各方可以据此进行实际的项目开发。

2.1.5 清洁发展机制项目的开发和实施流程

一般而言，一个典型的 CMD 项目从开始准备到最终产生减排量，需要经过如下一些主要阶段。

（1）项目识别 这是 CDM 项目开发和实施的第一步。在这一阶段，附件一缔约方的私人或者公共实体与非附件一缔约方的相关实体进行接触，探讨可能的 CDM 合作并进行项目选择。相关的实体应该就项目的技术选择、规模和资金安排等重要问题达成一致。同时，在讨论这些问题的时候，应该充分考虑东道国的相关要求。

这一阶段属于 CDM 项目的概念设计阶段。项目的类型、规模等的选择将对项目实施过程中适用的规则和程序、项目的交易成本、项目能否顺利注册、实施并获得减排量等产生重要影响。

（2）项目设计 对一个具体的 CDM 项目，需要按照联合国气候变化框架公约（UNFCCC）CDM 执行理事会（EB）批准的方法学和颁布的标准格式，编制一份 CDM 项目设计书（简称 PDD）。PDD 介绍 CDM 项目的具体活动、基准线、额外性、减排量、监测计划等主要内容，是 CDM 后续阶段各项工作（项目审定、注册和减排量监测、审核、认证、签发等）的主要依据。

（3）项目批准 所谓批准是指参与项目的各缔约方批准该项目作为 CDM 项目，而非一般意义上的批准。一个 CDM 项目要进行注册，必须由参加该项目的每个缔约方的国家 CDM 主管机构出具对该项目的批准信。前一个阶段完成的 PPD 等技术文件对于项目能否顺利获得批准具有重要影响。

根据我国政府颁布的《清洁发展机制项目运行管理办法》，国家发展和改革委员会是我国的国家 CDM 主管机构，国家发改委依据国家清洁生产机制项目审核理事会的审核结果审批 CDM 项目，并代表中国政府出具项目批准书。

（4）项目审定 PDD 编写完后，需要判断该项目是否是一个合格的 CDM 项目。此项工作必须由 EB 批准委任的指定经营实体（DOE）完成，DOE 审定项目的工作是公开透明的，它需把被审定项目的 PDD 挂在 UNFCCC 网站公示 30 天，收集各方的评论和意见。

（5）项目注册 CDM 项目业主不能直接向 EB 递交 PDD 和国家批准函进行注册申请，只能委托前一阶段审定项目的 DOE 代理此项工作。八周后若 EB 未做出重审的决定，则项目注册成功。

（6）项目运行和监测 CDM 项目在建成运行后，项目业主在运行中需按 PDD 中的监测计划，测量、计算、记录各个参数以便得出项目在某段时期内所产生的减排量。项目业主需保留好所有记录文档，供后续阶段核查之用。

（7）项目核查和认证 项目业主的监测工作是否按 PDD 原定的监测计划执行，仪表测量和减排量计算结果是否准确，记录是否完整无误，都需由另一家 DOE（不同于审定项目的 DOE）进行核查。项目业主根据对交易 CERs 需要，在一段时期后，可请 DOE 进行核查。DOE 在通过核查后，需要另外出具一份认证报告。

（8）签发 项目业主同样需要委托 DOE 向 EB 申请 CERs 的签发。而 DOE 则在向 EB 递交的认证报告中提请 CERs 签发。15 天后若 EB 未做出重审的决定，则 CERs 签发成功。至此，项目业主拿到被 EB 承认的 CERs，可以和购买方进行碳交易。

2.1.6 CDM 的参与机构

CDM 项目执行过程中，参与的主要机构有：项目业主、项目所在国政府、审定项目的经营实体、核查/核证项目的经营实体、清洁发展机制执行理事会、缔约方会议、利益相关者以及相关的技术支持机构等。

各机构的主要作用分述如下。

（1）项目业主　CDM项目开发和实施的主体，负责清洁发展机制项目设计文件（PDD）的编制，将PDD提交给项目所在国政府批准，并邀请一个指定经营实体（DOE）对项目进行审定。在项目获得注册后，执行项目并根据项目设计文件所提出的监测方案监测项目实施情况。在项目执行一段时间后，按要求邀请DOE对项目所产生的温室气体减排量进行核查和核证。

（2）项目所在国政府　负责判断报批的CDM项目是否符合可持续发展需求，是否批准其作为清洁发展机制项目在境内实施。

（3）经营实体DOE　依据清洁发展机制的各项规则要求，对CDM项目进行审定，并在认为合格后提交清洁发展机制执行理事会（EB）批准注册；在项目执行之后对项目所产生的温室气体减排量进行核查和核证，并向执行理事会申请签发经核证的温室气体减排量。

（4）清洁发展机制执行理事会　清洁发展机制的管理机构，负责监督清洁发展机制项目的实施。工作内容包括：制订清洁发展机制实施细则、审批新的基准线和监测方法学、认证经营实体、批准注册清洁发展机制项目、签发项目所产生的温室气体减排量（CERs）等。

CDM项目参与方之间的关系见图2-1。

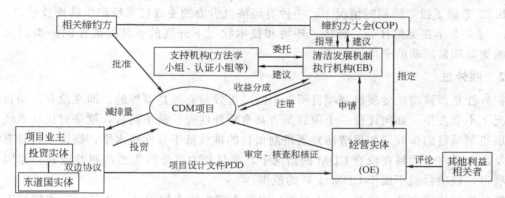

图 2-1　CDM项目参与方之间的关系

2.2　清洁发展机制方法学基础

为确保CDM项目的环境效益，确保CDM项目能带来长期的实际可测量的额外的减排量，需要建立一套有效的、透明的和可操作的CDM方法学。方法学所涉及的主要方面包括：建立基准线的方法学，确定项目边界和泄漏估算的方法学，减排量和减排成本效益计算的方法学。作为监督CDM项目实施的主要机构，执行理事会进行了这方面的大量工作，对其规则不断进行修改和完善，但修改和完善的过程是一个与清洁发展机制项目的具体实践相伴随的长期处理过程。

本节主要简要介绍清洁发展机制方法学涉及的几项主要内容，即基准线、额外性、项目边界和泄漏、监测方法学几个方面，介绍其具体定义、规定以及在应用和开发过程中所需要特别注意的事项。

2.2.1　基准线

所谓基准线是指在没有该清洁发展机制项目的情况下，为了提供同样的服务，最可能建设的其他项目（即基准线项目）所带来的温室气体排放量。它应该涵盖项目边界内所列的所有气体、部门和源类别的排放量，因此，它是一种假设的情景。与基准线相比，清洁发展机制项目减少的温室气体排放量就是该项目的减排效益。

建立基准线基本要点是包括以下几个方面。

① 由项目参与方按照有关规定使用已批准的或新的基准线方法建立项目基准线。如果是已经批准的基准线方法学，则只要说明该项目为什么适用该方法学就可以；如果是新的尚未被批准的方法学，则还需报 CDM 执行理事会批准后才能应用。

② 在选择具体步骤、假设、方法、参数、数据来源、关键因素时，应采取透明和偏保守的方式，并考虑不确定性因素。

③ 应以逐个项目为基础建立基准线。

④ 在小型 CDM 项目情况下，可应用简化的模式、程序和简化的方法学。

⑤ 应考虑东道国的国家和部门的政策，比如部门改革方针措施、当地燃料来源、电力部门发展计划和项目所属部门的经济形势等。

⑥ 在选择 CDM 项目的基准线方法时，应从下列方法中选择最适合本项目特点的一种：

a. 相关的现有实际排放量或历史排放量。

b. 在考虑了投资障碍的情况下，一种有经济吸引力的主流技术所产生的排放量。

c. 过去 5 年在类似社会、经济、环境和技术状况下开展的、其效能在同一类别位居前 20％的类似项目活动的平均排放量。

2.2.2 额外性

额外性是指该清洁发展机制项目所带来的减排效益必须是额外的，即在没有该项目活动的情况下不会发生。如何评价一个项目是否具有额外性呢？简单而言，就是对比基准线和清洁发展机制项目的排放，如果清洁发展机制项目的排放低于基准线水平，则该项目具有额外性，反之如果一个项目在没有 CDM 的情况下，项目业主也会因为经济利益或其他原因实施这个项目，该项目就不属于 CDM 支持的范围。

额外性的论证和评价也是 CDM 方法学中一个较为核心的问题，而且在某些情况下可能还会产生一些争议，而影响到项目的审批和注册。

CMD 项目额外性的含义主要包括以下一些基本要点。

① CDM 项目活动与基准线情景相比会带来额外的温室气体减排效果。

② 这种效果也主要是通过克服国内的一系列不利因素，诸如技术障碍和投资困难等而产生的。

③ 在利用附件一国家的财政资助方面，也一定要额外于 ODA 和 GEF 等这类本应按照其他有关计划将要提供的援助或发展资金。

强调额外性的主要目的，是要反映出 CDM 项目活动所产生的减排量，一定是在发展中国家自身发展和降低排放水平的基础上，通过 CDM 这一灵活机制所产生的额外减排效果。也就是要真正地实现温室气体的实质性减排目标，以达到"实际的、可测量的和长期的"效果，并满足公约和议定书中对确保全球环境效益完整性的基本要求。只有这样才能作为抵消额来相应代替附件一国家承诺的减排量，才能既符合公约和议定书中对履行减排义务的规定，同时也能通过降低其国内减排成本而带来自身利益。

项目额外性的论证和评估由以下 5 个内容组成，流程图参见图 2-2。

① 识别其他可供选择的项目。

② 投资分析，确定该提议的项目活动不是最具有经济或财政吸引力。

③ 障碍分析。

④ 常规实践分析。

⑤ 作为清洁发展机制项目活动注册的项目影响。

2.2.3 项目边界和泄漏

为了能够定量计算和监测 CDM 项目活动带来的减排量，必须设定合理的项目边界。它应包括在项目参与方控制范围内的并可合理地归因于该项目活动引起的所有温室气体源的人为排放量。因此，对大多数与能源相关的 CDM 项目而言，其项目边界可以从其物理/工程边界算起，然后扩大到与其相连的电网、热网和气网等。同样，项目边界应当包括基准线的所有排放源。由于基准线的设定有许多方法，涉及不同的等级和范围，小至项目级的基准线，大至技术级或部门级或地区级的平均基准线，因此项目边界的设定与基准线方法密切相关。另一方面，CDM 项目活动在引起项目边界内直接减排量的同时，还会由于工艺、

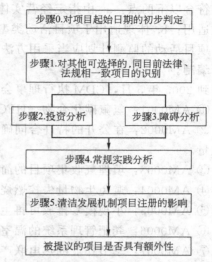

图 2-2 项目额外性的论证和评估流量图图表

技术、上下游流程、市场经济、消费行为等方面的原因，在项目边界之外引起间接的排放量的变化，一般称之为二氧化碳泄漏或二氧化碳溢出。由于市场的多样性和行为的不确定性，这种间接效应往往是难以定量估算的，因此在 CDM 方法学中将泄漏定义为项目边界之外发生的、可测量并可归因于该 CDM 项目活动引起的温室气体源人为排放量的净变化，并将其纳入 CDM 项目减排量计算公式中。同时在项目减排量的监测和核实过程中，按实际情况对其加以调整。

2.2.4 项目监测计划的方法学

监测计划是测量 CDM 项目是否带来实际可测量的、额外的减排效益的必要手段，也是经营实体对 CDM 项目活动进行独立核实和核准的必要前提。

项目参与方需要在项目设计文件中提出监测计划，该计划需要详细说明在项目减排额记入期内如何收集和存档下列工作所需的所有相关数据：

① 估算或测量在项目边界内产生的温室气体排放量。

② 收集和归档所有确定项目基准线所要求的相关数据。

③ 估算在项目边界外产生的泄漏量，即可合理地归因于该项目活动引起的、数量可观的温室气体排放量的增加或减少量。

④ 有关项目活动的环境影响分析和评价的信息。

⑤ 监测过程的质量保障和控制程序。

⑥ 定期计算清洁发展机制项目温室气体减排量的步骤以及计算泄漏的步骤。

⑦ 上文所述计算涉及的一切步骤的文件记录。

监测是计算清洁发展机制项目本身排放的基础，也是计算项目减排量的必需步骤。项目参与者应用的检测方法学和监测计划需要在项目的设计阶段确定，而真正的测量则发生在项目的实际实施阶段。所有与项目相关的温室气体排放都需要精确且持续地测量并记录下来。

排放监测将检验项目是否真的实现了温室气体减排，是制定经营实体核查项目减排量的基础。

同基准线方法学一样，监测计划中所应用的监测方法学必须经过执行理事会的批准，并且要符合以下两点：a. 由指定经营实体确定为适合拟议项目活动的情况，并在别处曾经成功地适用；b. 体现适用于项目活动类型的良好的监测方法。

项目活动的监测计划应当采用方法学委员会已经批准的监测方法或按照符合规定的新方法来编制。

到 2005 年 5 月，CDM 执行理事会批准了 25 个常规项目的基准线和监测的方法学。

① AM0001：氢氟碳化合物（HFC-23）废气燃烧。

② AM0002：在公开的特许合同确定基准的条件下通过填埋气收集和燃烧减少温室气体排放量。

③ AM0003：填埋气收集项目的简化资金分析。

④ AM0004：避免生物量失控燃烧的生物量并网发电。

⑤ AM0005：小规模零排放可再生生物量并网发电。

⑥ AM0006：粪肥管理系统的温室气体减排。

⑦ AM0007：季节作业的热电联产最低成本燃料备选办法分析。

⑧ AM0008：以设施能力和寿命不扩展为条件工业燃料从煤炭和石油改换为天然气。

⑨ AM0009：油井燃烧废气的回收和利用。

⑩ AM0010：填埋气收集不是法律义务条件下的填埋气收集和发电项目。

⑪ AM0011：基准假设中没有甲烷收集或降解的填埋气回收发电。

⑫ AM0012：印度利用遵守城市固体废物规则而对城市固体废物实行的生物甲烷化。

⑬ AM0013：基于天然气的组合热电联产。

⑭ AM0014：有机废水处理厂加压甲烷提取用于并网供电。

⑮ AM0015：甘蔗渣热电联产并网发电。

⑯ AM0016：封闭式畜禽饲养作业中优化的动物废物管理系统温室气体缓解。

⑰ AM0017：通过更换阀门和冷凝回流提高蒸汽系统效率。

⑱ AM0018：蒸汽优化系统。

⑲ AM0019：对于独立运动的或并网供电的单一矿物燃料发电厂的电力生产活动的一部分，以可再生资源项目活动替代，不包括生物量项目活动。

⑳ AM0020：提高泵水效率基准方法。

㉑ AM0021：现有己二酸生产厂 N_2O 降解基准方法。

㉒ AM0022：工业部门废水及原位能源利用避免排放。

㉓ AM0023：天然气管道压缩机或门站减少气体泄漏。

㉔ AM0024：水泥厂废热回收发电减少温室气体排放量。

㉕ AM0025：填埋场有机废弃物堆肥处理避免排放。

2.3　清洁发展机制在国内外的实践

2.3.1　清洁发展机制在国外的发展

2004 年 11 月 5 日俄罗斯批准 KP，宣告着 KP3 个月后正式生效，同时具有了法律效应。自此，CDM 进入一个飞速发展阶段：2004 年 11 月 18 日，巴西 Nova Gerar 垃圾填埋场项目成为第一个在联合国注册的 CDM 项目，随后，世界范围内掀起一股 CDM 热，据 UNFCCC 官方数据显示，截至 2007 年 4 月 15 日，在 EB 注册成功的项目总数已达 624 个，总减排量达 134.64Mt CO_2e/a，其中小型 CDM 项目 299 个，大型项目 325 个；正请求注册的项目 71 个，总减排量达 12.02Mt CO_2e/a，预计到第一承诺期结束时，即 2012 年，总减排量可达 9.4 亿吨 CO_2e，目前 EB 已经签发的 CERs 为 43.52Mt CO_2e，请求签发的 CERs 为 43.80Mt CO_2e。

UNFCCC（联合国气候变化框架公约）和 UNEP（联合国环境规划署）在丹麦的 RISOE 中心联合开放了一个新的网站"CDM 大市场"，以帮助 CDM 相关方进行信息交流。该网站允许 CDM 项目相关方在网上发布自己的信息，如可发布潜在项目信息以寻找买家，或已获 CERs 信息以便出售，买家可以发布自己的信息以寻找合作者，咨询机构和经营实体可以发布消息宣传自己可提供的服务，其他相关会讯或者工作机会等与 CDM 有关的信息都可发布。各个国家和机构都不断在其上发布最新消息，越来越多的国家和机构都发表了与中国合作的意向。

① 世界银行。推出 CDM 国家战略研究（NSS）、原型碳基金（PCF）、生物碳基金（BCF）、社区开发碳基金（CDCF）等，并托管意大利碳基金和荷兰碳基金，统称碳融资。世界银行目前是最大的 CDM 买主。世行愿意收购所有没有买主的来自中国的可再生能源和提高能源效率方面的 CDM 项目减排量。

② 亚洲开发银行（ADB）。2007 年 8 月 7 日宣布，该行通过一项基金为亚洲清洁发展机制项目提供 1.518 亿美元融资。

③ Natsource。计划募集 2 亿美元在中国开展 CDM 项目。

④ 加拿大。建立了气候变化专门基金，支持发展中国家开展 CDM 实施能力建设活动。加政府 2005 年制定了一个 100 亿加元的履行《京都议定书》预算方案并已经得到议会的批准。其中约 30% 用于引导加企业与发展中国家开展 CDM 项目合作。

⑤ 欧盟。欧盟在《京都议定书》生效前就表示，即使《京都议定书》不生效，都将坚定地实施京都议定书；同时，对成员国不能够完成议定书承诺的，将给予惩罚。欧盟已经通过了内部温室气体排放贸易条令，并于 2005 年 1 月 1 日开始实施；同时，欧盟也已经同意满足要求的部分 CERs 可以进入欧盟的排放贸易体系。欧盟这一系列举措，将极大地促进 CDM 项目合作。

⑥ 意大利。设立了援助发展中国家研究 CDM 的专门计划；建立了 CDM 基金及在世界银行设立了托管基金；意大利政府计划用 10 亿欧元推动企业开展 CDM 合作。意大利已经与中国科技部签署协议，希望能够为其开发 100 个项目，每年减排量 1000 万吨以上。

⑦ 法国。设立了促进与发展中国家开展 CDM 合作的专门机构；建立了帮助发展中国家开展 CDM 能力建设活动的基金。法国很多企业希望投资 CDM 项目。目前，中国正在与法国政府协商，执行法国 CDM 能力建设合作项目。

⑧ 英国。鼓励和引导企业实施 CDM 项目。英国完成本身的义务并不困难，但是英国很多企业将 CDM 合作获得 CERs 作为投资看待。英国贸工部专门成立了 CDM 促进机构，应中国邀请，2005 年 7 月派团来华，在北京、重庆和广州召开了三场 CDM 报告会，高调购买二氧化碳减排量。英国政府还有小额资金支持 CDM 能力建设活动。

⑨ 日本。在日本经济产业省的推动下，近来日本推动 CDM 合作的步伐尤其是官方合作

的步伐明显加快。2004 年 12 月成立了日本碳基金（JCF），规模 1.4 亿美元。日本的企业为了完成 CO_2 减排指标，积极利用清洁发展机制，每年由海外购买的 CO_2 排放权总量超过 1 亿吨。中国 2006 年与日本经济产业省合作，联合支持河北省建立了河北 CDM 中心。2007 年日本伊藤忠、三菱、丸红、日立、东丽等大企业相继赴山东考察 CO_2 减排、风力发电、海水淡化、垃圾及污水处理等节能环保项目，对与山东省开展环保项目合作表现出浓厚兴趣。2007 年，日本三井物产株式会社分别与中国化工新材料总公司黑化集团公司、重庆松藻煤电公司签订 CDM 项目购买合同。

⑩ 荷兰。建立了计划，选定了 18 个项目，并委托世界银行管理"荷兰碳基金"。

⑪ 德国。设立了援助发展中国家研究 CDM 的专门计划；德国开发银行建立了 CDM 基金（5 千万欧元）并已经启动运营。

⑫ 瑞典、挪威、奥地利、丹麦、芬兰。已经建立了 CDM 基金或管理机构，以促进 CDM 合作。这些国家小，需要减排的温室气体有限，因而其需要做的 CDM 项目也非常有限。

⑬ 拉美地区。拉美和加勒比国家政府越来越重视清洁发展机制减排项目，温室气体减排工作在拉美取得了明显成效。目前拉美温室气体减排项目主要集中在墨西哥和巴西等经济大国，这些国家具备较强的实施减排项目的能力。此外，哥伦比亚、秘鲁、智利和哥斯达黎加在实施减排项目方面也非常活跃。其中，哥斯达黎加在植树造林项目，秘鲁在生物废料减排方面做了积极尝试，这些减排项目一般由各国政府进行协调安排，并向包括私人投资者、地区政府和其他机构全面开放，以推动该地区的可持续发展。到 2007 年 9 月为止，拉美地区共向联合国气候变化委员会提交了 576 个减排项目，占全球总数的 25%，其中 277 个项目被获准通过，其潜在减少 CO_2 排放 3330 吨当量。

⑭ 印度。印度已经有数十个项目储备。CDM 项目涉及燃料转换、能效提高、可再生能源利用等多个领域，而且多为可再生能源利用项目。

⑮ 印度尼西亚。非常积极，参加了荷兰和世行项目。

⑯ 非洲。非常想做，但吸引力小，政治和经济环境不好。

2.3.2　清洁发展机制在中国国内的发展

2.3.2.1　中国 CDM 管理机构

整个体制由三级机构组成。第一级是国家气候变化对策协调小组，由 16 个国家部委局组成，负责审议和协调国家 CDM 的重大政策。第二级是国家清洁发展机制审核理事会，由 7 个国家部委局组成，组长单位是国家发改委、科技部，副组长单位是外交部。它的主要职责是审核 CDM 项目，提出和修订国家 CDM 活动的运行规则、程序，解决 CDM 实施过程中的问题并提出相应建议。第三级是国家清洁发展机制项目管理机构，目前尚未成立。在成立前，其职能由国家气候变化对策协调小组办公室代为行使。此外，国家发展和改革委员会是中国政府开展 CDM 项目活动的主管机构（DNA），主要负责审批国内申报的 CDM 项目、出具国家批准函、监督管理国内 CDM 项目的实施、处理涉外相关事务等工作。具体机构如图 2-3 所示。

2.3.2.2　中国具有实施 CDM 潜力的行业

我国目前已成为全球清洁发展机制的最大潜力市场。现在，节能降耗、提高能源效率、开发水电风电等可再生能源以及煤层气开发利用是清洁发展机制中颇受关注的重点，而这些领域也正是中国政府规定的清洁发展机制项目中的优先开发领域。在我国，具有实施 CDM

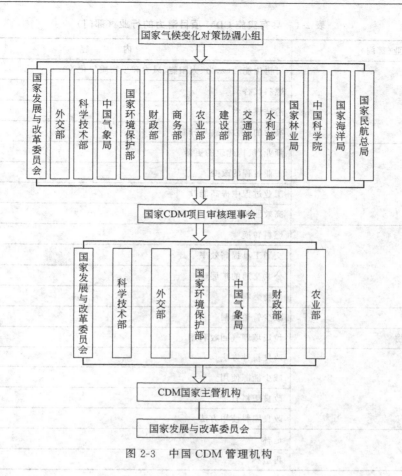

图 2-3　中国 CDM 管理机构

项目潜力的行业（部门）见表 2-1。

2.3.2.3　我国 CDM 的发展现状

中国政府于 1998 年 5 月 29 日批准了《联合国气候变化框架公约》，2002 年 8 月 31 日正式核准《京都议定书》，这意味着中国全面启动 CDM 运作。为充分利用清洁发展机制，加强中国政府对清洁发展机制项目的有效管理，保证清洁发展机制项目有序进行，中国政府于 2004 年 6 月颁布了《清洁发展机制项目运行管理暂行办法》，2005 年 10 月又对该暂行办法进行了修订，颁布了《清洁发展机制项目运行管理办法》。办法规定了项目申报、许可程序等政策规定，明确了提高能源效率、开发和利用新能源和可再生能源以及回收和利用甲烷和煤层气三个方面为中国开展清洁发展机制国际合作的优先领域。《清洁发展机制项目运行管理办法》的颁布为清洁发展机制项目的广泛开展奠定了基础。现在 CDM 已经进入实施阶段，成为近期环保和能源领域非常重要的工作。

由于我国经济正处于高速增长阶段，是仅次于美国的全球第二大温室气体排放国。因此，我国在 CDM 市场上具有举足轻重的地位。截至 2008 年 8 月 2 日，我国注册的 CDM 项目共 245 个，占到了全部注册项目的 21.89%，预计减排量已经占到 CERs 总量的 51.59%。目前我国主管部门批准参与 CDM 的国内项目有 1388 个，预计的年减排量约为 3 亿吨。值得关注的是，从 2006 年第四季度开始，中国的新增 CDM 项目，不仅在截至 2012 年年底的累计减排量方面超过了印度，而且在每季度的新增项目方面也超过了印度，成为每季度新增

表 2-1　具有实施 CDM 项目潜力的行业（部门）

行业（部门）	内容
A. 电力	可再生能源（水力、太阳能、风力和生物质气化等）
	燃料代替
	清洁煤技术
	高效的电力传输与分配
B. 能效	商业/机构建筑的更新
	工业过程的改变
	工业过程中提高能效
	高效照明设备
C. 交通	燃料转换
	交通工具提高效率
	公共交通的扩展
	生物燃料
D. 油气	减少管道泄漏
E. 城市固体废物	垃圾填埋气回收利用
F. 农业	改良耕种方法
	减少能源使用
	改良肥料管理
	改良肥料使用方法
G. 汇[①]	造林
	再造林

① 根据《公约》，"汇"的定义为"从大气中清除以温室气体为主的任何过程、活动或机制"。造林、再造林又被称作"碳汇"CDM 项目（《清洁发展机制及其在我国的实施》）。

CDM 项目最多的国家。

　　中国已批准的 CDM 项目涉及 28 个省市，其中甘肃、江苏、内蒙古、吉林、山东等省 CDM 的开展情况比较好，列居全国各省 CDM 项目开发前列，这与这几个省的资源丰富、CDM 潜力较大是分不开的。同时，这几个省 CDM 项目开发和能力建设起步都比较早，并成立了专门的 CDM 技术服务中心，建设了 CDM 网来促进和开发 CDM 项目。另外，选择一个好的第三方，是成功开发 CDM 项目的重要因素。

2.3.2.4　我国清洁发展机制实施中存在的问题

　　虽然中国近期 CDM 项目发展特别快，几乎每个月都以几十个项目的数量在增长，但中国目前开发的项目数距中国的项目潜力还相差很远，一些温室气体减排项目和部门对 CDM 所提供的额外发展机遇尚不够重视，一些非常好的 CDM 项目极易在这种漠视中流失。

　　分析其原因，主要是因为我国的宣传力度还不够，关注和了解 CDM 的部门还不多，一些领域还没有行动起来；另外，CDM 在中国的发展主要是由政府和研究人员在推动，虽然 CDM 可能给企业带来巨大的收益，但是多数企业面对如此 CDM 商机，却是应者寥寥，这方面固然有中国企业对 CDM 项目还不甚了解的因素，但是其他诸如政策的不确定性、CDM 项目复杂的程序、较大数目的前期投入以及 CDM 项目的风险等也是造成这种情况的重要原因。

此外，我国从事方法学研究和开发的机构和专家数量还比较少，没有开发出足够可用的方法学，而 CDM 执行理事会批准的 CDM 项目开发的方法学在我国应用时存在差异。建立中国自己的"经营实体"来核查和核证 CDM 项目，培养规模较大、实力雄厚的 CDM 中介服务机构也是中国加快发展 CDM 的当务之急。

中国目前正处于经济迅速发展时期，必须解决好发展与环境的问题。CDM 机制无疑为我们引进发达国家的资金和技术提供了机遇，中国有关政府部门、企业和研究咨询机构应利用好这个机会，使之服务于我国经济、社会和环境的可持续协调发展。

思 考 题

1. 什么叫清洁发展机制？产生的历史背景是什么？
2. 简述清洁发展机制在国内外的经验。
3. 中国清洁发展机制的潜力行业有哪些？为什么？

3 清洁生产的实践工具

3.1 低碳经济

"低碳经济"（Low Carbon Economy）一词最早正式出现于 2003 年的英国能源白皮书《我们能源的未来：创建低碳经济》中。低碳经济是通过减少自然资源消耗和降低环境污染以获得更多的经济产出，是创造更高的生活标准和生活质量的途径和机会，为发展、应用和输出先进技术创造了机会，同时也能创造新的商机和更多的就业机会。

低碳经济的实质是能源效率和清洁能源结构问题，核心是能源技术创新和制度创新，目标是减缓气候变化和促进人类的可持续发展。其主要内容包括：合理调整产业与能源结构，围绕能源及化学品的生产、运输、分配、使用和废弃全过程，开发有利于节能和降低二氧化碳排放的技术与产品，关注二氧化碳捕集、重复利用和埋藏，制定配套的政策，以实现节约能源、保护自然生态和经济可持续发展的总目标。

3.1.1 低碳经济的发展概况

（1）国外发展概况　低碳经济的倡导者英国在低碳之路上走在了世界的前列。2003 年 2 月 24 日，英国发表了《我们能源的未来：创建低碳经济》的白皮书，计划到 2010 年英国二氧化碳排放量在 1990 年水平上减少 20%，到 2050 年减少 50%，建立低碳经济社会。到 2050 年英国能源发展的总体目标是：从根本上把英国变成一个低碳经济的国家；着力于发展、应用和输出先进技术，创造新的商机和就业机会；同时在支持世界各国经济朝着有益于环境的、可持续的、可靠的和有竞争性的能源市场发展方面，英国将成为欧洲乃至世界的先导。

日本是《京都议定书》的发起和倡导国，由于国内的能源资源匮乏，日本一直重视能源的多样化，并在提高能源使用效率方面做出了很多努力。2004 年 11 月，日本环境省公布了一项新环境税计划，规定每户居民每年将缴纳 3000 日元环境税，以帮助控制二氧化碳排放量。日本投入巨资开发利用太阳能、风能、光能、氢能、燃料电池等替代能源和可再生能源，并积极开展潮汐能、水能、地热能等方面的研究。日本还把光伏电池作为研究重点，计划到 2030 年将太阳能发电量提高 20 倍。日本新的环境战略就是要成为 21 世纪领先的环境保护国家，从技术管理和节能产品上保持领先地位。

（2）国内发展概况　中国既有发展的权利，也有保护全球气候的义务。中国作为一个负责任的发展中国家，为应对气候变化采取了一系列有利于缓解温室气体排放的政策措施，并逐渐将低碳经济引入进来。2008 年 1 月，清华大学在国内率先成立低碳经济研究院，重点围绕低碳经济、政策及战略开展系统和深入的研究，为中国及全球经济和社会可持续发展出谋划策。有学者认为，中国能否在未来几十年里走到世界发展的前列，很大程度上取决于中国应对低碳经济发展调整的能力，中国必须尽快采取行动积极应对这种严峻的挑战。

3.1.2 发展低碳经济的紧迫性和必要性

中国目前是全球温室气体排放第二大国。面对越来越大的国际舆论，如果不能有效化解外部压力，中国的发展空间将受到制约。

发展低碳经济，也是中国经济社会可持续发展的需要。《气候变化国家评估报告》预测，未来 50～80 年全国平均温度可能升高 2～3℃；到 2030 年，我国沿岸海平面可能上升的幅度为 12～16cm，导致海岸区洪水泛滥的机会增大；而且气候变化将使农业生产的不稳定性增加，如果不采取任何措施，21 世纪后半期，我国主要农作物如小麦、水稻和玉米的产量将下降 37%，农业生产将受到严重的冲击。

中国目前正处于人均 GDP 由 2000 美元至 4000 美元的工业化中期的爬坡阶段，经济高速增长至少还可以持续 20～30 年，环境库兹涅茨曲线处于上升状态，环境污染、资源消耗和碳排放总量与增量都是惊人的。可以预计，中国环境压力在未来 20～30 年内将会很大，人均二氧化碳排放量日益趋近世界平均水平，在发展中寻求减排成为中国应对气候变化的必然选择，发展低碳经济已刻不容缓。

3.1.3 中国实现低碳经济发展的可能途径

目前，资源与环境问题已经成为中国社会经济发展所面临的重大难题，中国坚定地建设资源节约型和环境友好型社会，在科学发展观的引领下走可持续发展道路，与中国的低碳发展道路是一脉相承的。未来中国实现低碳发展的可能途径包括以下几个方面。

(1) 调整能源结构 能源深度开发问题一直是人类文明发展水平的标志，也是长期困扰和制约社会经济发展的重要因素。在 3 种化石能源中，煤的含碳量最高，石油次之，天然气的单位热值碳密集只有煤炭的 60%。因此，从二氧化碳排放角度考虑，今后化石能源进口应以天然气为优先选择。核能、风能、太阳能、水能、地热能等其他形式的能源属于无碳清洁能源。从保证能源安全和保护环境的角度看，发展低碳和无碳能源，促进能源供应的多样化，是减少煤炭消费、降低对进口石油依赖度的必然选择。

(2) 调整产业结构 相对于发达国家，我国通过调整能源结构来降低能源强度、提高能源效率的空间仍然很大。2000 年火力发电、钢铁、水泥、乙烯的单位产品实物耗能指标国际先进水平只分别为国内先进水平的 24.1%、20.9%、44.0% 和 69.7%。当年中国矿产资源总回收率为 30%，比世界先进水平低 20%。据国际能源机构（IEA）预测，未来 20 年，世界能源强度年均下降约 1.1%，中国要实现这一目标，其能源强度年均下降率至少要保持 2.3%，工业、交通和建筑三大耗能部门无疑是节能工作的重点。从生态文明的角度来看，更有效地利用每一度电、每一桶石油和每一方天然气比开采更多的煤、石油和天然气更具经济价值和生态意义。在提高能源利用效率的前提下，必须坚持节能优先的发展战略。只有不断提高节能水平，才能有利于能源供应安全、环境保护和遏制温室气体排放等多重目标的实现。

产业结构的调整是发展低碳经济的重要途径。同等规模或总量的经济处于同样的技术水平，如果产业结构不同，则碳排放量可能相去甚远。众所周知，知识密集型和技术密集型产业属于低碳行业，如信息产业的能耗和物耗是十分有限的，对环境的影响也是微乎其微。IT 产业是低碳经济中最具发展潜力的产业，不论是硬件还是软件都具有能耗低、污染小的特点。软件产业更是智力密集型和技术密集型产业，互联网作为一个人类虚拟空间不断扩展的载体，以大容量、高速度的方式提供了功能强大的信息交互平台，是一种低耗能、零污染的低碳产业。又如现代服务业也是一个能耗低、污染小、就业容量大的低碳产业。真正需要大量消耗能源的是工业制造业、建筑业和交通运输业。然而，调整产业或经济结构受到诸多因素的制约。处于工业化进程中的发展中国家，工业在国民经济中的比例会在相当长的时期内占据主导地位，只有在充分工业化之后，才可能由服务业来主导国民经济。

（3）发挥碳汇潜力　发挥碳汇潜力，设立碳基金，制订法律法规。

由于绿色植物通过光合作用吸收固定大气中的二氧化碳，因而通过土地利用调整和林业措施将大气温室气体储存于生物碳库中也是一种积极有效的减排途径。研究表明，增加1%的森林覆盖率，便可以从大气中吸收固定0.6亿~7.1亿吨碳。在过去的半个多世纪里，中国每年大量投入资金和人力造林，但森林覆盖率仅提高了4%，而且这些造林地段的自然条件可能还是比较好的。考虑到中国有多达1/3的沙漠和1/3的高原土地，未来大幅度提高森林覆盖率的困难非常大，因此在看到森林碳汇潜力的同时，也要看到其极限。

（4）设立碳基金　碳基金主要有政府基金和民间基金两种形式，前者主要依靠政府出资，后者主要依靠社会捐赠形式筹集资金。目前中国设立了清洁发展机制基金（政府基金）和中国绿色碳基金（民间基金）来满足应对气候变化的资金需求。但是，现有的这两个基金资助的碳汇项目还未将基金用于低碳技术研发的支持和激励上。碳基金的资金用于投资方面主要有3个目标：一是促进低碳技术的研究与开发，二是加快技术商业化，三是投资孵化器。

（5）制订法律法规　通过政府、行业指导制约企业行为和市场消费行为是推动低碳经济的重要手段，可以采用的具体措施包括：强化实施新建企业的技术水平、生产规模等准入门槛；按生产技术水平档次（如能源利用率等）、生产规模对现有企业进行累进税制，压缩小型落后产能；以市场配额制促进先进大型企业扩大生产能力，并改造淘汰小型落后产能；鼓励新节约产品推广；利用税收政策限制高能耗、高水耗、高污染和高资源消耗的低附加值产品出口。

（6）加强国际合作　先进能源技术最终要为解决全球能源和环境问题发挥作用，因此，技术的传播和扩散非常重要。未来世界能源需求和排放增长的大部分来自发展中国家，而发展中国家限于自身经济实力，技术水平相对落后，技术研发能力相对不足。仅仅依靠技术的自然扩散带来的溢出效益或者商业性的技术贸易是不够的。为了促进全球可持续发展的共同目标，发达国家有义务向发展中国家提供资金援助和技术转让。然而，长期以来，可持续发展目标下真正积极意义上的技术转让进展十分缓慢。因此，未来国际气候制度的发展，非常有必要寻求通过制度化的手段来推进发达国家向发展中国家的技术转让。

3.2　零排放技术

3.2.1　"零排放"概念的提出

工业污染物的控制和削减历程可分为三个阶段。

第一阶段为末端治理阶段，主要是有关污染物控制技术及废物、污染物排放物的处理。

第二阶段是提出清洁生产的概念。

第三阶段是产生了零排放的概念，即如何最大限度地提高资源利用率和生态效率，同时尽可能地消除生产产生的废物和污染物。

因此，零排放主要由两方面构成：产业生产中寻求高效率，资源消耗上追求废物和污染物的排放最小化。零排放的思想构建了高质量消费的社会结构。零排放思想转变了传统的线性工业经济模式。在线性工业模式中，原材料最终以废物的形式排放。而零排放技术提倡的是产业中所有的输入都能够被最终产品所利用，或转变成其他产业或部门的输入。与生态系统的功能相类似，产业作为一个整体系统也希望能够不向外界排放废物。作为一个国际性科研组织，由联合国大学和下属的零排放研究创新基金会（Zero Emissions Research Initiatives，ZERI）强调，零排放技术转变了传统的线性工业经济模式中的资源—产品—污染排放。在线性工业模式中，原材料中大量有价值的物质往往未被利用就成了废弃物，造成了极大的资源浪费。零排放技术提倡的是一种循环型经济模式，通过改变系统中资源物质的配置和利用方式使得有用物质得到充分利用，从而减少甚至完全避免系统内有用物质被废弃。这样，一种产业输出的废弃物和副产品就可以作为另一产业的原材料输入，进而使整个产业系统没有废物产生。零排放研究创新基金会（Zero Emissions Research Initiatives，ZERI）目前一直致力于可再生生物燃料的研究，以替代当前的化石燃料。

3.2.2 "零排放"技术及面临的问题

在同一个生产部门中，产生的废物/副产品一般都无法被该部门重新有效和廉价地使用。为了解决这个问题，必须引入相应的数学表达形式以描述工业产业群间的联系。

在产业部门 1 中，输入原料 I_{1a} 和 I_{1b}，输出主要产品 P_1，同时产生废物/副产品 W/B_1：

$$I_{1a} + I_{1b} \longrightarrow P_1 + W/B_1$$

为了实现零排放目标，部门 1 产生的废物/副产品 W/B_1 作为另一个部门的输入原料，比如，部门 2，该部门的原始生产过程如下：

$$I_{2a} + I_{2b} \longrightarrow P_2 + W/B_2$$

其中，I_{2a}、I_{2b} 分别为输入原料，P_2 为主要产品，W/B_2 表示同时产生的废物/副产品。假设其输入原料是可替代的，那么部门 2 的生产过程可以调整为：

$$I_{2a} + W/B_1 \longrightarrow P_2 + W/B_2$$

其中，输入原料 I_{2b} 用部门 1 的废物/副产品 W/B_1 代替。类似地，部门 2 产生的废物/副产品也同样可以被部门 3 利用，同时生产出产品 P_3 和废物/副产品 W/B_3：

$$I_{3a} + W/B_2 \longrightarrow P_3 + W/B_3$$

以此类推，N 个不同的产业部门之间的相互联系可以表示如下：

$$I_{na} + W/B_{n-1} \longrightarrow P_n + W/B_n \, (n = 2, \cdots, N)$$

其中，B_n 是指被其他 $n-1$ 个部门中的一个作为原料输入的副产品。

根据上述不同部门之间关系式的简单递推，目前来看可以完成 n 个工业产业群之间的网络连接。但实际上它们之间的关系要复杂得多，我们实际操作的是一个规模庞大的工业产业群。同时，对产业群之间的连接技术进行分析时，我们会碰到一个很有趣的现象——"锁定（lock-in）"现象。由于产业群规模带来的问题有技术在可变性和可行性上出现的"锁定"现象，而这有可能会成为生产技术改革的一个障碍。在一个大规模的产业群中，随着不同部门和技术之间的联系越来越复杂，相应的技术可变性也就越来越难。也就是说，这样形成的产业群可能会阻碍部门在技术上的革新，而这个因素又进一步制约了产业群规模的继续扩大。因此，我们可以实行相对比较小和简单的产业群，这样，即使有一项单独的技术成为限制瓶颈，也可以以相对较小的成本来改进这项技术。

为此，需要开发出相应的计算机辅助设计的工业系统，以推动介于工业技术可变性和静态性之间的零排放方法的实现。

3.2.3 基于生物质平台的零排放技术实现

进入 21 世纪，我们开始听到改变自然科学研究领域的呼声。即意味着从传统的自然科学（如宇宙的研究）研究转移到生命科学研究（如生命的研究）。自然科学包括物理、化学、天文和地理，而生命科学则包括生物、医学、生理学和农业科学。最近美国国家研究委员会强调，"21世纪，生物科学将像物理和化学科学在20世纪对整个工业的发展所起的作用一样，对新工业产生巨大的影响。生物科学，结合生产过程中现代和未来的科学技术，能够为可再生资源生产不同种类的工业产品提供基础。这些所谓的'生物基工业产品'包括液体燃料、化学品、润滑油、塑料制品和建筑材料……生物基产品在提升经济竞争力的同时还具有促进自然资源的可持续发展、改善环境质量以及保证国家安全的潜力。农林业作物可作为化石燃料的替代资源，以缓解国际石油市场的价格和供应问题，同时也为国家工业基地提供了多样性原料。生物基产品更具环保性，因为它们的生产流程与石化行业相比产生的污染较少。一些农村地区依靠当地种植的农作物可以很好地支持这种以区域生产设施为基础的产业。比起化石燃料，作为可再生能源的生物质能不会导致大气中二氧化碳的增加。委员会认为生物基产品的这些好处是确实存在的……石油化工产品已经逐步取代了以生物材料为原料的产品。但生物基产品重新又将卷土重来——因为在农业生产力和新技术下这些作物的产量翻了三倍。"伴随着工业生物技术（在欧洲国家成为白色生物技术），基于生物的绿色化学技术将会逐步发展起来。

生物科学的研究将朝着描述生物精炼发展趋势的方向努力，以作为我们试图统一人为建立的物质链和自然系统存在的物质链而做出的努力的一部分。这些研究方法需要我们对人类建立的链进行修订和重组。目前存在的物质链及其管理方法都是基于矿物资源的开发和不可再生资源商品市场。矿物资源的短缺以及全球环境问题要求我们用可再生资源代替化石燃料资源。可再生资源将会重建新的物质链、企业责任、市场和政策法规。因此，新的物质链需要新的管理手段。零排放概念的提出，与融合了以生物质为基础的技术的产业群一道成为新产业链的管理手段，其中技术链可以为未来物质链服务。因此，我们以一个新链代替旧链，并由新链衍生出零排放管理手段。同时，也形成了以知识为基础的新的管理理论。

3.3 生态设计

3.3.1 生态设计的概念与内涵

生态设计，也称绿色设计或生命周期设计或环境设计，是指将环境因素纳入设计之中，从而帮助确定设计的决策方向。生态设计要求在产品开发的所有阶段均考虑环境因素，从产品的整个生命周期减少对环境的影响，最终引导产生一个更具有可持续性的生产和消费系统。

生态设计活动主要包含两方面的含义：一是从保护环境角度考虑，减少资源消耗、实现可持续发展战略；二是从商业角度考虑，降低成本、减少潜在的责任风险，以提高竞争能力。

3.3.2 生态设计发展历程

（1）古代的设计 人们制造的产品通常会具有一个功能，如果没有明显的功能，我们称之为艺术品。古代设计的产品一般都能提供某种确定的服务，或者解决一个问题。那么形成解决方法或者提供有用工具的过程叫做"设计"。

（2）工业化时期的设计　随着工业化的产生和发展，一种新型的方式开始取代以前的生产方式。设计再也不是一种独立的、基于试验的技能，而产品也不再是由手工作坊的工人生产，用于和农民交换农产品。相反的，大部分的自动化设备在流水线上生产出大量统一的标准产品，也附带产生了工业化时代典型的污染物。设计，在过去来说只是作为生产过程的一个环节，到如今成了标准产品生产的蓝图。

（3）20世纪至今　大批量生产将设计从艺术活动转变成与多个方面相关的事情，一同转变的还有工业的发展、服务、知识和社会。未来的可持续性设计，包括可持续产品的生产和消费，都需要大量的再设计。再设计包括消费品、工业生产以及服务和基础设施方面。不幸的是，可持续性在设计的教育和实践中仅仅占据次要地位，而在可持续性的论述中，设计也没有被当作相关因素来关注。

3.3.3　生态设计原则

生态设计的实施是整体化与系统化的统一，需要考虑从原材料选择、设计、生产、营销、售后服务到最终处置的全过程。因此，在进行生态设计时首先要关注的就是所要遵循的设计原则，近年来围绕生态设计原则的探讨非常热烈。

日本学者山本良一认为，产品在其生命周期（Life-cycle）中包含三个要素：成本（Cost，简写为 C），包括原料成本、制造成本、循环再生成本、处理成本等生命周期全程的费用；环境影响（Impact，简写为 I），包括资源损耗、人体损害、环境污染等；性能（Performance，简写为 P），包括安全性、是否方便实用、是否符合审美观、施工难易程度等产品性能。那么，产品的综合价值指标可用 P/(IC) 来表示。因此，努力使 P 趋于最大、I 与 C 趋于最小就是生态设计的准则。而在传统设计中，人们通常只考虑 P/C，即追求产品的性能最好、成本最低，这就是生态设计与传统设计的本质区别。

加州大学建筑学系教授 Vander Run S 提出了生态设计 5 原则。

第 1 原则是结合地域、人文特征来设计产品，即设计方法从各种场所的文化、物理特征中产生。

第 2 原则是"根据生态收支进行设计"，即主张以 LCA 为基础进行生态设计，所谓生态收支（ecological accounting）是指收集以往经济学未曾关注过的生态学成本的信息，并试图进行改善。

第 3 原则是"符合自然结构的设计"，即有效地利用自然本身所具有的过程及模式进行设计。

第 4 原则是"任何人都是设计者"。

第 5 原则是"将自然可视化"。生活在工业化社会中的人们已经无法从日常生活中看见生态及技术的工艺过程，对于自然的意识、关心及想象力都降低了，"将自然可视化"可提高人们的环境意识。

许多国家正在实施设计与制造的"3R"原则，正是将生态设计理念付诸实践的具体指导原则，即 Reduce（减量化），Reuse（再利用）和 Recycling（再循环）。

① Reduce 包含了从四个方面减少物质浪费与环境破坏的内容：a. 产品设计中的减小体量，即从复杂臃肿的产品结构与功能中减去不必要的部分，以求得最精粹的功能与结构形式，使产品形式不断趋于小型化、简洁化；b. 产品生产中减少消耗；c. 产品流通中的降低成本，如减轻需要移动的产品的重量以减少为此而付出的能源消费；d. 产品消费中的减少污染。

② Reuse 包含了三个方面的要求：

a. 产品部件结构自身的完整性。

b. 产品主体的可替换性结构的完整性，也就是要求产品主体具有对零部件的可替换性结构，如电池对于照相机的关系，电池是一个完整的结构，如果照相机本身不具备可装卸电池的空舱，则可更换电池的功能就无法实现。

c. 产品功能的系统性，也就是说整个产品是一个工作系统，是局部与局部连接起来的整体。

③ Recycling 是 "3R" 原则中呼声最高、反应最热烈、进展也最明显的一个发展趋势，要求设计者尽量使用可再生资源，充分利用循环再生产品及使产品具有循环再生性。由于投资小、见效快，再循环已成为生态设计的一个常用策略。

3.4　生命周期评价

3.4.1　生命周期评价概念

生命周期评价（Life Cycle Assessment，LCA）是一种评估产品在其整个生命周期中（从原料的获取、产品的生产直至产品使用后的处置）对环境影响的技术和方法。国际标准化组织对 LCA 的定义是：综合评估一个产品（或服务）体系在其整个生命周期间的所有投入及产出对环境造成的和潜在的影响的方法。国际环境毒物学和化学学会对 LCA 的定义是：通过对能源、原材料消耗及废物排放的鉴定及量化来评估一个产品、过程或活动对环境带来的负担的客观方法。

生命周期评价是对产品、工艺过程或生产活动从原料获取到加工、生产、运输、销售、使用、回收、养护、循环利用和最终处理处置等整个生命周期系统所产生的环境影响进行评价的过程，在促进清洁生产方面有着积极的作用。

在企业方面，生命周期评价主要用于产品的比较和改进，典型的案例有塑料杯和纸杯的比较、聚苯乙烯和纸质包装盒的比较等。在政府方面，生命周期评价主要用于公共政策的制定，其中最为普遍的适用于环境标志或生态标准的确定，许多国家和国际组织都要求将生命周期评价作为制定标志标准的方法。

生命周期评价在过去的三十多年内发展迅速，在定量和定性地评价产品使用、生产过程等对于环境的影响时，更加系统化和智能化。理论上，生命周期评价可以在生产者、供货商、消费者、政府等决策时作为决策支持工具使用。但是，生命周期评价在决策过程中应用并没有像人们想象中那样广泛。因为，生命周期评价可以得出产品使用、生产过程中的环境影响，但是在生命周期评价的计算过程中，决策者通常还需要其他信息。为了得到其他补充信息，有必要对 ISO 中生命周期评价的评价过程进行扩展以满足可持续评价的要求。在生命周期评价的评价过程中，考虑到更广泛的外部因素和内部联系，以及满足不同用户的需求。其中，有以下两个互补的方法可以拓展 ISO 生命周期评价的框架。

① "深化"。改善 ISO 14044 导则中关于系统边际、分配方法、动态方面、情景的说明等。

② "扩展"。比如将社会和经济等因素融入生命周期评价在可持续发展的应用。

对 ISO 中生命周期评价进行拓展也是一把双刃剑，一方面，生命周期评价与其他理论和方法联系可以增强生命周期评价的实用性。但是，另一方面，拓展 ISO 中生命周期评价的可能会导致生命周期评价更加复杂而降低其准确性，可能会降低生命周期评价在经济和政策方面的利用价值。

面对拓展生命周期评价的两面性，人们深化和拓展生命周期评价的方法，以改善其在今后评价过程中的应用。在对环境、经济和社会评价方法进行综合研究的基础上，又提出生命周期评价同其他方法结合来拓展生命周期评价框架的方法（表 3-1）。但是，在选择拓展生命周期评价框架的方法之前，必须定义和分析拓展生命周期评价中利用到的方法，以适应可持续发展评价的需要。应用过程中，应明确各种方法的假设，比较它们在评价可持续发展的社会、经济和环境方面的优缺点。因此，在此首先回顾了环境、经济和社会的评价方法，然后评价各种方法在生命周期评价时利用的优缺点。

表 3-1　可以与生命周期评价结合的方法汇总表

项　目	评价对象（层次）	评价对象类别
程序化、结构化的评价方法		
环境影响评价制度（EIA）	工程（微观）	社会和环境
战略环境评价（SEA）	政策（中观/宏观）	社会和环境
可持续性评价（SA）	政策（宏观）	社会、经济和环境
多准则决策分析（MCDA）	政策/工程（微观/中观/宏观）	社会、经济和环境
分析方法		
物质流动分析（MFA）	政策、规划（宏观）	环境（自然资源）
化学物质流动分析（SFA）	特殊物质（宏观）	环境（自然资源）
能量分析（EA）	过程、产品/服务（微观）	环境（自然资源）
环境投入产出分析（EIOA）	政策、产品/服务（中观/宏观）	环境
风险评价（RA）	化学品、工程（微观）	环境和健康影响
生命周期成本分析（LCC）	产品/服务（微观）	经济
成本收益分析（CBA）	政策/工程（微观/中观/宏观）	经济（包括环境和社会影响）
生态效率分析（EE）	产品/服务（微观）	经济和环境
社会生命周期评价方法（SLCA）	产品（微观）	社会

研究人员提出了很多的生命周期评价方法和模型分类框架，并且一致认为在各种方法结合方面还需要更多的研究。目前，生命周期评价的理论、模型和方法的拓展方面还没有达成统一的认识，所以必须根据具体的分析和评价目标，与其他的评价方法进行结合。生命周期评价的理论、模型和方法是开放式的，因此，不可能将所有的方法面面俱到，只是针对大多数的过程和分析方法而提出。

3.4.2　相关的评价与分析方法

文中讨论的评价程序包括环境影响评价制度（EIA）、战略环境评价（SEA）、可持续评价（SA）和多准则决策分析（MCDA）。预测程序方法就是通过预测未来趋势来支持政策和规划的决策。在实践中，分析方法都可以作为评价程序的一部分。

分析方法主要用于识别和分析政策、项目、产品和物质的环境、社会或者经济影响。虽然一些方法可以结合两个或更多评价因素，但是大多数的方法主要是集中在一个评价方向。环境分析方法用于评价系统的资源的使用和环境影响。环境分析方法涉及各个应用领域（国家、地区、部门、行业等）、应用范围（产品、项目或政策）、方法和数据类型。下文回顾了这些方法的区别，以帮助我们扩展和拓展生命周期评价。

（1）环境影响评价制度（EIA）　环境影响评价包括几种方法和工具，在分析时根据技术和环境条件进行选择。环境影响评价主要用于发展规划以及项目审批时明确其环境和社会影响。在很多国家，环境影响评价用于支持大型项目和一些特殊项目的公共决策。

与时间和地点独立的生命周期评价不同，环境影响评价是评价当地环境影响的程序化工具，通常还要考虑时间因素、特定的地理环境和环境背景。除了定量的评估方面，环境影响评价还可以定性地评价"软"的问题，比如风景、文物以及可能影响人群的关切等，这就需要公众以及其他相关人士的共同参与。然而，由于环境影响评价存在数据的缺乏和较强的主观性，环境影响评价通常存在不确定性。

（2）战略环境评价（SEA）　战略环境评价（SEA）同环境影响评价类似，但是通常在更高层次决策（如策略和政策）时使用。因为战略环境影响评价在战略实施之前进行，存在信息的缺乏和高度的不确定性的问题。战略环境影响评价在欧洲主要用于政策制定和政策选择。欧盟战略环境影响评价的发展方向是强制在欧盟各成员国中推广。

战略环境影响评价评价程序中包括一系列分析工具和方法，包括生命周期评价、风险评价（RA）、成本收益分析（CBA）和多准则决策分析（MCDA）。战略环境影响评价可以是回顾或者预测评价，评价范围包括可持续发展政策以及其他的政策和战略。但是，与环境影响评价类似，战略环境影响评价在欧洲主要针对污染影响和社会影响。另外，由于数据的不确定性和信息不足，战略环境影响评价通常只能表征环境和社会影响的趋势。战略环境影响评价通过利益相关者在评价过程中的联系使生命周期评价更加透明。在战略环境影响评价的帮助下，利益相关主体可以在规划早期参与进来，从而认识到规划对于社会和经济的影响，将冲突在规划过程中解决。

（3）可持续性评价（SA）　可持续性评价（SA）是一个涵盖性术语，包括一系列的方法和工具，也被称为"可持续发展评估"、"可持续性影响评估"、"整体的可持续发展评估"或者"综合评价"。可持续性评价正在全世界范围内被广泛应用，从政策、战略策划、项目到贸易协定，从宏观到微观，在各阶段（前期、中期、事后）识别不同可持续发展的因素权衡效果。

在可持续发展评价中强调利益相关者的冲突，以及冲突引起利益相关者观念的改变。从科学和社会的角度来看，可持续发展的概念是有争议的，而且可持续评价也是主观的、含糊不清的。在可持续发展的评估中，社会、经济和生态是主要的考虑因素，也是构建可持续发展的重要指标。尽管这种方法是考虑了全方面的因素，但没有涉及交叉因素的处理。此外，定性和定量的信息在一个框架内结合也是可持续评价的一个重要问题。

部分研究结果以及文献建议在可持续评价过程中应该结合不同的评价工具和指标，帮助做出决策。比如，Azapagic 和 Perdan 提出可以将生命周期评价的方法应用在工业系统的可持续评价过程中。但是，目前对于如何组织不同的评价工具和方法的研究仍处于初级阶段。

（4）多准则决策分析　多准则决策分析（MCDA）可以根据一系列的判定标准对不同的方案进行比较。多准则的分析方法在单一标准的评价手段（如成本收益分析）达不到要求，特别是重大的环境和社会影响无法用估量其价值时，非常适用。此外，多准则决策分析往往比其他方法（比如成本收益分析）透明度更高，因为多准则决策分析的目标和标准通常是明确提出的。

多准则决策分析方法已经开发和应用在各种类型的决策分析上。在最简单的多准则决策分析方法中，最后的结果是由加权评价数表示的，分数最高的加权评分意味着是最好的选择。对于更复杂的决策就需要更加先进的技术。多准则决策分析的方法主要根据决策规则（补偿、部分补偿和无补偿）和数据类型（定量、定性或混合）进行选择。

由于多准则决策分析可以处理冲突的决策状况，特别适合于解决综合的问题（包括经济、环境和社会问题）。多准则决策分析能有效地支持可持续发展的复杂决策问题，因为多准则决策分析可以将一系列多角度的标准结合，而且多准则决策分析可以适用于大范围的内容。通过结合定性和定量的数据，计算货币和非货币方面的价值，决策者可以利用多准则决策分析考虑经济、环境、社会和技术指标。多准则决策分析可以处理无法货币化的方面的问题，这点对于可持续发展评价非常重要，因为并不是全部的影响都能量化，比如核扩散的影响很难以货币价值估量。此外，社会影响几乎不可能用货币价值衡量，因此多准则决策分析在社会影响层次拓展生命周期评价是有效的。此外，联系到生命周期评价，多准则决策分析可以用来解释不同的测量因素和冲突的评估结果。

（5）物质流动分析（MFA） 物质流动分析代表了一个经济系统中，计算物质的输入和输出。物质流动分析可以对经济系统中物质输入输出进行分析。物质流动分析主要针对可持续发展中的环境因素。物质流动分析的数据的单位和指标可以用于包括生命周期评价和多准则决策分析在内的方法。必须注意的是，物质流动分析应用时应当尽可能减少分析物质的种类，保证物质流动分析易于管理，但生命周期评价的目的是尽可能评估到所有的物质。此外，物质流动分析可以作为研究整体经济体效率的工具，但是不适合优化单个生产系统。由于系统边界和分配方式的不相容性，物质流动分析同生命周期评价在微观层面结合是有限的。

（6）化学物质流动分析（SFA） 化学物质流动分析（SFA）是一种特殊的化学物质流动分析，是针对化学物质或特殊的成分的物质流动分析。化学物质流动分析的核心是质量平衡原理，根据质量守恒定律。通过化学物质流动分析可以分析特定物质的输入或输出的系统，得出特定时间、地点的生产过程是否不平衡或者不可持续。大多数化学物质流动分析的研究目标是管理特殊的化学物质，提供这些化学物质在生产过程中的信息。

最近化学物质流动分析同生命周期评价在一个框架内结合来评价产品、生产过程以及城市内活动的污染排放。这个框架可以用于研究产品和活动的直接影响（前景）以及活动的生命周期影响（背景）。结合化学物质流动分析和生命周期评价的方法可以用于支持地方决策。

（7）能值/可用能量分析（EA） 能值分析是分析能量流动的各种方法的总称。能值分析是计算能量的总和，而可用能量分析计算单位质量燃料可用的能量，或者理论上可以获得功的最大值。可用能量分析可以增进对于资源利用效率的理解，找出能量损失的位置，通过技术改进可以提高能源利用效率。

虽然能量分析传统上是关注生产过程的微观层面，但是这种方法可以灵活地应用于各个层面（微观、中观和宏观）。由于其应用的灵活性，能量分析法可以用于生命周期评价。然而，能量分析过于关注能量方面，对其他重要的方面关注不足。可用能量分析可以用于更多近似计算，可以合理化和简化生命周期评价，以识别生命周期评价在能量方面的重点。然而，对于无能量系统，可用能量分析的有效性就值得商榷了。很多用户也发现很难解释可用能量分析结果的意义。

（8）环境投入产出分析（EIOA）/环境拓展投入产出分析（EEIOA）/混合分析

(IOA) 环境投入产出分析（EIOA）和环境输入输出扩展分析（环境输入输出扩展分析）是将环境因素纳入传统货币分析的传统的投入产出分析法。在环境投入产出分析中，环境影响通过在混合分析（IOA）中增加排放系数或者用物质流动模型取代货币投入产出模型来表征。环境投入产出分析模型可能包括很多不同的环境指标，如空气污染物排放、废弃物、物质和能量输入、土地使用等。社会方面，比如就业率也可以被整合入环境投入产出分析中。

环境投入产出分析决定整体经济部门的环境影响，可以视为"从摇篮到坟墓"的宏观的生命周期评价。环境投入产出分析的局限性在于，它通常假设进口产品和国内产品生产工艺相同（一个部门只生产一种产品）而且生产过程中使用单一的技术。环境投入产出分析将环境负荷按经济流成正比地分配于各产品和服务中。环境投入产出分析可以看作是在宏观或者国家层面的生命周期评价，但是相比生命周期评价它还是有一定优势的，它能考虑各部门因素，包括直接或间接信息，不会重复计算。因此，相比具体产品和决策活动，在高层次（如国家层次）的政策决策中环境投入产出分析会更加有用。

环境投入产出分析和环境输入输出扩展分析与其他数据资料结合灵活，而且与生命周期评价计算兼容。环境输入输出扩展分析可以将环境经济和社会数据编入计算框架中。然而，目前数据通常通过间接手段或理论计算获得的。

目前，环境投入产出分析已经被认定为支持生命周期清单（LCI）的重要方法。从环境投入产出分析的成功应用案例可以看出，环境投入产出分析的应用范围在继续扩大。例如，混合分析可以将生命周期评价和环境拓展投入产出分析结合起来。混合分析方法可以提供更完整的系统定义，只需要相对少的附加信息和清单数据。因此混合分析方法可以减少数据采集和避免生命周期评价固有的界限弊端。原则上混合生命周期评价允许用户在预测边界和回顾边界之间进行选择。结合物理的过程数据和开放的货币数据，可以将环境与经济方面的问题相结合。

（9）风险评价（RA） 风险评价常用于评估环境、健康和化学物质、有害物质、工业厂房等的安全威胁。风险评估的对象可以是物理因素，比如辐射；生物因素，比如转基因生物或病原体；化学因素，比如毒性化学物质。在生命周期评价中，风险评价分析方法用于支持环境管理的决策，下面是生命周期评价和风险评价的重要区别：风险评价主要关注产品、过程或事件和它们发生的特定背景下的危害；与传统的生命周期评价不同，在风险评价中，产品和活动的绝对边界非常重要；风险评价分析时，只能考虑一个地点或者有限地点的风险因素；风险评价的结果是定义在特定时间的风险影响，在生命周期评价中是不可能的。

生命周期评价和风险评价的结合可以使数据在两者公用。比如，排放数据即可以同时应用于工业过程的风险评价和生命周期清单分析评价。再如，毒性信息可以在风险评价和生命周期影响评价中共用。在实践中，生命周期评价和风险评价可以用于不同的组合方式：独立的风险评价作为生命周期评价的一个子集，或者生命周期评价作为风险评价的一个子集，或者作为风险评价的补充工具。最常见生命周期评价和风险评价结合包括很多环境影响评价方法，比如生命周期影响评价（LCIA）中的生态毒理因素。

虽然风险评价可以作为政策和规章的决策支持工具，但风险评价有较强的主观性和不确定性，风险评价的过程和结果更容易受到公众的不信任。

（10）生命周期成本分析（LCC） 生命周期成本分析（LCC）可以计算产品、过程或活动生命周期过程的成本计算。传统上，生命周期成本分析用于计算不同的投资方案以帮助选择过程。类似生命周期评价，如果建立附加值分析，生命周期成本分析可以用于辨认经济系统中的"热点"。同生命周期评价相结合，可以增进生命周期中的决策应用。生命周期成本分析和生命周期评价中，综合使用共同的数据和模型，可以提供额外的综合使用的优点。

（11）成本收益分析（CBA） 成本收益分析是评估项目和活动总成本和总收益的方法。根据可持续评价的内容，成本收益分析可以用于评价不同的社会选择的成本与收益。尽管生命周期成本分析通常不考虑收益，但在应用成本收益分析和生命周期成本分析时应有所考虑。成本收益分析的优势是它可以将结果用货币来表示。然而，在预计收益时，简单地以货币价值方式评价会带来一些问题。与生命周期评价和其他环境决策支持方法不同，成本收益分析可以通过计算环境成本和收益将各时间段的影响考虑进来。一种成本收益分析是计算成本效率分析（CEA），重点是优化选择，以达到成本最小化的目的。

（12）生态效率（EE）分析 生态效率（EE）的概念在世界可持续发展工商理事会（WBCSD）于1992年提出之后，很快成为热门。虽然，现在还没有生态效率的明确定义和普遍认可的定义，生态效率指标可以表现环境和经济变化的比例。

生态效率分析及其指标可以应用于比较、监测和标记产品和企业等。对于生态效率分析尚无明确的框架，有综合考虑各类因素的加权影响等各种方式。

可持续发展的思想在生命周期中渗透，逐渐成为我们分析和解决环境问题的重要方法之一。在欧洲，可持续消费和生产的政策中也含有生命周期的思想。为支持可持续的决策，有必要将不同的生命周期评价方法结构化，与经济和社会评价方法结合。因此，拓展和深化生命周期评价的过程的目标就是可持续发展。生命周期评价方法可以为可持续发展提供技术支持，范围从微观的个人、企业和产品到宏观的整个经济系统。概念、方法、模型和工具覆盖社会、经济和生态范畴。但是，真正的挑战在于将不同的因素结合过程中概念的一致性和逻辑性，以及采用一种适用性强的方法能满足不用使用者的需要。而后者是更加困难的，因为使用者的需求各异，以及在可持续发展决策中的能力各异。

然而，改善可持续评估时，在结合不同生命周期评价相关的概念、方法和模型时，需要注意到没有什么办法是能"一刀切"的。因此，提出一个系统、方法或者决策将不同的程序和分析工具完美结合是非常困难的。此外，深化和拓展生命周期评价的方法还主要根据用户应用范围、需求和目标来进行设计。因此，未来的商业分析和决策分析的生命周期评价会有很大的不同。比如，研究者逐渐将其他可持续发展因素整合进生命周期评价的内容当中，同时将其他的环境影响因素或者宏观环境影响方法整合，以分析反弹和增长的环境影响，提高环境影响评价的可靠性。政策制定方面，政策生命周期评价需要简化和标准化评价过程，以及拓展和深化评价。另一方面，企业和个人更迫切地需要简化和深化生命周期评价方法。在决策过程中，细节问题相关性较小时，简化过程就非常必要（比如企业、生产商和消费的日常决策），同时在政策决策中简化也是非常必要的。通过对评价方法的回顾，我们可以看出没有哪一个单一方法能满足所有的需求。

如果需要对可持续发展进行宏观角度的评价，结合生命周期评价、生命周期成本分析和社会生命周期评价方法可以评价可持续发展的社会、经济和环境因素。如果评价的范围较小，比如企业决策，生态效率分析也可以胜任评价工作。如果同时使用三种方法，而三种方法都用不同的可持续目标，不仅计算的过程复杂，而且需要大量的可持续性分析，阻碍方法的使用。将经济和社会因素与生命周期评价结合，会增加生命周期评价在政策制定中的作用。新的可持续发展评价今后将以协同合作、双赢策略为基础！拓展生命周期评价会引入大量的标准，而选择标准时较强的主观性使生命周期评价更容易受到争议。

另外，可以在评价程序中应用各种分析工具进行评价，比如，以生命周期评价的概念使用前文所述的程序化框架（如环境影响评价、可持续性评价、多准则决策分析等）整合其他的评价方法进行评价也是可行的。这些框架，可能与生命周期评价不直接相关，但是在理论上是可以同其他工具相联系的。程序化框架中可以补充生命周期评价的定性和预测部分。但是，生命周期评价和其他方法结合会更加复杂。比如，在一个工程评价中，环境影响评价可以通过提供区域信息来补充生命周期评价。风险评价的信息可以用以评价毒理信息，为生命周期评价中环境影响分类时使用。相似的，投入产出分析（IOA）可以用以支持生命周期清单（LCI）分析。投入产出分析和生命周期评价相结合，会减少数据收集的难度，使系统定义更加完善。但是，投入产出分析和复合生命周期评价只能在宏观层面使用。

不同层次方法的结合受到人们的关注，比如，生命周期评价和环境投入产出分析的结合可以在微观上注意到部门间物质流动的信息，直接或间接地避免重复计算会提高生命周期评价的可靠性。在微观生命周期评价中结合宏观的方法（如物质流动分析和化学物质流动分析）可以增加质量和能量平衡计算的应用。

生命周期评价的拓展和深化仅为环境生命周期评价提供了一些受限制的选择。大多数涉及社会的方法是定性的，比如环境影响评价和战略环境影响评价，其定性的结果很难在定量计算中应用。风险评价和环境影响评价可以提供区域或地方信息，环境影响评价也可以将时间因素合并。拓展和深化生命周期评价使我们能够联系到各个层次的管理者，最终将所有的可持续评价方法融合起来。尽管对于拓展和深化生命周期评价的需求和机会是很多的，但是存在的风险也必须谨记在心：生命周期评价的发展方向是满足人们的需求，但不能超过环境的承载能力。在今后的发展中，在生命周期评价的拓展和深化之间的权衡可能越来越频繁。通过拓展，在未来的几年中经济、社会和环境的评价会考虑更多的标准，需要大量的分析过程，耗费大量的精力和财力。因为生命周期评价已经被人们看作是一种复杂的工具，日常使用也是费时费力的，更高的复杂性会提高评价结果的不确定性，可能在今后降低其使用性。

3.5　绿色化学

3.5.1　绿色化学的产生与发展

环境是人类社会生存和经济发展的物质基础。然而随着人类的进步和科学技术的发展，人类活动对自然界的破坏也日趋严重。资源的过度消耗、能源和粮食日趋紧张和短缺以及气候变化、臭氧层破坏、生物多样性减少、水土流失和荒漠化等生态和环境问题不断加剧，使得人类的生存和发展面临严重的威胁。为了从根本上预防和治理环境污染，必须依靠近年在国际上引起极大关注的化学新领域——绿色化学（green chemistry）。

1990 年，美国通过了一个"防止污染行动"的法令。1991 年后，"绿色化学"由美国化学会（ACS）提出并成为美国 EPA 的中心口号，这是第一次出现"绿色化学"一词。1992年，美国环保局又发布了"污染预防战略"。1995 年，美国总统克林顿设立了一个新奖项"总统绿色化学挑战奖"，从 1996 年开始，每年为在绿色化学方面做出重要贡献的化学家和企业颁奖。1999 年英国皇家化学会创办了第一份国际性《绿色化学》杂志，标志着绿色化学的正式产生。

如今，绿色化学的含义不再仅仅是一种颜色的表述，它具有更为广泛的社会、经济、生产和生活的内涵。近年出现了诸如"绿色和平组织"、"绿色食品"、"绿色电池"、"绿色化学"、"绿色化学工业"等概念。美国环境保护局（EPA）还为各类废弃回收物制订了专门的标志，以便于分类回收、处理和再利用。

化学污染主要产生于以下过程：清洁生产、绿色化学原理与实践。

（1）获得原料的过程　生产化学产品的原料主要来源于煤、石油、天然气和其他各种矿物，这些矿物的开采不可避免地要给环境带来污染。

（2）化学产品的生产过程　首先，化学产品的生产需要能源，目前能源的获得很大程度上依赖于矿物的燃烧。在产生能量的同时，大量的硫氧化物、氮氧化物等有害物质被排向大气，造成大气污染。

其次，化学品的生产往往需要反应介质，主要是低沸点有机溶剂来保证反应的顺利进行，这些有机溶剂很容易挥发进入大气中，对环境和动、植物造成危害。

另外，化学品的生产过程一般会产生副产品，如果这些副产品得不到综合利用就只能排放掉，从而污染环境。例如，小造纸厂产生的造纸废液多数未经处理直接排入江河造成污染。

（3）化学产品的应用过程　一些化学品没有经过严格评估，在它们服务人类的同时也带来危害，有时这些危害具有潜在性和长期性。DDT 是一种曾被广泛使用的杀虫剂，自 1941 年面世到 1972 年开始被禁用，前后共被使用了 30 多年。刚开始使用时人们发现它杀虫效果较好，但随后发现其具有残留的问题，即不只对害虫起作用，进入食物链以后还威胁到包括人在内的各种生物体，甚至在两极地区的动物体内也有发现，这种污染会造成无法挽回的损失。

随着人类环境意识的觉醒和加强，人类越来越重视自己赖以生存的环境。人类对于生产与环境之间关系的认识大致经历了以下几个阶段。

① 在自给自足的农业社会，生产力水平低下，人类的生产活动基本对环境没有造成影响。

② 进入工业社会以后，生产规模不断扩大，废水、废气、废渣等有毒、有害物质开始大量产生并被排入环境中。这时的人们对环境污染带来的危害没有明确的认识，认为采用稀释的办法就可以解决污染问题。

③ 人们认识到污染的危害，制订了一系列的法规限制污染物的排放和对污染物进行处理。

④ 在生产及消费的全过程控制污染，从根本上消除对环境的威胁。

3.5.2　绿色化学的定义、内容及意义

绿色化学（green chemistry）又被称为环境友好化学（environmentally friendly chemistry），是在源头上就防止污染的产生，并将防止污染的理念和行动贯穿于生产、消费全过程的一项行动纲领。

3.5.2.1　绿色化学的内容

绿色化学是一门从源头上阻止污染的化学，绿色化学所研究的中心问题是使化学反应及其产物有以下特点。

① 原料绿色化，即采用无毒、无害的可再生原料，如生物质、淀粉、纤维素等。

② 反应介质绿色化，即在无毒无害的反应条件（催化剂、溶剂）下进行，探索新的反应条件，如超临界流体。

③ 化学反应绿色化，即具有"原子经济性"，即反应具有高选择性，副产品极少，甚至实现"零排放"，需要改变原有的合成路线、合成方法。

④ 产品的绿色化，即产品应是环境友好的，对人体是健康的。

⑤ 应满足"物美价廉"的传统标准。

因此，绿色化学可以看作进入成熟期的更高层次的化学。

3.5.2.2 绿色化学 12 条原则和 5R 原则

美国总科技政策顾问 P. T. Anastas 博士和麻省大学的 J. C. Warner 教授提出了绿色化学的 12 条原则，这些原则可作为实验化学家开发和评估一条合成路线、一个生产过程、一个化合物是不是绿色的指导方针和标准。

① 最好是防止废物的产生而不是产生后再来处理。

② 合成方法应设计成能将所有的起始物质嵌并入最终产物中。

③ 只要可能，反应中使用和生成的物质应对人类健康和环境无毒或毒性很小。

④ 设计的化学产品应在保持原有功效的同时，尽量使其无毒或毒性很小。

⑤ 应尽量不使用辅助性物质（如溶剂、分离试剂等），如果一定要用，也应使用无毒物质。

⑥ 能量消耗越小越好，应能为环境和经济方面的考虑所接受。

⑦ 只要技术上和经济上可行，使用的原材料应是能再生的。

⑧ 应尽量避免不必要的衍生过程（如基团的保护与去保护，物理与化学过程的临时性修改等）。

⑨ 尽量使用选择性高的催化剂，而不是靠提高反应物的配料比。

⑩ 设计化学产品时，应考虑当该物质完成自己的功能后，不再滞留于环境中，而可降解为无毒的产物。

⑪ 分析方法也需要进一步研究开发，使能做到实时、现场监控，以防有害物质的形成。

⑫ 一个化学过程中使用的物质或物质的形态，应考虑尽量减小实验事故的潜在危险，如气体释放、爆炸和着火等。

为了更明确地表述绿色化学在资源使用上的要求，人们又提出了 5R 理论。

① 减量（Reduction）。减量是从省资源少污染的角度提出的。a. 减少用量：在保护产量的情况下如何减少用量，如提高转化率，减少损失率。b. 减少"三废"排放量：主要是减少废气、废水及废弃物（副产物）排放量。

② 重复使用（Reuse）。重复使用是降低成本和减少废弃物的需要。诸如化学工业过程中的催化剂、载体等，从一开始就应考虑有重复使用的设计。

③ 回收（Recycling）。回收主要包括回收未反应的原料、副产物、助溶剂、催化剂和稳定剂等非反应试剂。

④ 再生（Regeneration）。再生是变废为宝，节省资源、能源，减少污染的有效途径。它要求在工艺设计中应考虑到有关原材料的再生利用。

⑤ 拒用（Rejection）：拒绝使用是杜绝污染的最根本办法，它是指对一些无法替代，又无法回收、再生和重复使用的毒副作用、污染作用明显的原料，拒绝在化学过程中使用。

3.5.3 绿色化学的发展前景

① 反应原料的绿色化。即反应原料符合 5R 原则。

② 原子经济性反应。

③ 高效合成法。高效的多步合成无疑是洁净技术的重要组成部分。

④ 提高反应的选择性——定向合成，如不对称合成。

⑤ 环境友好催化剂。例如在正己烷的裂解反应中，固体酸 SiO_2-AlCl_3 比普通 $AlCl_3$ 具有更好的选择性及更小的腐蚀性。

⑥ 物理方法促进化学反应。如微波引发和促进 Diels Alder 反应、Claisen 重排、缩合等许多重要的有机反应。

⑦ 酶促有机化学反应。酶促有机化学反应有高效性、选择性、反应条件温和及自身对环境友好等特点。

⑧ 溶剂。化学污染不仅来源于原料和产品，而且与反应介质、分离和配方中使用的溶剂有关，有毒挥发性溶剂替代品的研究是绿色化学的重要研究方向，如超临界流体、水相有机合成和室温熔盐溶剂等。

⑨ 计算机辅助绿色化学设计和模拟。在化学化工领域，计算机已广泛用于构效分析、结构解析、反应性预测、故障诊断及控制等许多方面。无疑，计算机在寻找符合绿色化学原则的最佳反应路线、化工过程最优化、产品设计等方面推动了绿色化学的更快发展。

⑩ 环境友好产品。如可降解塑料、环境友好农药、绿色燃料、绿色涂料和 CFCs 替代物等。

3.5.4 绿色化工中的原子经济性

在化工生产中，长期以来，人们主要关注化学反应的高选择性和高产率，而忽略了参加反应的分子中原子的利用率。即人们已习惯于用产率来衡量反应的成功与否，也就是生产者往往关心的是投入原料与目标产物的产出比，而忽视生产中的副产物。

反应物 1 和反应物 2 在一定条件下会生成目标产物，但同时也生成副产物，即并非所有反应物组成都被带入产物中，有相当一部分被浪费掉了。大量的工作都集中在如何使平衡向正反应方向移动而使产物的产率尽可能高。但是产物的产率越高，生成的副产物也随之增加，绝大多数副产物都作为无用的废物排放掉，这样就对环境产生了危害，如果将反应设计成

$$反应物 1 + 反应物 2 \Longrightarrow 产物$$

在这个反应中所有反应物中的原子都被带入产物中而没有副产物生成，即没有反应物的原子被浪费掉。从原子的角度出发对比，显然这个反应对组成原料的原子利用情况比第一个反应要好。

1991 年，美国 Stanford 大学的 Barry M. Trost 教授在 Science 杂志上根据化学反应中原料的原子利用率提出了原子经济（Atom Economy）的概念。

绿色化学用原子利用率衡量反应的原子经济性，认为高效的有机合成应最大限度地利用原料分子的每一个原子，使之结合到目标分子中。

原子利用率=目标产物的分子质量/全部产物（目标产物+副产物）的分子质量×100%

而传统的方法是以产率来衡量的，即

产率=产物的实际产量/产物的理论产量×100%

二者的区别在于原子利用率关注的是反应前后反应物原子进入产物的情况，产率只考虑产物生成的效率。绿色化学的核心就是实现原子经济性反应，但在目前还不可能将所有化学反应的原子经济性提高到 100%，因此就要求化学工作者要不断探索寻求新的反应途径、新的催化材料、新的原材料，以提高反应的原子经济性。

绿色化学的原子经济性的反应有两个显著优点：一是最大限度地利用了原料，二是最大限度地减少了废物的排放。能够在考虑到反应效率的同时兼顾反应对环境的影响，所以在绿色化学的领域中使用原子经济的概念是更恰当的。

用下面的反应来说明反应的原子经济性。

（1）重排反应　重排反应是分子中共价键结合顺序发生改变的反应。Claisen 重排是典型的分子内重排反应，如：

$$CH_2=CH-O-CH_2-CH=CH_2 \xrightarrow{\triangle} CH_2=CH-CH_2-CH_2-CH=O$$

$$\underset{\underset{CH_3-C=CH-CO_2Et}{O-CH_2-CH=CH_2}}{} \xrightarrow[\triangle]{NH_4Cl} \underset{\underset{CH_3-C-CH-CO_2Et}{O \quad CH_2-CH=CH_2}}{}$$

该类反应只是改变了分子内部部分原子的连接方式，所有反应物中的原子全部进入最终产物中，原子利用率达到 100%。由于重排反应不涉及原子的得失，所以此类反应是高原子经济性的反应。

（2）加成反应　加成反应发生在有双键或三键的物质中。因此，反应物的原子都进入到产物中，没有副产物生成。

（3）取代反应或消除反应　有机化合物受到某类试剂的进攻，使分子中一个基（或原子）被这个试剂所取代的反应。消除反应是使反应物分子失去两个基团（见基）或原子，从而提高其不饱和度的反应。因此，这两类反应中，一部分原子不可避免地变成副产品而没有进入到产物中，即使产量很高，其原子经济百分数一定小于 100%，也不能称为原子经济性反应。如丙酸乙酯与甲胺的反应：

$$\underset{H_3C}{\overset{O}{\underset{\|}{C}}}\underset{O}{\overset{}{-}}CH_3 + H_3C-NH_2 \longrightarrow H_3C\overset{O}{\underset{\|}{C}}\underset{NH}{\overset{}{-}}CH_3 + H_3C-OH$$

3.5.5　绿色化工强化技术

为了实现整个生产过程的零排放，实现安全、高效、无污染地生产，除了要考虑原料、介质、合成路线等因素外，还可通过化工过程强化技术达到预期的目标。对化工强化技术的研究主要集中在两个领域：一是对绿色化工生产过程的强化；二是改进生产设备，达到节省资源、能耗和减少环境污染的目的。

（1）强化绿色化工的生产过程　强化绿色化工生产过程有许多方法，如绿色化工过程集成法、超声波强化技术、微波技术、反应分离技术、膜分离技术和膜反应技术等。

（2）绿色化工强化设备　随着化工生产过程强化技术的发展，近年来开发了许多新型高效的化工强化设备，如静态混合反应器、膜催化反应器、超声波反应器、微波反应器等。

3.6　清洁生产审核

3.6.1　清洁生产审核的概念

清洁生产审核是评估企业生产的清洁与否或清洁程度的一种手段或方法。企业清洁生产审核是对企业现在的和计划进行的工业生产实行预防污染的分析和评估，是企业实行清洁生产的重要前提。在实施预防污染分析和评估的过程中，制定并实施减少能源、水和原材料使用，消除或减少产品、生产和服务过程中有毒物质的使用，减少各种废物排放及其毒性的方法。清洁生产审核是企业实施清洁生产的最重要工具，是经过实践检验并证明的行之有效的开展清洁生产的方法。

根据国家发展和改革委员会、国家环境保护总局/环保部 2004 年 8 月 16 日发布的《清洁生产审核暂行办法》，清洁生产审核定义为："本办法所称清洁生产审核，是指按照一定程序，对生产和服务过程进行调查和诊断，找出能耗高、物耗高、污染重的原因，提出减少有毒有害物料的使用、产生，降低能耗、物耗以及废物产生的方案，进而选定技术经济和环境可行的清洁生产方案的过程。"

3.6.2　清洁生产审核的对象

清洁生产审核的对象是企业，其目的有两个：一是判定出企业中不符合清洁生产的地方和做法；二是提出方案解决这些问题，从而实现清洁生产。清洁生产审核适用于第一、第二、第三产业和所有类型企业。

清洁生产审核方式可以采用企业自我审核、外部专家指导审核和清洁生产审核咨询机构审核三种方式。采用哪种方式审核，要根据企业技术水平、管理水平、领导意识和主管部门的要求来决定。

3.6.3　清洁生产审核的原则

《清洁生产审核暂行办法》确定了清洁生产审核四原则：

① 以企业为主体。清洁生产审核的对象是企业，是围绕企业开展的，离开了企业，所有工作都无法开展。

② 自愿审核与强制审核相结合。对污染排放达到国家和地方规定的排放标准以及总量控制指标的企业，可按照自愿的原则开展清洁生产审核；而对于污染物排放超过国家和地方规定的标准或者总量控制指标的企业，以及使用有毒、有害原料进行生产或者在生产中排放有毒、有害物质的企业，应依法强制实施清洁生产审核。

③ 企业自主审核与外部协助审核相结合。

④ 因地制宜、注重实效、逐步开展。不同地区、不同行业的企业在实施清洁生产审核时，应结合本地实际情况，因地制宜地开展工作。

3.6.4　清洁生产审核的思路

清洁生产审核思路如下：

判明废弃物产生部位，主要是通过现场调研及对生产报表的研究得到物料平衡、水平衡和能量平衡，从而找出废弃物产生部位及产生量。

分析废弃物产生原因，主要是通过分析产品生产全过程的各个环节，从而找出原因。概括产品生产可分为八个过程：原辅材料和能源、技术工艺、设备、过程控制、废弃物、产品、管理、员工。

提出减少或消除废弃物的方案，就是针对废物产生原因，参考国内外同行业先进技术和经验，提出相应的解决方案，以减少或消除废弃物。

对废弃物的产生原因分析要针对以下八个方面进行。

（1）原辅材料和能源　原材料和辅助材料本身所具有的特性，例如毒性、难降解性等，在一定程度上决定了产品及其生产过程对环境的危害程度，因而选择对环境无害的原辅材料是清洁生产所要考虑的重要方面。同样，作为动力基础的能源，也是每个企业所必需的，有些能源（例如煤、油等的燃烧过程本身）在使用过程中直接产生废弃物，而有些则间接产生废弃物（例如一般电的使用本身不产生废弃物，但火电、水电和核电的生产过程均会产生一定的废弃物），因而节约能源、使用二次能源和清洁能源也将有利于减少污染物的产生。

① 改变原料。原料是不同工艺方案的出发点，原料改变往往引起整个工艺路线的改变。

② 利用可再生原料。例如，用农作物生产乙醇；通过建造速生林，将木材转变为成型燃料和液体燃料；从油料作物中提取烃类和油脂；将农业废弃物作为有机合成的原料等。

③ 改变原料配方，去除其中有毒有害物质的组分或辅料。例如，采用无氰电镀、无氰渗氮，保证原料质量，采用精料。

④ 对原料进行适当预处理。例如，含砷矿石的预处理可以防止砷进入熔炼主工艺。

⑤ 利用废料作为原料。如利用铝含量高的燃煤飞灰作为生产氧化铝的原料。

资源的综合利用是推行清洁生产的首要方向。应该指出的是，这里所说的综合利用，有别于所谓的"三废的综合利用"，这里是指并未转化为废料的物料，通过综合利用，就可以消除废料的产生。资源的综合利用也包括资源节约利用的含义，物尽其用意味着没有浪费。资源综合利用，不但可增加产品的生产，同时也可减少原料费用，降低工业污染及其处置费用，提高工业生产的经济效益，是全过程控制的关键。因此，有些国家已经将资源综合利用定为国策。资源综合利用的前提是资源的综合勘探、综合评价和综合开发。

综合利用首先要对原料的每个组分列出清单，明确目前有用和将来有用的组分，并制定利用的方案。对于目前有用的组分考察它们的利用效益；对于目前无用的组分，应将其列入科技开发的计划，以期尽早找到合适的用途。在原料的利用过程中应对每一个组分都建立物料平衡，掌握它们在生产过程中的流向。

综合利用的一个新发展，是将工业生产过程中的能量和物质转化过程结合起来考虑，使生产过程的动力技术过程和各种工艺过程结合成一个一体化的动力-工艺过程。动力-工艺一体化方法主要有两个发展方向。一是提高电站或工业动力装置所用燃料的利用效率，使燃料的有机组分和无机组分都能得到充分利用。图 3-1 为煤的综合利用示意图。动力-工艺一体化的第二个发展方向是在重要工业产品的生产过程中（钢铁、有色金属、化工、石化、建材），充分利用反应放出的热量、高温物流和高压气体所载带的能量，以降低能耗，甚至维持系统的能量自给。现在大型合成氨、稀硝酸、尿素等生产中已经出现了高效率的动力-工艺过程，在有色冶炼中也开发了不少自热熔炼过程。

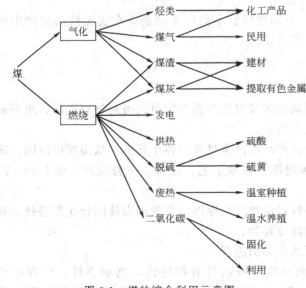

图 3-1　煤的综合利用示意图

（2）技术工艺　生产过程的技术

工艺水平基本上决定了废弃物的产生量和状态，先进而有效的技术可以提高原材料的利用效率，从而减少甚至消除废弃物的产生，结合技术改造预防污染是实现清洁生产的一条重要途径。一般来说，有如下措施。

① 简化流程。减少工序是削减污染排放的有效措施。

② 变间歇操作为连续操作。这样可减少开车、停车的次数，保持生产过程的稳定状态，从而提高成品率，减少废料量。

③ 适当改变工艺条件。必要的预处理或适当的工序调整，往往也能收到减废的效果。例如，改变燃烧过程中的一些参数，如降低燃烧区的最高温度、减少过剩空气量，燃烧后使烟气迅速冷却，部分烟气循环，采用多级燃烧工艺等都能减少烟气中氮氧化物的浓度。

④ 开发利用最新科技成果的全新工艺。例如，生化技术、高效催化技术、膜分离技术、光化学过程和等离子化学过程等。

(3) 设备　设备作为技术工艺具体体现在生产过程中，设备的适用性及其维护、保养等情况均会影响到废弃物的产生。《企业清洁生产审计手册》常用的措施如下。

① 减少设备。这是削减污染排放的有效措施。

② 装置大型化。提高单套设备的生产能力，不但可强化生产过程，还可降低物耗和能耗。

③ 配备自动控制装置，实现过程的优化控制。

④ 换用高效设备，改善设备布局和管线。例如，顺流设备改为逆流设备；优选设备材料，提高可靠性、耐用性；提高设备的密闭性，减少泄漏设备的结构、安装和布置以便于维修；采用节能的泵、风机、搅拌装置。

(4) 过程控制　过程控制对许多生产过程是极为重要的，例如化工、炼油及其他类似的生产过程，反应参数是否处于受控状态并达到优化水平（或工艺要求），对产品的产率和优质品的得率具有直接的影响，因此也就影响到废弃物的产生量。

(5) 产品　对产品的要求决定了生产过程、产品性能、种类和结构等的变化，往往要求生产过程做相应的改变和调整，因而也会影响到废弃物的产生，另外产品的包装、体积等也会对生产过程及其废弃物的产生造成影响。例如，低效率的工业锅炉，在使用过程中不但浪费燃料，还排出大量的烟尘，本身就是一个污染源。作为冷冻剂、喷雾剂和清洗剂的氟氯烃是破坏臭氧层的主要人造物质之一，已被《蒙特利尔协定书》限制生产和限期禁用。

(6) 废弃物　废弃物本身所具有的特性和所处的状态直接关系到它是否可现场再用和循环使用。"废弃物"只有当其离开生产过程时才称其为废弃物，否则仍为生产过程中的有用材料和物质。

在推行清洁生产所进行的全过程控制中同样包括必要的末端处理。美国1990年《污染预防法案》中明确指出：未能通过源削减和再循环消除的污染物应尽可能地以环境安全的方式进行处理。清洁生产本身是一个相对的概念和理想的模式，在目前的技术水平和经济发展水平条件下，实现完全彻底的无废生产还是比较少见的，废料的产生和排放有时还难以避免。因此，还需要对它们进行必要的处理和处置，使其对环境的危害降至最低。此处的末端处理与传统概念中的末端处理相比具有以下一些区别。

① 末端处理只是一种采取其他预防措施之后的最后把关措施，而不应像以往那样处于

实际上优先考虑地位。

②厂内的末端处理可作为送往厂外集中处理的预处理措施。例如，工业废水经预处理后送往污水处理厂，废渣送往集中的废料填埋场等。在这种情况下，厂内末端处理的目标不再是达标排放，而只需要处理到集中处理设施可以接纳的程度。

③末端处理应重视从废物中回收有用的组分。如焚烧废渣回收热量，有机废水通过厌氧发酵，使其中的有机质转化成甲烷等。

④末端处理并不排斥继续开展推行清洁生产的活动，以期逐步缩小末端处理的规模，乃至最终以全过程控制措施完全代替末端处理。现阶段"必要的"末端处理，并不是一成不变的，随着技术水平和管理水平的提高，有可能变成"不必要"而被淘汰。

（7）管理　加强管理是企业发展的永恒主题，任何管理上的松懈均会严重影响到废弃物的产生。

经验表明，强化管理能削减近40%污染物的产生，而实行清洁生产是一场革命，要转变传统的旧式生产观念，在企业管理中要突出清洁生产的目标，从着重于末端处理向全过程控制倾斜，建立一套健全的环境管理体系，使环境管理落实到企业中的各个层次，分解到生产过程的各个环节，贯穿于企业的全部经济活动之中，与企业的计划管理、生产管理、财务管理、建设管理等专业管理紧密结合起来，使人为的资源浪费和污染排放减至最小。加强科学管理的主要内容包括：安装必要的高质量监测仪表，加强计量监督，及时发现问题；加强设备检查维护、维修，杜绝跑、冒、滴、漏，建立有环境考核指标的岗位责任制与管理职责，防止生产事故；完善可靠详实的统计和审核；产品的全面质量管理，有效的生产调度，合理安排批量生产日程；改进操作方法，实现技术革新，节约用水、用电；原材料合理购进、储存与妥善保管；产成品的合理销售、储存与运输；加强人员培训，提高职工素质；建立激励机制和公平的奖惩制度；组织安全文明生产。

近年来，对于企业的环境管理又有了新的发展，国际标准化组织推出了 ISO 14000 系列标准，要求建立系统化、程序化、文件化的环境管理体系并通过审核和论证。我们将在后面章节加以专门的介绍。

（8）员工　任何生产过程，无论自动化程度多高，从广义上讲，均需要人的参与，而员工素质的提高及积极性的激励也是有效控制生产过程和废弃物产生的重要因素。

当然，以上八个方面的划分并不是绝对的，虽然各有侧重点，但在许多情况下存在着相互交叉和渗透的情况，例如一套大型设备可能就决定了技术工艺水平，过程控制不仅与仪器、仪表有关系，还与管理及员工有很大的联系等。唯一的目的就是为了不漏过任何一个清洁生产机会。对于每一个废弃物产生源都要从以上八个方面进行原因分析，这并不是说每个废弃物产生源都存在八个方面的原因，也有可能是其中的一个或几个。

3.6.5　清洁生产审核思路实现途径

清洁生产审核思路是清洁生产审核工作的思想脉络，是工作主线，它直接主导了审核工作走向，只有对审核思路有客观、清晰、深刻的认识和把握，并能够充分准确地运用审核思路，才可能在复杂多变的企业审核工作中保持清醒的头脑，使审核工作沿着既定的正确轨道进行。

审核思路与具体审核工作的结合是通过一定的方法和形式来实现的，只有正确地运行相关方法与形式才能够为审核思路的实现提供可能性，进而真正体现审核思路的规范性和严谨性。

为此，应在现有审核思路框架的基础上，恰当运用方法与形式，以保障审核思路切实地融入到具体工作中，发挥其应有效力，这既是清洁生产审核思路自身发展和完善的必然选择，也是新形势下清洁生产审核工作的客观要求。

（1）发现问题的时机

① 初期方案征集。全厂范围内清洁生产方案的征集应在审核初期进行宣传与培训的同时开展，以保证审核工作的连续性。通过对征集上来方案的分析，不难从方案所反映的问题中发生企业所现存的症结，为进一步分析问题进而解决问题奠定一定的思路基础。

② 现场踏察。审核人员的现场踏察既是对企业基本生产运作情况的感性认识，更能从中发现企业表层管理方面的问题。通过现场踏察，审核人员有意识地把思想中标准正规的现场情况与企业的实际情况相对比，进而发现不足，为分析问题、解决问题提供感性认识。

③ 职工座谈。一线技术人员与员工对基层的情况最为熟悉，距离问题的发生"点"最近，对基层所存在的各种问题也就最有发言权，因此，与基层员工进行座谈，对于发现问题是最为直接和简捷有效的方式。

④ 与清洁生产标准对照。清洁生产标准是审核过程中发现问题的强有力工具，通过企业现有各项指标与所在行业清洁生产指标的对比分析，与标准差距较大的指标，即企业存在问题较多的环节与部位，也是下一阶段应得以分析和改进的问题。如啤酒制造业清洁生产标准中单位产品的取水量三级指标为 $\leqslant 9.5 m^3/kL$，而被审核啤酒企业现有指标为 $12 m^3/kL$，表明企业单位产品的取水量指标与国内平均水平相比还存在较大差距，即此方面存在较大问题，在后面的审核工作中应有意识地对此问题加以分析和解决。

（2）问题性质的划分

① 管理问题。管理方面的问题是目前企业中广泛存在且最易得到解决的问题，多为一些无低费方案。此方面的问题也可称为"软件"方面的问题，如跑冒滴漏的问题、员工工作技能低、维修不及时、监测仪器仪表不健全等。这些问题的解决通常情况下企业所投入的费用较低，但取得的成果又是比较显著的，企业易于接受。

② 工艺装备。企业工艺装备方面的问题通常是企业现存的较为深层次的、困扰企业发展的问题，也称之为"硬件"方面的问题，此类问题解决起来相对于管理方面的问题要复杂，通常是通过行业内相关技术的集成来解决的。技术集成是指综合运用先进的技术手段，以实现集成系统的功能目标和满足企业技术提升的要求。随着社会整体生产技术的不断改进，相关技术的提升将带动企业现有生产技术水平的改进，为企业的长期发展提供持续动力。如企业内电能利用效益的提高，可通过采用节电设备（节能灯具、高效电机等）、运用节电技术（如变频技术）来综合实现节电效果。

③ 行业难题。对于行业内尚未解决的难题，如皮革行业普遍存在的每千克皮革中六价铬、偶氮等含量较高的问题，企业在清洁生产审核过程中必定会涉及，对此类问题，企业应保持清醒的认识，量力而行，不可急于求成，应将其列入今后企业的攻关项目加以对待，而非此轮清洁生产审核定要解决的问题。

（3）问题剖析的手段

① 物料平衡测试的结果。物料平衡测试是对问题现状的深层次根源的数据说明，在对问题进行剖析的过程中，应以此为突破口，为问题的定性提供依据，并为最终解决提供有价值的参考。

② 技术人员分析。技术人员由于所处的位置，往往对企业现有问题的认识更为客观和

深刻，对问题的剖析也就更为容易被审核人员所接受和认可。因此，在对问题进行剖析的环节，技术人员应充分发挥其自身优势，从工作实际出发，对问题的性质及成因做出公正的评判。

③ 行业专家分析。行业专家通常采用类比的方式来对被审核企业的问题进行定性分析。其类比的依据是行业中先进水平企业的生产运作形式与管理情况，以此来对照出审核企业的不足及其问题成因。

（4）解决问题的途径

① 全厂范围内征集方案。企业的问题归根结底是要由企业来解决的，因此，从问题的性质入手，按问题所产生的八条途径一一排查，最终将找出最适合的解决办法。在全厂范围内将已发现的问题及针对问题分析所得出的初步结论公布于众，充分发挥企业员工的积极性和创造性，为审核工作献计献策，在解决企业实际问题的同时，提升了员工的业务素质和对清洁生产审核工作的认知程度。

② 行业专家提出措施。之所以被称为行业专家，其必定是对本行业生产运作有突出的认识和把握。在提出方案、解决问题的关键环节，行业专家应通过自身对行业的认识与被审核企业的实际情况的比较，从中找出切实可行的对策，从而为审核工作做出自己应有的贡献。

③ 审核师建议。清洁生产审核师既是审核工作的组织者和指导者，同时也应是审核过程中方案的提出人。清洁生产审核师利用清洁审核的固有模式中常用备选方案与企业实际问题相吻合的结合点，为现有问题的解决提出建议和意见，为问题的最终解决提供可能。对于经验丰富的且有被审核企业所在行业专业背景的清洁生产审核师，在解决问题提出方案的环节，通常其优势明显，一方面由于其审核师的身份，其方案必定体现清洁生产的基本思想；另一方面由于其专业背景，方案的专业化水平得以体现，两方面相结合，使方案成为集清洁生产思想和专业水平为一体的典型的清洁生产方案。

实现审核思路的方法与形式应结合被审核企业的实际，分清主次，因势利导地灵活运用，以保证审核思路的顺畅实现。为此，应注意以下3点。

① 认清企业在行业中所处位置，对于高层次企业方法与形式的运用以企业为运作执行主体，反之则以审核外部力量（如审核中介机构）为主。

② 方法与形式要为审核思路服务，在审核进行过程中，可对方法与形式做适用性调整，以审核思路的顺利展开为调整的最终目的。

③ 应注意审核思路中八条途径与方法和形式的结合，方法与形式的应用要体现八条途径的内容。

3.6.6　清洁生产审核原理

清洁生产审核是一套科学的、系统的和操作性很强的程序。这套程序由三个层次（即废物在哪里产生、为什么会产生废物、如何消除这些废物）、八条途径（原辅材料和能源、技术工艺、设备、过程控制、产品、废物、管理、员工）、七个阶段（筹划和组织、预评估、评估、方案产生和筛选、方案可行性分析、方案实施、持续清洁生产）和35个步骤组成。

这套程序的原理可概括为逐步深入原理、分层嵌入原理、反复迭代原理、物质守恒原理、穷尽枚举原理。

（1）逐步深入原理　清洁生产审核要逐步深入，即要由粗而细、从大至小。审核开始时，即在筹划和组织阶段，组织机构的成立、宣传教育的对象等都是在组织整个范围的基础上进行的。预评估阶段同样是在整个组织的大范围进行，相对于后几个阶段而言，这一阶段收集的资料一般地讲是比较粗略的，定性的比较多，有时不一定十分准确，而且主要是现成的资料。从评估阶段开始到方案实施阶段，审核工作都在审核重点范围内进行。这四个阶段工作的范围比前两个阶段要小得多，但二者工作的深度和细致程度不同。这四个阶段要求的资料要全面、翔实，并以定量为主，许多数据和方案要靠通过调查研究和创造性的工作之后才能开发出来。最后一个阶段"持续清洁生产"则既有相当一部分工作又返回整个组织的范围进行，还有一部分工作仍集中在审核重点部位，对这一部位前四个阶段的工作进行进一步的深化、细化和规范化。

（2）分层嵌入原理　分层嵌入原理是指审核中在废物在哪里产生、为什么会产生废物、如何消除这些废物这三个层次的每一个层次，都要嵌入原辅材料和能源、技术工艺、设备、过程控制、管理、员工、产品、废物这八条途径。

以预评估为例。预评估共有六个步骤。不论是进行现状调研、现场考察、评价产污排污状况，还是确定审核重点、设置清洁生产目标、提出和实施无低费方案，都应该在这三个层次上展开，每一个层次都要从八条途径着手进行工作。进行现状调研时，首要的问题应是弄清楚废物在哪里产生，回答这一问题，则首先要对企业的原辅材料和能源进行调研，包括其种类、数量和性质以及收购、运输、储存等多个环节。然后分析研究企业的技术工艺，其次分析研究企业的设备，接着对企业的过程控制、管理、员工、产品、废物等方面一一进行初步的分析研究。从这八条途径入手，弄清其废物在哪里产生的问题。

第二个层次是问为什么会产生废物。要回答这一问题，仍然要嵌入所示的八条途径。仍以预评估中的现状调研为例，其要点是在大致摸清废物源之后，按顺序依次分析组织的原辅材料和能源、技术工艺、过程控制、管理、员工、产品、废物等。在这个层次嵌入八条途径的目的与第一层次不同，这一层次是从以上八条途径分析为什么会产生废物。要注意污染源与污染成因具有异同性，即二者有时一致，有时不一致。例如：生产过程中的产污，污染源的部位位于生产设备，但其成因可能是原材料的收购、储存或运输过程出了问题。

第三个层次是如何减少或消除这些废物。在这一层次分析和研究对策时，仍应从八条途径入手，即仍应嵌入这八条途径，换句话说，解决污染问题的方案，或者说清洁生产方案，仍要从这八条途径入手按顺序寻找。还是以预评估中的现状调研为例，这一步骤并不明显地要求审核人员寻找或开发清洁生产方案，但一位优秀的清洁生产审核人员在这一步骤的这一时刻，显然应该开始考虑针对已初步查明的污染源和污染成因的清洁生产方案，虽然这些方案暂时还是粗略的和不够成熟的。

（3）反复迭代原理　清洁生产审核的过程，是一个反复迭代的过程，即在审核七个阶段相当多的步骤中要反复使用上述的分层嵌入原理。

前面已经比较详细地解释了在进行现状调研时分层嵌入原理的具体应用方法。这一方法不仅要应用于现状调研步骤、现场考察步骤，还要应用于评估阶段、方案产生和筛选阶段、可行性分析阶段、方案实施阶段的相当多的步骤中。当然，有的步骤应进行三个层次的完整迭代，有的步骤只进行一个或两个层次的迭代。

在评估阶段分析废物产生原因这一步骤里，一般只进行废物在哪里产生及为什么会产生这些废物这两个层次的迭代。顺序上首先应从原辅材料和能源、技术工艺、设备等八条途径入手找到污染物产生的准确部位，然后同样依次循着这八条途径研究为什么会产生这些废物。在评估阶段的下一个步骤即提出和实施无低费方案里，往往仅在如何减少或消除这些废物的这个层次上，依次考虑原辅材料和能源的清洁生产方案、技术工艺的清洁生产方案、设备的清洁生产方案、过程控制的清洁生产方案，直至废物的清洁生产方案。

（4）物质守恒原理　物质守恒这一大自然普遍遵循的原理，也是清洁生产审核中的一条重要原理。

预评估阶段在对现有资料进行分析评估时、对组织现场进行考察研究时、评价产污排污状况时都要应用物质守恒原理。虽然此时获得的资料不一定很全面、很准确，但大致估算一下组织的各种原辅材料和能源的投入、产品的产量、污染物的种类和数量、未知去向的物质等，在其间建立一种粗略的平衡，则将大大有助于弄清楚组织的经营管理水平及其物质和能源的流动去向。在上述工作基础之上，再利用各班记录等数据粗略计算审核重点的物料平衡状况，此时物质守恒原理显然是一种有用的工具。

评估阶段的一项重要工作是建立审核重点的物料平衡，这一工作当然必须遵循物质守恒原理，而且，这一阶段使用或产生的数据已经相当准确，因而此时的物质守恒原理的应用将是相当准确、相当严格的。

（5）穷尽枚举原理　穷尽枚举原理的重点，一是穷尽；二是枚举。

所谓穷尽，是指八条途径实际上构成了一个组织清洁生产方案的充分必要集合。换言之，一个组织从这八条途径入手，一定能发现自身的清洁生产方案；一个组织发现的任何一个清洁生产方案，必然是循着这八条途径中的一条或者几条找到的。因此，从理论上讲从这八条途径入手可以识别出组织现阶段所有的清洁生产方案。

所谓枚举，即是不连续地、一个一个地列举出来。因此，穷尽枚举原理意味着在每一个步骤的每一个层次的迭代中，都要将八条途径当作这一步骤的切入点，由此深化和做好该步骤的工作，切不可合并，也不可跳跃。因为如果将八条途径中的若干条合为一条，或从原辅材料和能源直接跳跃到过程控制，则污染源的数量和部位、污染成因及清洁生产方案均可能无法完全找到，即没有穷尽。

虽然不可能在每一个层次每一个步骤的每一个切入点上都能够识别污染源或找到污染成因，但严格地遵循穷尽枚举原理是清洁生产审核成功的重要前提之一。学习和掌握穷尽枚举原理，并结合上述的逐步深入原理、分层嵌入原理、反复迭代原理和物质守恒原理，将极大程度地提高清洁生产审核人员的工作质量。

3.6.7　清洁生产审核工作的职能定位

传统意义的清洁生产审核是狭义的，它是对组织现在的和计划进行的生产和服务实行预防污染的分析和评估程序，是组织实行清洁生产的重要前提，在实施预防污染分析和评估的过程中，制定并实施减少能源、水和原材料使用，消除或减少产品、生产和服务过程中有毒物质的使用，减少各种废物排放及其毒性的方案。

所谓清洁生产审核工作职能简而言之就是指清洁生产审核工作的目的与意义。清洁生产审核是实施清洁生产战略思想最为成熟，也是最直接、有效的工具，其职能定位的明确与否，不仅关系到清洁生产的直接成效，同时关系到清洁生产工作的发展趋向。

现阶段，清洁生产审核在《中华人民共和国清洁生产促进法》实施之初，在全国范围内广泛、深入地开展。但模糊的职能定位，严重地抑制了组织参与清洁生产审核的积极性、创造性的发挥，同时，也制约了审核机构充分发挥其应有的社会作用。因此，应尽快明晰清洁生产审核工作的职能，以使清洁生产审核工作和清洁生产审核机构沿着健康的轨道有序发展。

（1）明确清洁生产审核职能定位的意义

① 有利于充分发挥审核作用。现今，组织对清洁生产工作的认识大多停留在对节能、降耗、节能、增效字面上的理解，对于如何实现以上目标，并在此基础上形成必要的系统管理缺乏足够正确的认识，由此导致对清洁生产审核工作的支持与配合不够得力，构成对清洁生产审核工作进展和取得成效的不利影响。明确的清洁生产审核职能定位，更便于组织员工对清洁生产审核工作本质的认识和积极地参与到审核中来，提供出更具价值的清洁生产方案，从而最大限度地发挥清洁生产审核工作的效力和作用。

② 有利于审核机构确定发展方向。清洁生产审核职能是清洁生产审核机构存在和发展的现实基础。模糊的职能定位会导致清洁生产审核机构发展的不确定性。明确的审核职能有利于审核机构工作重心的确定，同时，审核职能的转变，必然导致审核机构工作重心的相应调整，由此可见，审核职能决定审核机构的发展方向。

③ 有利于全社会范围内对清洁生产审核工作的理解和认可。对事物的理解与认可来自于对事物的认知。明确的清洁生产审核职能定位，有助于全社会范围内对清洁生产审核工作的认知，在把握职能本质的基础上进行的清洁生产审核相关活动，将得到全社会范围内的理解与认可。

④ 有利于对审核工作的监管。清洁生产审核的职能确定，清洁生产审核的工作内容及把握的原则也随之确定，如此，为对审核工作的监管提供了必要的现实依据。政府相关部门可根据审核工作的职能，对被审核组织和审核机构进行富有成效的监督和管理，以规范审核工作，提高审核工作的工作效率。

（2）清洁生产审核的企业职能　　清洁生产审核的企业职能是企业通过清洁生产审核所能达到的既定目标。相对于狭义的审核职能，新的企业职能有以下三个方面内容。

① 协助企业完成清洁生产审核。协助企业完成清洁生产审核是清洁生产审核最基本的职能，也是对清洁生产审核存在的基本要求。目前，企业多是在清洁生产审核专业机构（如地区清洁生产中心、行业清洁生产中心）指导下完成本企业的清洁生产审核工作。审核专业机构利用自身对清洁生产审核程序、步骤、方式、方法的理解与掌握，指导企业层层深入开展审核工作。首先找出有悖于清洁生产要求的环节，然后分析问题产生的原因，最终找出解决问题的方法，予以实施，从而完成清洁生产审核，实现清洁生产。

② 在企业内部建立清洁生产管理体系。清洁生产工作是一项长期工作，只有持续开展清洁生产工作，企业才能不断取得相应的成效，才能不断发展进步。为此，清洁生产审核的企业职能的一个重要方面，就是在企业内部建立起一套完整科学的清洁生产管理体系，以有利于规范清洁生产工作，使今后的清洁生产按预定的轨道健康、有序地发展下去。管理体系包括日常清洁生产管理制度、清洁生产组织机构设置及持续清洁生产计划安排等内容。

③ 提升员工的素质。企业能否生存、发展，首要的因素是企业员工的素质。企业员工素质的高低，决定企业的兴衰。通过清洁生产审核，使企业员工受到广泛、深入的关于清洁生产理念的教育，帮助他们正确理解、合理掌握清洁生产审核的相关知识，并体现在日常的工作当中，有助于清洁生产方案产生、最终方案的实施和效益的取得，从而为企业的发展与进步做出贡献。

（3）清洁生产审核的政府职能

① 架设政府与企业之间沟通的桥梁。通过清洁生产审核，在为企业实现清洁生产的同时，使政府了解企业的生存和发展现状以及在清洁生产工作方面所采取的相应措施及所取得

的成效，增加了政府和企业之间的沟通和了解；同时，通过审核，使政府听到了企业的呼声，政府通过政策、法规的反馈，解决企业的当务之急，从而为企业创造良好的发展氛围，使企业得到更多的实惠。

② 为政府相关决策提供参考。清洁生产审核工作是对企业全面、细致、深刻的评估，包括企业的基本情况、所属行业的现状、企业生产管理水平、企业目前亟须解决的问题等诸多情况。这些情况对政府制定相关决策具有重要的参考价值。政府针对审核过程中发现的问题出台的相关政策、法规，更具有现实性和可操作性。

(4) 清洁生产审核的社会职能　清洁生产审核适用于各行各业，各行各业也都应积极地参与到这项工作中来。目前，在对部分企业进行清洁生产审核的同时，应及时让公众了解、掌握清洁生产及清洁生产审核工作的基本情况及发展动态，为今后更大范围内清洁生产审核工作的开展做思想上的准备。

目前，清洁生产审核工作是实施清洁生产战略最成熟、最有效的手段，也是应用最为广泛的手段。审核工作定位正确与否关系到清洁生产工作能否深入实施和取得实效。为此，应做好以下几个方面的工作。

① 尽快明确清洁生产审核工作的职能定位，以便于对清洁生产工作及清洁生产审核工作的监督管理。

② 将清洁生产工作纳入到我国的环境管理体系中来，进一步规范清洁生产审核工作的职能。

③ 加强宣传教育，纠正对清洁生产审核职能的错误认识，使清洁生产审核工作沿着正确的轨道向前发展。

思 考 题

1. 绿色化学是如何产生的？
2. 分析绿色化学与环境的关系。
3. 了解我国化学污染的状况，预测绿色化学的发展前景。
4. 回顾化学反应的类型，说明哪些反应属于原子经济性反应。

4 清洁生产的法规体系

4.1 清洁生产法规

4.1.1 我国清洁生产的法律法规及政策概况

(1) 清洁生产促进法　2002 年 6 月 29 日，六届全国人大常委会第 28 次会议通过了《中华人民共和国清洁生产促进法》，使我国推行清洁生产工作走上了法制轨道。该法包括六章、42 条，对清洁生产的推行、实施和鼓励政策做出了具体规定，明确了相关的法律责任。该法着重对工业生产领域的清洁生产推行和实施做了具体的规定，对农业、服务业等领域做出了原则性的要求。

在"清洁生产的推行"一章，对政府以及有关部门明确了支持、促进清洁生产的具体要求，其中包括制定有利于清洁生产的政策、制定清洁生产推行计划、发展区域性清洁生产、为企业提供清洁生产的技术信息和技术支持、组织清洁生产的技术研究和技术示范、组织开展清洁生产教育和宣传等，突出了政府的引导和服务功能，特别强调了经济部门和环保部门等有关部门的配合问题。

在"清洁生产的实施"一章，对生产经营者的清洁生产要求分为指导性要求、强制性要求和自愿性要求。

在"鼓励措施"一章中，对实施清洁生产的企业规定了表彰奖励、资金支持、减免增值税等措施，明确了实施清洁生产的生产者可以从多方面获益，对从事清洁生产研究、示范和培训以及清洁生产重点技术改造等项目的可以得到各级政府技改专项资金的扶持。在依照国家规定设立的中小企业发展基金中，可以根据需要安排适当的数额用于支持中小企业实施清洁生产；企业用于清洁生产审核和培训的费用，可以列入企业经营成本。

(2) 国家有关部委的法规及政策　2003 年底，国务院办公厅转发了国家发展和改革委员会、环保总局等 11 个部门《关于加快推行清洁生产意见的通知》。该意见明确了推行清洁生产的基本原则是从国情出发，坚持以企业为主体，政府指导与推动，强化政策引导和激励，逐步形成企业自觉实施清洁生产的机制。推行清洁生产要坚持与经济结构调整相结合，与企业技术进步相结合，与强化企业管理相结合，与强化环境监督管理相结合。提出要完善和促进落实清洁生产政策，加快结构调整，提高清洁生产的整体水平，积极引导鼓励企业开发清洁生产技术和产品，提高清洁生产的技术水平，加快淘汰落后生产能力的进程。意见还提出企业要加快制度建设，建立清洁生产责任制度。要求环保部门把推行清洁生产与现行的环保制度，如排污申报、排污许可证、限期治理等结合起来。同时要求加强对推行清洁生产工作的领导，提出加强组织领导、法规宣传，建立、健全清洁生产信息和服务体系。

2004 年底，国家发展和改革委员会、环保总局下发了《清洁生产审核暂行办法》。该办法将清洁生产审核分为自愿性审核和强制性审核，对超标排放的企业实施强制性审核，其他企业实施自愿性审核。审核程序包括：审核准备、预审核、审核方案的产生和初步筛选、实施方案、编写清洁生产审核报告。国家环保总局在《关于贯彻落实清洁生产促进法的若干意见》中对环保部门的职责做了明确规定，要求尽快建立和完善各地的清洁生产中心，为清洁生产提供技术支撑体；并要求环保部门主要媒体定期公布超标排放和超总量排放污染严重的企业名单，并实施清洁生产审核。国家经贸委分3批下达了淘汰落后生产能力、工艺和产品的目录（1999年的第6号令、第16号令，2002年第32号令）；财政部、国家税务总局对部分资源的综合利用，增值税税收做出了减半和退税的优惠政策（财税［2004］25号、财税［2001］198号），并重新修订了综合利用的目录。国家环保总局与国家经贸委共同发布了《国家重点行业清洁生产技术导向目录》。

总之，清洁生产在中国蕴藏着很大的市场潜力。随着市场竞争的加剧、经济发展质量的提高，我国企业开展清洁生产的积极性会越来越高，这也必将拉动需求市场的发展，预计在今后几年中，清洁生产将会在中国形成一个快速生长期，为进一步促进中国经济的良性增长和可持续发展做出积极的贡献。

4.1.2 我国实行清洁生产遭遇阻碍的原因分析

4.1.2.1 有关清洁生产的法律法规不完善

① 目前我国大多数环境法律法规指导思想尚未完成从末端治理向源头全过程控制的转变。我国《清洁生产促进法》的颁布，标志着环保立法观念已从末端治理转向全过程控制，但这一立法思想在其他的环境法律中体现得不充分，我国环保基本法并未将清洁生产上升到基本原则的高度。各污染防治单行法如《固体废物污染环境防治法》、《大气污染防治法》等，均未将清洁生产定性为各单行法的指导原则，内容仍以污染物的"末端治理"、达标排放为核心，主要表现在各种环境管理制度，如我国现行的"三同时"制度，缺少按清洁生产要求准备多种代替方案进行的比较评价，而针对评价结果采取的对策过分依赖末端治理设备来补救，失去了真正意义上的污染预防。

② 有关法律法规中对清洁生产的规定不够全面、具体。推行清洁生产是一项综合性较强的工作，牵涉多层面的社会关系，涉及建筑、服务、家电、化学品等领域的经济活动，企业在实施清洁生产时还需要国家采取积极的财政、税收、金融、投资等激励政策，对此应当采用法律形式予以规定和调整。

目前我国的法律法规对以上有关清洁生产的规定不够全面、具体，可操作性不强；对一些关于清洁生产的重要措施，如清洁生产规划、清洁生产审计、环境标志等，国家尚未做出规定，使得先行立法对清洁生产的推行难以充分发挥作用。

4.1.2.2 缺乏有效的环境经济手段

现阶段我国清洁生产市场发育不足，尚难以提供清洁生产的有效激励信号，清洁生产的市场拉动力非常有限，国家利用经济手段保护环境尚未充分落实，企业难以对清洁生产产生兴趣。《清洁生产促进法》虽然设立"鼓励措施"一章，明确规定对清洁生产实施者给予鼓励，但因为规定的原则性，使其难以真正发挥作用。目前我国缺乏有利于清洁生产的税收政策，如我国的资源税征收范围太窄，导致了那些没有征税的资源的浪费和滥用；我国的排污收费标准偏低，与环境治理的成本相比差距很大，使得一些企业宁愿缴纳排污费也不愿意治理污染；资源价格机制尚未形成，"产品高价、原料低价、资源无价"的价格扭曲现象在我国广泛存在，助长了资源的浪费和滥用，如我国用水浪费严重，许多城市输水、用水器具漏失率高达20％以上，我国单位建筑面积采暖能耗是发达国家标准的2倍以上。

4.1.2.3 缺乏推动清洁生产的社会合力机制

企业的清洁生产活动涉及公共资源和环境，与全体公民利益密切相关的公众舆论是促使企业开展清洁生产的外在压力，必须把公众看作是实施清洁生产的重要推动力量。在我国，由于教育、宣传等多种因素的影响，有关环境保护的社会团体数量少，公众环保意识淡薄，尚未形成绿色消费倾向，而且公众监督机制缺乏，无法形成要求企业推行清洁生产的强大社会压力，导致我国尚未形成多阶层、多行业推动清洁生产的社会合力机制。

4.1.3 完善我国清洁生产法律制度的建议

4.1.3.1 完善清洁生产法律法规体系

① 完善我国环境保护法律法规的指导思想，实现从末端治理向源头全过程控制的转变。将清洁生产作为我国环保基本法中的基本原则，确立其法律地位。同时应修订、废除各环境保护相关法律法规中与清洁生产不协调的规定，把清洁生产的要求纳入到环境管理制度，将清洁生产的污染预防战略贯彻到环境保护的相关法律法规中。

② 填补有关清洁生产法律法规空白。在推行和实施清洁生产过程中，对牵涉到经济和管理等层面的问题，国家宜于分别制订法律法规进行规制，使清洁生产规范全面化、具体化。例如国家应制定不同行业的清洁生产技术指南和审计规范，完善环保标准，对不同行业实施清洁生产给予更具体的指导。

4.1.3.2 建立经济激励制度，推进清洁生产发展

清洁生产虽然既有环境效益和社会效益，又有经济效益，但在市场体系仍不健全、企业的环保意识还未高度树立之时，政府应综合利用税收、财政等经济手段，引入竞争机制，激励企业开展清洁生产。

① 运用税收杠杆降低清洁生产产品的生产成本，提高污染性企业产品的生产成本，增强清洁产品的市场竞争力。

如政府应扩大资源税与消费税的范围，提高资源税税额标准，对仍沿用国家颁布的淘汰技术和落后工艺进行生产的、可能导致环境污染的产品要征收消费税。

② 对环境费的征收予以改革。完善我国的排污收费制度，实行收费标准高于污染物治理的成本，将污染外部成本内部化，使企业感到付费带来的巨大压力，迫使企业在比较利益驱动下采取清洁生产；改变现行资源价格形成机制主要考虑产品生产成本的情况，须把环境资源等外部成本也纳入到价格形成机制中；大力推进资源价格改革，提高资源的市场价格，应考虑包括水、煤炭、土地、供暖、电力等价格，完善资源有偿使用制度。

③ 通过财政政策大力扶持清洁生产。如实施政府绿色采购制度，政府优先采购实施清洁生产企业生产的产品，以促进清洁生产的发展；加大对清洁生产的财政投资力度；落实"绿色信贷"制度，给予环境友好企业优惠性低利率贷款及金融机构扶持，而污染型企业在项目投资和流动资金上要受到贷款额度的限制甚至不允许贷款。

4.1.3.3 健全公众参与机制

公众参与在企业实施清洁生产中具有积极的推动作用。美国有很多环保组织成为政府贯彻环境政策的社会力量，公众通过舆论等特定机制，对企业生产过程中的环境行为实施监督，促使企业自觉遵守清洁生产的相关环境法律法规。我国应借鉴发达国家的经验，规范和激励环保民间社团组织和社会大众参与企业清洁生产的监督活动，积极倡导绿色消费，培养、形成一个成熟文明的绿色消费群体，购买清洁生产企业的产品。同时应借用传媒、教育等各种手段，开展清洁生产知识的宣传活动，以提高公众对清洁生产的认识；对实施清洁生产的典型进行宣传，增强企业实施清洁生产的自觉性和主动性，形成有利于推行清洁生产的良好社会氛围。

4.2　清洁生产标准体系

4.2.1　清洁生产标准的框架组成

　　我国的行业清洁生产标准，是根据生产（服务）过程的八个方面，从污染预防思想出发，将清洁生产指标分为六大类，即生产工艺与装备要求（定性）、资源能源利用指标（定量）、产品指标（定量）、污染物产生指标（末端处理前）（定量）、废物回收利用指标（定量）、环境管理要求（定性）。在上述指标的基础上，根据行业特点、行业技术、装备水平、管理水平和行业企业在清洁生产方面的发展趋势，又将每个指标分为三个等级：一级为国际清洁生产先进水平，二级为国内清洁生产先进水平，三级为国内清洁生产基本水平。其中，三级代表目前在国家技术许可的前提下，进行清洁生产的企业应该达到的最基本的水平，二级水平代表目前国内相关行业清洁生产的发展方向，一级水平则代表目前国际上相关行业清洁生产的发展方向。

　　由于目前我国在有些行业领域的技术、装备和管理水平已经代表了国际清洁生产的发展方向（如电解铝行业等），因此，对于此类行业，清洁生产一、二级标准的指标要求是一致的。

4.2.2　清洁生产标准的颁布情况

　　自2002年以来，国家环保总局委托中国环境科学研究院组织开展了50多个行业的清洁生产标准制定工作，并分别于2003年4月1日、2006年7月3日、2006年8月15日、2006年11月22日、2007年3月18日、2007年8月1日，分6批发布了共25个清洁生产行业标准。

　　此外水泥工业、酒精制造业、白酒制造业、烟草加工业等行业（产品）也已完成了清洁生产标准的报批稿和送审稿，而且包括纯碱、烧碱、聚氯乙烯在内的25项清洁生产标准的标准工作也已经启动。

　　但目前有清洁生产标准的行业数与现有行业总数相比还有很大的差距，即现有的清洁生产标准远不能满足清洁生产审核工作的需要。没有行业清洁生产标准的企业在审核过程中缺少足够的审核依据，在审核过程中关键环节、关键问题的处理上不可避免地带有一定的盲目性。

4.2.3　清洁生产标准审核过程中的应用原则

　　（1）通过指标对比发挥作用　清洁生产标准主要由量化的行业基准指标构成，只有通过与被审核企业现有指标的对比分析，才能够从中找出所需信息，为此，应以清洁生产标准为基础，对照采集被审核企业现有的相关数据与信息，通过对比发挥清洁生产标准应有的作用。

　　（2）指标有一定的适用范围　由于同行业的企业在生产规模、工艺参数、主要设备的构成等方面均不可避免地存在着一定的差异，清洁生产标准当中的指标并不一定适用所有被审核企业，更由于清洁生产标准通常是宏观涵盖行业的基本生产状况，在企业层次的适用性不能做到百分之百。为此，在与清洁生产标准进行对比时，审核人员首先应熟悉被审核企业的基本情况，以保障对标过程中能够准确地剔除掉不适用于企业实际的相关指标，最大限度地避免不同生产工艺指标之间硬性对比所导致的对比结果失真现象的发生。

（3）指标对比的结果只是用来参考　企业现有相关指标与清洁生产标准指标对比的结果不能完全准确地体现企业现有的行业水平，原因如下。

① 生产技术不断发展，生产效率提升，日新月异，而清洁生产标准从制定到修订要有一定的周期，难免发生清洁生产标准滞后于现有技术水平的现象，导致行业水平定位偏差。

② 清洁生产标准在一定程度上不能够体现出规模效益所产生的指标变化。例如大企业的能耗物耗较小企业通常会有优势，但并不代表大企业的行业水平肯定在小企业之上。

③ 由于同行业企业生产工艺的多样性，导致关键指标水平分布的严重不均衡，如选用某种工艺，单位产品耗电量降低了，而单位产品的用水量却大幅提升了，导致行业定位的不确定性。

综合上所述，指标对比的结果主要应作为参考，而非用于决策的直接依据。

4.2.4　清洁生产标准在审核过程中的具体应用

（1）判定被审核企业在行业中的定位　清洁生产审核对象行业类型、所属层次千差万别，不同类型、层次的企业在审核方式方法的运用以及审核技术路线的选择上应有所区别，以使审核工作贴近企业实际得以顺利高效地进行。

为此，审核之初应对被审核企业的行业定位有所把握。最直接有效的方式是通过企业相关指标与行业清洁生产指标进行对比，通过对比结果的汇总分析，判定企业目前在同行业中的总体定位，进而因势利导地开展审核工作。

（2）为审核重点的确定提供参考　清洁生产审核重点的确定关系到自此以后清洁生产审核工作的走向，因此无论是被审核企业还是审核机构均对审核重点的确定采取谨慎的态度，通过多方的分析论证，最终才得以确定。在此过程中，清洁生产标准为审核重点的确定提供重要的参考。

通过企业与行业清洁生产标准的对照比较，可能会发现企业在某一方面的指标与行业的先进水平存在着较大的差距，存在差距的即是企业存在缺陷的地方，同时也是清洁生产潜力大的方面，这符合确定审核重点的相关原则，因此，通过与清洁生产标准的比照可为确定审核重点提供重要的参考与借鉴。

（3）是设置清洁生产目标的参照　清洁生产目标是通过清洁生产审核，被审核企业所能达到的提升和改进的量化成果。清洁生产目标的设置要体现科学性、合理适用性和可操作性。要达到清洁生产目标设置的要求，清洁生产标准是重要的参照。

在设置清洁生产标准时，应充分参照清洁生产标准中规定了三级水平的量值，在设置时不可急功近利、好大喜功跨级设置清洁生产目标。如现企业指标为三级，在设置清洁生产目标时应当设置为二级，既保证了在现有水平上的提升，同时也能够保证目标的可达性。

（4）为最终企业的改进与提升提供比照　被审核企业通过清洁生产方案的实施均会取得一定的审核成效。通常情况下，审核成效最终应以单位产品指标的形式体现出来。单位产品指标在审核前后究竟有什么样的本质改善要用行业的清洁生产标准比照和衡量。如审核前企业关键指标均未达到二级，而审核后均达到了二级以上，则表明通过清洁生产审核企业的清洁生产水平已有了明显的提升和改进，在一定程度上，企业的清洁生产水平已经由审核前的国内平均水平达到了审核后的国内先进水平，由此更加突显了清洁生产审核的成效。

清洁生产标准要为清洁生产审核工作服务，是制定清洁生产标准的着眼点和落脚点。为此，审核过程中应积极主动地运用清洁生产标准使之充分发挥应有的作用价值。

5 清洁生产评价内容与体系

5.1 清洁生产的评价内容与评价体系

5.1.1 清洁生产评价内容

从科学性、工程性、可操作性等多方面考虑，清洁生产评价内容大致包括以下方面。

（1）清洁原材料评价

① 评价原材料的毒性及有害性。

② 评价原材料在包装、储运、进料和处理过程中是否安全可靠，有无潜在的浪费、暴露、挥发、流失等问题。

③ 对大众化原料，进一步分析原料纯度、成分与减污的关系。

④ 对毒害性大、潜在污染严重的原材料提出更清洁的替代方案或清洁生产措施。

（2）清洁工艺评价

① 指明拟选生产工艺与国家产业发展有关政策的关系。

② 指明拟选生产工艺的特殊性，如是否简捷、连续、稳定、高效，设备是否易于配套，自动化管理程度高低等。

③ 筛选可比工艺方案，通过对物耗、能耗、水耗、收率、产污比等指标的分析，评价拟定工艺的先进性和合理性。

④ 通过评价，对工艺中尚存的问题提出改进意见，对主要评价单元（如车间、工段、工序）的生产过程进行剖析，采用化学方程式的流程图评价包括废物在内的物流状况和特征，找出清洁生产机会以及进行闭路循环或回收利用技术措施的可行性，提出资源综合利用措施或途径及废物在生产过程中减量化的方案。

（3）设备配置评价

① 评价主要生产设备的来源、质量和匹配性能、密闭性能、自动化管理性能。

② 分析拟定配置方案的弹性和对原料转化的关系。

③ 从节能、节水、环保等角度评价设备空间布置的合理性。

（4）清洁产品评价 通过对产品性能、形态和稳定性的分析，评价产品在包装、运输、储藏以及使用过程中是否安全可靠，评述产品在其生命周期中潜在的污染行为。

（5）二次污染和积累污染评价

① 分析废物在处理处置过程中的形态变化和二次污染影响问题。

② 明确废物的最终转化形态和毒害性。

③ 分析废物的最终处置方式对环境的影响。

（6）清洁生产管理评价

① 对生产操作规范化、设备维护、物料和水量计量办法进行评述。

② 对原料和产品泄漏、溢出、次品处理、设备检修等造成的无组织排放提出监控措施。

③ 对建立企业岗位环保责任制和审核制度提出要求。

（7）推行清洁生产效益和效果评价

① 通过对比分析，说明清洁生产在节水、节能、降耗、减污、增效方面可能产生的效益和效果，特别分析清洁生产对预防污染、减轻末端治理压力的可能贡献。

② 通过类比分析，提出拟建工程清洁生产应达到的基本目标。

5.1.2 清洁生产评价的原则

清洁生产的评价至今还处于不断的探讨和完善过程中，并没有公认的、法定的方法。清洁生产评价的标准是若干项综合的原则，这些原则带有鲜明的政策指导性，同时也是若干个定量指标。国家环境保护总局从 2001 年开始，在全国范围内组织编制各行业清洁生产审核技术指南和各行业清洁生产技术要求，为开展清洁生产做好方法和评价的技术准备。

5.1.2.1 清洁生产评价的基本原则

（1）系统整合原则　评价必须具备系统的观念，必须强调生产全过程的整合及目标的统一。系统分析是正确评价生产和管理结构是否合理、设施的功能是否有效、污染控制目标和措施是否协调的基础。

（2）生产过程废物最小化原则　生产过程中的每一个相对集中的具有物质和能量转化功能的生产单元，都可以看作一个清洁生产的评价对象。每个单元以产出废物最小化为原则，对生产过程中的操作行为、工艺先进性、设备有效性、技术合理性进行评价，提出清洁生产方案。

（3）强化对污染物"源头和中间控制"的原则　通过分析调整原材料利用方式或寻求废物可分离、可回收的技术方案，力争从源头或生产过程中间减少污染物的产出，以减少末端治理难度。

（4）相对性阶段性原则　由于受生产规模、工程复杂性、科技水平、经济基础、生产者素质等各种因素的制约，清洁生产具有相对意义。清洁生产评价中树立的目标和参照的标准应把握一定的适用范围和条件；评价中提出的清洁生产措施应本着因地制宜、适时、适度、低费高效的原则推荐实施。对不确定方面或暂时不宜实行的方案应按照目标化管理的要求，提出分阶段实施的持续清洁生产对策和建议。

5.1.2.2 清洁生产指标的选取原则

（1）从产品生命周期全过程考虑　评价指标应包括原材料、生产过程和产品的各个主要环节，尤其对生产过程，既要考虑对资源的使用，又要考虑污染物的产生，全面反映产品生命周期对环境的影响。

（2）体现污染预防思想　清洁生产指标应主要反映出建设项目实施过程中所使用的资源量及产生的废物量，包括使用能源、水或其他资源的情况。通过对这些指标的评价，应能够反映出建设项目通过节约和更有效的资源利用来达到保护自然资源的目的。

（3）量化原则　清洁生产指标反映建设项目实施后对环境的影响，在设计时要充分考虑可操作性。指标数据要易获取，具有较好的可定量性，其计算和测量方法简便；指标数据还应相互独立，不应存在相互包含和交叉的关系及大同小异的现象，以便评价结果更加客观和直观，实现理论科学性和现实可行性的合理统一。

（4）满足政策法规要求并符合行业发展趋势　清洁生产指标应符合产业政策和行业发展趋势的要求，并应根据行业特点，考虑各种产品和生产过程来选取指标。

5.1.3　清洁生产评价指标体系

5.1.3.1　定量评价指标的计算

对指标进行比较处理，使指标可以相互比较。可分为单项评价指数、类别评价指数和综合评价指数。

（1）单项评价指数　单项评价指数，是以与类比项目相应的单项指标参照值作为评价标准进行计算而得出的。

对指标数值越低（小）越符合清洁生产要求的指标，如污染物排放浓度，按式（5-1）计算：

$$I_i = \frac{C_i}{S_i} \qquad (i=1,2,3,\cdots,n) \tag{5-1}$$

对指标数值越高（大）越符合清洁生产要求的指标，按式（5-2）计算：

$$I_i = \frac{S_i}{C_i} \qquad (i=1,2,3,\cdots,n) \tag{5-2}$$

式中，I_i 为单项评价指数；C_i 为目标项目某单项评价指标对象值（实际值或设计值）；S_i 为类比项目某单项指标参照值。根据评价工作需要可取环境质量标准、排放标准或相关清洁生产技术标准要求的数值。该类指标如资源利用率、水重复利用率等。

（2）类别评价指数　类别评价指数是根据所属各单项指数的算术平均值计算而得。其计算公式为：

$$Z_j = (\sum_{i=1}^{n} I_i)/n \qquad (j=1,2,3,\cdots,n) \tag{5-3}$$

式中，Z_j 为类别评价指数；n 为该类别指标下设的单项个数。

（3）综合评价指数　为了既使评价全面，又能克服个别评价指标对评价结果准确性的掩盖，采用一种兼顾极值或突出最大值型的计权型的综合评价指数。其计算公式为：

$$I_p = (I_{i,M}^2 + Z_{j,a}^2)/2 \tag{5-4}$$

式中，I_p 为清洁生产综合评价指数；$I_{i,M}$ 为各项评价指数中的最大值；$Z_{j,a}$ 为类别评价指数的平均值，其计算式为：

$$Z_{j,a} = (\sum_{j=1}^{m} I_j)/m \qquad (j=1,2,3,\cdots,m) \tag{5-5}$$

式中，m 为评价指标体系下设的类别指标数。

5.1.3.2　六类主要评价指标

清洁生产分析和评价主要应从工艺路线选择、节能降耗、减少污染物产生和排放等方面进行评述，同时还要兼顾环境和经济效益的评价。依据生命周期分析的原则，清洁生产评价指标具体可分为六大类：生产工艺与装备要求、资源能源利用指标、产品指标、污染物产生指标、废物回收利用指标和环境管理要求。六类指标既有定性指标也有定量指标，资源能源利用指标和污染物产生指标在清洁生产审核中是非常重要的两类指标，因此，必须有定量指标，而其余四类指标属于定性指标或半定量指标。

（1）资源、能源利用指标　该指标反映一个建设项目的生产在宏观上对生态系统的影响程度。在同等条件下，资源、能源消耗量越高，环境的影响也越大。清洁生产评价资源、能源利用指标包括物耗指标、能耗指标、新水用量指标三类。

新水用量指标：

$$单位产品新水用量＝年新水总用量/产品产量 \tag{5-6}$$

$$单位产品循环用水量＝年循环水量/产品产量 \tag{5-7}$$

$$工业用水重复利用率＝C/(Q+C) \tag{5-8}$$

式中，C 为重复利用水量；Q 为取用新水量。

$$间接冷却水循环率＝\frac{C_冷}{Q_冷+C_冷}\times100\% \tag{5-9}$$

式中，$C_冷$ 为间接冷却水循环量；$Q_冷$ 为间接冷却水系统取水量（补充新水量）。

$$工艺水回用率＝\frac{C_x}{Q_x+C_x}\times100\% \tag{5-10}$$

式中，C_x 为工艺水回用量；Q_x 为工艺水取用量。

$$万元产值取水量＝\frac{Q}{P} \tag{5-11}$$

式中，P 为年产值。

单位产品的能耗指生产单位产品消耗的电、煤、石油、天然气和蒸汽等能源的量。为方便比较，通常用单位产品综合能耗指标。

单位产品的物耗指生产单位产品消耗的主要原料和辅料的量，即原、辅材料消耗定额，也可以用产品收率、转化率等公益指标反映物耗水平。

原、辅材料的选取是资源、能源利用指标的重要内容之一，它反映了在资源选取的过程中和构成其产品的材料报废后对环境和人类的影响，因而可以从毒性、生态影响、可再生性、能源强度以及可回收利用这五个方面建立定性分析指标。

（2）污染物产生指标　污染物产生指标和资源、能源利用指标一样，也是反映生产工艺和管理水平高低的指标。通常分废水、废气和固体废物指标三类。

① 废水产生指标。包括单位产品的废水产生量和单位产品废水中主要污染物产生量指标。

$$单位产品废水产生量＝\frac{年产生废水总量}{产品产量} \tag{5-12}$$

$$单位产品COD产生量＝\frac{全年COD产生量}{产品产量} \tag{5-13}$$

$$污水回用率＝\frac{C_污}{C_污+C_{直污}}\times100\% \tag{5-14}$$

式中，$C_污$ 为污水回用量；$C_{直污}$ 为直接排入环境的污水量。

② 废气产生指标。包括单位产品的废气产生量和单位产品废气产生量中主要污染物的含量指标。

$$单位产品废气产生量＝\frac{全年废气产生总量}{产品产量} \tag{5-15}$$

$$单位产品SO_2排放量＝\frac{全年SO_2排放量}{产品产量} \tag{5-16}$$

③ 固体废物产生指标。包括单位产品的固体废物产生量指标和单位产品固体废物综合

利用率指标。

（3）生产工艺与装备要求　首先要对工艺技术的来源和技术特点进行分析，说明其在同类技术中所占的地位以及选用设备的先进性。对于一般性建设项目的环境评价工作，生产工艺与装备的选取直接影响到该项目投入生产后，资源、能源的利用效率和废弃物的产生。该项目可从装置规模、工艺技术、设备等方面体现出来，分析其在节能、减污、降耗等方面达到的清洁生产水平。

（4）产品指标　对产品的要求是清洁生产的一项重要内容，因为产品的清洁性、销售、使用过程以及报废后的处理处置均会对环境产生影响，有些影响是长期的甚至是难以恢复的。此外，对产品的寿命优化问题也应加以考虑，因为这也影响到产品的利用效率。

① 产品的销售。产品从工厂运送到销售商和用户的过程中对环境造成的影响程度。

② 产品的使用。产品在使用期内使用的消耗品及其他产品可能对环境造成影响的程度。

③ 产品的寿命优化。寿命优化就是要使产品的技术寿命、美学优化和初设寿命处于优化状态。大多数情况下产品的寿命是越长越好，因为可以减少对生产该种产品的物料的需求，但有时并不尽然，例如，某一高能耗产品的寿命越长则总能耗越大，随着技术进步有可能产生同样功能的低能耗产品，而这种节能产品产生的环境效益有时会超过节省物料的环境效益，在这种情况下，产品的寿命越长对环境的危害就越大。

④ 产品的报废。产品报废后对环境的影响程度。

（5）废物回收利用指标　在现阶段，生产过程不可能完全避免产生废水、废料、废渣、废气（废汽）和废热，然而这些"废物"只是相对的，在某一条件下是造成环境污染的废物，在另一条件下就可能转化为宝贵的资源。对于生产企业应尽可能地回收和利用废物，而且应该是高等级地利用，逐级降级使用，然后再考虑末端治理。

（6）环境管理要求　环境管理从以下几个方面提出要求：环境法律和法规、废物处理处置、生产过程环境管理、相关方面环境管理等。

① 环境法律和法规。要求生产企业符合国家和地方有关环境法律、法规，污染物排放达到国家和地方排放标准及总量控制要求。

② 废物处理处置。要求对建设项目的一般废物进行妥善处理处置，对危险废物进行无害化处理，这一要求与环境评价工作内容一致。

③ 生产过程环境管理。对建设项目投产后可能在生产过程中产生废物的环节提出要求，例如要求企业建立原材料质检制度和制定原材料消耗定额，对能耗、水耗及产品合格率有考核，各种人流、物料包括人的活动区域、物品堆存区域、危险品等有明显标识，对跑、冒、滴、漏现象能够控制等。

④ 相关方面环境管理。为了环境保护的目的，在建设项目施工期间和投产使用后，对于相关方（如原料供应方、生产协作方、相关服务方等）的行为提出环境要求。

指标体系的选取涉及企业的方方面面，影响因素比较多，各项指标值在整个指标体系中所占的比重一定程度上反映了该指标在产品生产、销售、使用的全生命周期中对环境影响的重要性。所以，在对清洁生产进行评价时，要保证评价过程的客观性、科学性和可操作性。从清洁生产的战略思想和内涵来看，指标体系的设定应把握好原材料、生产过程、产品及环境四个环节的要求。

清洁生产评价体系各大类指标中包含若干分指标，共由几个单项指标构成，具体见表5-1。

表 5-1　常见的清洁生产判断评价指标体系

指标	序号	单项指标名称	单位	含 义 与 计 算
资源指标	1	物耗系数	t/t(m³)	主要原、辅材料年用量之和(t)/M
	2	能耗系数	kJ/t(m³)	能源年消耗量(kJ)/M
	3	清洁水耗系数	t/t(m³)	清洁水年用量(t)/M
	4	物料损耗系数	t/t(m³)	物料年损耗量(t)/M
	5	资源有毒有害系数	t/t(m³)	有毒有害原材料和能源年用量之和(t)/M
污染物产生指标	6	废水排放系数	t/t(m³)	废水年排放量(t)/M
	7	废气排放系数	t/t(m³)	废气年排放量(t)/M
	8	固体废物排放系数	t/t(m³)	固体废物年排放量(t)/M
	9	产污增长系数	t/t(m³)	"三废"中污染物年产量增长率
环境经济效益	10	产污有毒系数	t/t(m³)	年产生三废中有毒害污染物的量(t)/M
	11	环保投资偿还期	年	初始环保投资额(元)/(B−C)
	12	环保成本	元/t(m³)	年环境代价(元)/M
	13	环境系数	元/元	年环境代价(元)/年产值(元)
产品清洁	14	清洁产品系数	t/t	产品有毒害成分的量(t)/产品总量[t(m³)]
	15	产品使用年限	年	产品功能保持良好的时间

注：M 为年生产规模（单位为 t 或 m³,）；B 为环保投资年总效益；C 为年环保运转费用。表中各值均为正常操作条件下的取值。

5.2　清洁生产的评价方法

对环境影响评价项目进行清洁生产分析，必须针对清洁生产指标确定出既能反映主体情况，又简便易行的评价方法。考虑到清洁生产指标涉及面较广、完全量化难度大等特点，针对不同的评价指标确定不同的评价等级，对于易量化的指标评价等级可分得细一些，不易量化的指标评价等级则分得粗一些，最后通过权重法将所有指标综合起来，从而判定建设项目的清洁生产程度。

5.2.1　评价等级

依据清洁生产理论和行业特点，将清洁生产评价分为定性评价和定量评价两大类。原材料指标和产品指标量化难度大，属于定性评价，可分为三个等级；资源指标、污染物产生指标和环境、经济效益指标易于量化，属于定量评价，可分为五个等级。

（1）定性评价等级

① 高：表示所使用的原材料和产品对环境的有害影响比较小。

② 中：表示所使用的原材料和产品对环境的有害影响中等。

③ 低：表示所使用的原材料和产品对环境的有害影响比较大。

（2）定量评价等级

① 清洁：有关指标达到本行业国际先进水平。

② 较清洁：有关指标达到本行业国内先进水平。

③ 一般：有关指标达到本行业国内平均水平。

④ 较差：有关指标达到本行业国内中下水平。

⑤ 很差：有关指标达到本行业国内较差水平。

为了方便统计和计算，定性和定量评价的等级分值范围均定为 0～1。对定性评价的三个等级，按照基本等量、就近取整的原则来划分各等级的分值范围，具体见表 5-2；对定量指标依据同样的原则来划分各等级的分值范围，具体见表 5-3。

表 5-2　原材料指标和产品指标（定性指标）的等级评分标准

等级	分值范围	低	中	高
等级分值	[0,1.00]	[0,0.30]	[0.30,0.70]	[0.70,1.00]

表 5-3　资源指标、污染物产生指标和环境、经济效益指标的等级评分标准

等级	分值范围	很差	较差	一般	较清洁	清洁
等级分值	[0,1.00]	[0,0.20]	[0.20,0.40]	[0.40,0.60]	[0.60,0.80]	[0.80,1.00]

5.2.2　评价方法

目前，国内外的清洁生产指标体系日趋完善，但是在清洁生产评价方法上并不明确。在实践中主要采用生命周期分析（Life Cycle Analysis，LCA）来反映评价对象对环境的影响程度。国内常用的清洁生产评价方法见表 5-4。

表 5-4　国内常用清洁生产评价方法

评价方法	指标体系特征	数学模型	权重方法
轻工行业清洁生产评价方法	从产品生命周期全过程选取原材料、产品、资源和污染物产生四大类指标	百分制	专家打分法
综合指数评价方法	从清洁生产战略思想和内涵选取资源、污染物产生、环境经济效益和产品清洁四类指标	兼顾极值计权型综合指数；评估对象与类比对象指数比值求和	算术平均
工业企业清洁生产评价方法	根据生产工序选取设备、能耗、物质成分含量、原料利用率、水重复利用率、废物利用率、污染物排放合格率指标	综合指数；评估对象指数和与指标项目数之比	无
生产清洁度	包括消耗系数、排污系数、无毒无害系数、职工健康系数、污染物排放合格率	权重求和	专家打分
清洁生产潜力评价	包括工艺指标、技术经济指标、管理指标和环保指数四类指标	模糊评价法	层次分析法

目前，国内常选用的清洁生产分析方法主要有指标对比法和分值评定法。

（1）指标对比法　用我国已颁布的清洁生产标准或选用国内外同类装置清洁生产指标，对比分析评价项目的清洁生产水平。

单项评价指数法：单项评价指数是以类比项目相应的单项指标参照值作为评价标准计算得出，计算公式为：

$$Q_i = \frac{d_i}{a_i} \tag{5-17}$$

式中，Q_i 为单项评价指数；d_i 为目标项目某单项指数对象值（设计值）；a_i 为类比项目某项目指标参照值。

类别评价指数：类别评价指数是根据所属各单项指数的算术平均计算而得，计算公式为：

$$C_i = \frac{\sum Q_i}{n} \tag{5-18}$$

式中，$i = 1,2,3,\cdots,n$；$j = 1,2,3,\cdots,m$；C_i 为类别评价指数；n 为该类别指标下设的单项个数。

综合评价指数：为了综合描述企业清洁生产的整体状况和水平，克服个别评价指标对评价结果准确性的掩盖，避免确定加权系数的主观影响，可采用一种兼顾极值或突出最大值的计权型的综合评价指数。计算公式为：

$$I_\varphi = \sqrt{\frac{(Q_{i,M}^2 + C_{j,a}^2)}{2}} \tag{5-19}$$

$$C_{j,a} = \frac{\sum C_j}{m}$$

式中，I_φ 为清洁生产综合评价指数；$Q_{i,M}$ 为各项评价指数中的最大值；$C_{j,a}$ 为类别评价指数的平均值；m 为评价指标体系下设的类别指标数。

(2) 分值评定法　分值评定法也称百分制评价方法。首先，对各项指标按照等级评分标准分别进行打分，若有分指标则按照分指标打分，然后分别乘以各自的权重，最后累加起来得到总的分数。通过总分值和各项分指标分值，可以判定建设项目整体所达到的清洁生产程度和需要改进的地方。

① 权重值的确定。清洁生产评价的等级分值范围为 0～1，权重值总和为 100。为了保证评价方法的准确性和适用性，在各项指标（包括分指标）的权重确定过程中，1998 年国家环境保护总局在"环境影响评价制度中的清洁生产内容和要求"项目研究中，采用了专家调查打分法。专家范围包括清洁生产方法学专家、清洁生产行业专家、环境评价专家、清洁生产和环境影响评价政府官员。清洁生产水平总分按公式计算，调查统计结果见表 5-5。

表 5-5　清洁生产指标权重专家调查结果

评价指标		权重值	合　计
原材料指标	毒性	7	25
	生态影响	6	
	可再生性	4	
	能源强度	4	
	可回收利用性	4	
产品指标	销售	3	17
	使用	4	
	寿命优化	5	
	报废	5	
资源指标	能耗	11	29
	水耗	10	
	其他物耗	8	
污染物产生指标		29	29
总权重值		100	100

专家们对生产过程的清洁生产指标进行权重打分时，对资源指标和污染物产生指标比较关注，分别给出最高权重值 29，原材料指标次之，权重值为 25，产品指标最低，权重值为 17。各项评价指标的分指标也给出了权重值。但是由于不同企业的污染物产生情况差别很大，因而未对污染物产生指标中的各项分指标的权重值加以具体规定。

清洁生产水平总分计算公式：

$$E = \sum A_i W_i \tag{5-20}$$

式中，E 为评价对象清洁生产水平总分；A_i 为评价对象第 i 种指标的清洁生产等级得分；W_i 为评价对象第 i 种指标的权重。指标体系权重值总和为 100。

各指标权重值代表各指标在整个指标体系中所占的比重，一定程度上反映该指标在产品生产、销售、使用的全生命周期中对环境影响的重要性。权重值采用专家打分法。

② 总体评价要求。清洁生产是一个相对的概念，因此清洁生产指标的评价结果也是相对的。从上述清洁生产的评价等级和标准的分析可以看出，如果一个建设项目综合评分结果 >80 分，从平均的意义上说，该项目在原材料的选取上对环境的影响、产品对环境的影响、生产过程中资源的消耗程度以及污染物的产生量均处于同行业国际先进水平，因而从现有的技术条件看，该项目属于"清洁生产"；同理，若综合评分为 70～80 分，可以认为该项目为"传统先进"项目，即总体在国内处于先进水平，某些指标处于国际先进水平；若综合评分为 55～70 分，可以认为该项目为"一般"项目，即总体在国内处于中等水平；若综合评分为 40～55 分，可以认为该项目为"落后"项目；若综合评分 <40 分，可以认为该项目为"淘汰"项目。总体评价结果的分值要求详见表 5-6。

表 5-6 清洁生产指标总体评价分值

项　目	指标分数	项　目	指标分数
清洁生产	>80	落后	40～55
传统先进	70～80	淘汰	<40
一般	55～70		

思 考 题

1. 清洁生产评价指标选取的原则有哪些？
2. 定量评价指标有哪几种计算方法？
3. 清洁生产的评价指标有哪几类？
4. 清洁生产定量、定性评价指标分别有哪几级？
5. 国内常选用的清洁生产分析方法有哪几种？其优缺点分别是什么？

6 清洁生产审核程序

企业清洁生产审核按照《企业清洁生产审计手册》规定的程序和要求进行，分为7个阶段、35个步骤。

6.1 筹划和组织

筹划和组织的目的是通过宣传教育使企业的领导和职工对清洁生产有一个初步的、比较正确的认识，消除思想上和观念上的障碍，了解企业清洁生产审核的工作内容、工作要求及其工作程序。该步的重点在于领导支持和参与、组建审核工作小组和领导小组、制订审核工作计划、宣传、发动和培训。

6.1.1 取得领导支持

高层领导的支持和参与是保证审核工作顺利进行的不可缺少的前提条件，也是使方案达到预期效果的保障。公司必须协助清洁生产咨询机构，积极开展清洁生产审核工作以及宣传和培训工作。使企业领导及员工对清洁生产的意义、目标、方法和步骤有一定的了解，形成共识，为开展清洁生产并取得实效奠定了基础。

可以通过多种途径获得组织高层领导支持和参与清洁生产审核，常用的方法见表6-1。

表 6-1   获得高层领导支持的途径

途 径	具 体 做 法
借助国家和地方环境保护主管部门或工业主管部门的力量	直接对企业高层管理人员进行有关清洁生产知识的培训,使他们了解什么是清洁生产,为什么要实施清洁生产,从而发挥其主观能动作用
通过培训企业内部环保部门或工艺部门的管理和技术人员	通过培训使他们产生实施清洁生产审核的需求,在此基础上由他们向企业的高层管理人员进行宣传和建议
法规要求	《中华人民共和国清洁生产促进法》第二十八条明确规定,污染物排放超过国家和地方规定的排放标准或者超过经有关地方人民政府核定的污染物排放总量控制指标的企业,应当实施清洁生产审核
消费者对企业的绿色产品的需求	民众环境意识不断提高,他们不仅仅要求企业生产良好的产品及有良好的服务,而且会追求或者要求生产这种产品的过程具有环境友好性。通过实施清洁生产,生产出绿色产品,对企业的市场竞争力和经济效益将是极大的提高
高投入和高成本的末端控制	企业应对其在生产和服务活动中产生的对环境的影响负责,末端治理可以基本消除这些活动对环境的影响,但投入高、成本高。这是企业愿意开展清洁生产的一个最直接的理由
经济效益	与末端治理相比,清洁生产有良好的经济效益

6.1.2 组建审核小组

有权威的企业清洁生产审核小组是实施清洁生产审核的组织保证。

清洁生产审核领导小组的职责是组织、协调和决策；清洁生产审核工作小组的职责是制订清洁生产审核工作计划,并根据计划组织相关部门工作。审核小组组长是审核小组的核心,应由组织主要领导人(厂长或负责生产或环保的副厂长、总工程师)兼任组长,或由组织任命一位资深的、具有如下条件的人员担任,并授予必要权限:

　　① 具备企业清洁生产审核的知识或工作经验。

　　② 具备生产、工艺、管理与新技术的知识和经验。

　　③ 熟悉企业的废弃物产生、治理和管理情况以及国家和地区环保法规和政策等。

　　④ 了解审核工作程序,熟悉审核小组成员情况,具备领导和组织工作的才能并善于和其他部门合作等。

　　审核小组的成员数目根据企业自身组织机构的实际情况而定,其中要保证有一人全程负责审核过程相关事宜的联系、协调和组织工作,还应有一人来自企业的财务部门(表6-2、表6-3)。

表 6-2　某组织审核领导小组成员表

内部职务	来自部门及职务职称	职　责	投入时间
组长	总经理	筹划与组织,协调各部门工作	全过程
副组长	人力资源经理	协助组长做组织协调工作,参与现场调查,提出削减方案	全过程
组员	运作经理	协调本部门工作,负责本专业方案的征集、汇总和实施	全过程
组员	技术经理	协调本部门工作,负责本专业方案的征集、汇总和实施	全过程
组员	供应链主管	协调本部门工作,负责本专业方案的征集、汇总和实施	全过程
组员	商业服务经理	协调本部门工作,负责本专业方案的征集、汇总和实施	全过程
组员	采购部经理	协调本部门工作,负责本专业方案的征集、汇总和实施	全过程

表 6-3　某组织审核工作小组成员表

内部职务	来自部门及职务职责	职　责	投入时间
组长	HR-主管	负责本车间清洁生产审核的总体工作,协调总体部署	全部
副组长	HR-副主管	负责资料的收集,清洁生产方案的征集和实施	部分
成员	运作部-生产主管	负责资料的收集,清洁生产方案的征集和实施	部分
成员	运作部-厂务工程师	负责资料的收集,清洁生产方案的征集和实施	部分
成员	运作部-电气工程师	负责资料的收集,清洁生产方案的征集和实施	部分
成员	运作部-维修主管	负责资料的收集,清洁生产方案的征集和实施	部分
成员	技术部	负责资料的收集,清洁生产方案的征集和实施	部分
成员	全球采购部-主管	负责资料的收集,清洁生产方案的征集和实施	部分
成员	财务部-主管	负责资料的收集,清洁生产方案的征集和实施	部分
成员	HR-安全工程师	负责资料的收集,清洁生产方案的征集和实施	部分

6.1.3　制订工作计划

　　在企业开始清洁生产之前,必须及时编制清洁生产审核工作计划,使得清洁生产审核工作按一定的程序和步骤进行。清洁生产审核工作计划的内容一般包括审核过程各阶段的步骤、阶段工作内容、时间进度、责任部门和人员、应出的结果等（表6-4）。

表6-4 某组织清洁生产审核工作计划表

阶段	步骤	工作内容	时间	责任部门	负责人	应出成果
一、筹划与组织	1. 获得高层支持与参与	决策层参与,提出咨询方案,签订合同,聘请清洁生产审核专家	两周	厂部	工作小组组长	企业领导决策
	2. 组建审核工作小组	组建公司清洁生产审核工作小组,任命组长,各车间组建清洁生产审核小组		厂部	工作小组组长	成立审核工作小组
	3. 制定审核工作计划	了解企业概况,现场考察,编制审核计划		策划部	工作小组副组长	完成审核工作计划
	4. 开展宣传教育	动员大会组织宣贯,开展内审员培训班,全厂层层发动利用各种形式进行宣传教育		策划部	工作小组副组长	克服障碍
	5. 前期资源准备	生产设备运行系统检修情况,配备充实的检测与计量仪器,配备足够的清洁生产审核人员		策划部	工作小组副组长	备足资源
二、预评估	1. 企业的现状调研	收集资料,查阅档案,与相关人员座谈	两周	策划部	工作小组副组长	获取各种资料
	2. 现场考察	核对资料,与操作人员交谈,进行专家咨询		策划部	工作小组副组长	熟悉现场情况
	3. 评价产污排污状况	收集各种产污排污数据列表对比		策划部	工作小组副组长	给出产污排污的真实情况
	4. 确定审核重点	进行专家咨询论证,按权重和积分排序法确定,由企业领导决策		厂部	工作小组组长	最终确定审核重点
	5. 设置预防污染目标	根据技术可达性,依据实施的可行性,满足环保要求		策划部	工作小组副组长	产生近期中期远期目标
	6. 提出和实施无低费方案	开展无低费方案的合理化建议,根据物料平衡和水平衡初步分析结果,现场考察发现的跑冒滴漏		策划部	工作小组副组长	实施无低费方案
三、评估	1. 编制审核重点的工艺流程图	收集工艺数据资料和原材料产品资料,绘制审核重点的工艺流程图及单元操作工艺流程图,并编制单元操作功能表	三周	策划部	工作小组副组长	绘制出工艺流程图单元操作图
	2. 实测输入输出物流	编制实测工作计划,对实测审核重点的输入输出物流测量,汇总、整理数据		各相关部门	工作小组副组长	现场实测
	3. 建立物料平衡	对实测数据进行处理,初步推算物料平衡,建立物料平衡及水平衡		各相关部门	工作小组副组长	绘制物料平衡图
	4. 废弃物产生原因分析	对物料平衡及实测生产过程进行评估,对废弃物产生的原因进行八个方面的分析		各相关部门	工作小组副组长	指明废弃物的产生原因
	5. 提出和实施无低费方案	针对审核重点提出无低费方案,实施简单易行的方案		策划部	工作小组副组长	实施无低费方案

续表

阶段	步骤	工作内容	时间	责任部门	负责人	应出成果
四、方案产生和筛选	1. 方案的产生	依据物料平衡和废物原因分析，组织工程技术人员及行业专家座谈或进行技术咨询	三周	策划部	工作小组副组长	提出方案
	2. 方案的筛选	汇总方案，初步筛选，权重总合记分排序，汇总筛选结果		策划部	工作小组副组长	筛选出方案
	3. 方案的研制	绘制方案工艺流程详图，列主要设备清单，进行费用和效益估算，编制方案说明书		各相关部门	工作小组副组长	详细研制方案
	4. 继续实施无低费方案	继续提出和实施无低费方案		策划部	工作小组副组长	实施无低费方案
五、可行性分析	1. 市场调研	国内外市场调研、预测	两周	策划部	工作小组副组长	进行市场调研
	2. 技术评估	选择与确定技术评估指标，集体讨论评估		策划部	工作小组副组长	给出技术评估结果
	3. 环境评估	选择与确定环境评估指标，集体讨论评估		策划部	工作小组副组长	给出环境评估结果
	4. 经济评估	经济指标的计算、汇总，并给出结论		各相关部门	工作小组副组长	给出经济评估结果
	5. 推荐可实施方案	进行综合评估，确定可实施方案		策划部	工作小组副组长	确定可实施方案
六、方案的实施	1. 组织方案实施	统筹规划、筹措资金、落实施工力量并实施方案	两周	厂部	工作小组组长	组织方案实施
	2. 汇总已实施方案、无低费方案成果	(1) 列表汇总		策划部	工作小组副组长	列表汇总成果
		(2) 阶段性总结				
	3. 验证已实施方案的成果	列表汇总中高费方案成果，对评价成果进行验证、分析		策划部	工作小组副组长	列表汇总评价成果
七、持续清洁生产	1. 建立和完善清洁生产组织	明确清洁生产组织的任务和目标并派专人负责	一周	厂部	工作小组组长	建立清洁生产组织
	2. 建立和完善清洁生产制度	把清洁生产成果写入管理或技术规范中		策划部	工作小组副组长	规范清洁生产制度
	3. 制定持续清洁生产计划	策划清洁生产计划并报请领导批准		策划部	工作小组副组长	确定持续清洁生产计划
	4. 编写清洁生产审核报告	编写报告提纲	一周	策划部	工作小组副组长	完成报告的编写

6.1.4　宣传培训

可以运用电视、广播、厂内刊物、黑板报和各种会议等一切可用的媒体和手段进行清洁生产的宣传教育，争取企业内部各部门和广大员工的支持。宣传的内容包括清洁生产的作用、如何开展清洁生产审核、克服障碍、各类清洁生产方案成效等。公司中常需克服的障碍及克服方法见表6-5。

表 6-5 清洁生产障碍及克服表

类型	障碍表现	建议对策
观念障碍	清洁生产是要保持场所的卫生清洁	逐步深入地开展清洁生产宣传教育工作,同时介绍国内外相关开展清洁生产的企业的清洁生产经验,通过无低费方案的实施所产生的环境和经济效益来克服思想观念障碍
	清洁生产是末端治理问题	
	清洁生产只是一种形式	
	搞清洁生产只会影响公司的生产,不会给生产带来效益	
	清洁生产太复杂搞不起来	
	不改造工艺、设备,实现不了清洁生产	
	企业领导往往过于强调生产,清洁生产计划所需的时间和努力则沦为次要地位	
	追求贷款进行设备更新改造,认为技改就是清洁生产	
技术及方法障碍	技术人员配置不足	通过领导协调、组织培训,使工作人员对产品生产工艺各环节及清洁生产评估方法有所了解,并发动本部门人员积极参与清洁生产活动;配备相应的检测分析工具。同时,也可以向专家咨询
	企业生产工艺复杂,涉及的学科较多	
	工作人员不熟悉评估方法及工艺技术	
	企业职工缺乏岗位技能的系统培训	
	对清洁生产评估工作小组内部协调特别是信息交流没有给予应有的重视	
	担心无实现预防污染的可行技术	
	企业没有或缺乏中间计量手段,不能有效地将清洁生产前后的变化记录下来	
	出于企业战略考虑或专利保护,成熟的清洁工艺往往处于故意保密状态而难以推广	
资金物质障碍	缺少建立物料平衡的现场实测计量仪器	内部挖掘积累资金、外部筹措资金、首先实施无低费清洁生产方案及申报有关清洁生产资金支持等。据清洁生产促进法,清洁生产审核成本可计入生产成本
	缺乏实施中高费清洁生产方案的资金	
政策法规障碍	排放标准控制的是污染物浓度,节水反而不利于达标	宣传国家对企业的环境管理正在由浓度控制转向总量控制,清洁生产优于末段治理
	不熟悉清洁生产具体政策、法规	
管理障碍	部门独立性强,协调困难	由最高层领导直接参与,由主要部门领导与技术骨干组成审核小组,同时赋予小组相应职权

6.2 预评估

预评估的目的是通过对企业全貌进行调查及定性和定量分析,发现清洁生产的潜力和机会,从而确定本轮审核的重点,设置合理的企业清洁生产审核目标,最后针对分析过程中发现的问题,提出相应的解决方案并实施无低费方案。

预评估的六个主要工作内容为:现状调研、现场考察、评价产污排污状况、确定审核重点、设置清洁生产目标、提出和实施无低费方案。

6.2.1 组织现状调研

（1）审核中信息采集的重要性

① 了解掌握组织情况的必要途径。认识事物本质总是从了解和掌握开始的。对企业进行清洁生产审核也应从对企业基本信息的了解开始。每个企业都有其具体的实际情况。行业之间、相同行业不同生产水平及工艺的企业之间的都存在着差异。对企业进行清洁生产审核，首先要了解掌握企业的基本情况，这样审核工作才能做到有的放矢。

② 确定审核重点的依据。审核重点是企业清洁生产审核工作的基点和核心，审核重点的选取与确定准确与否，关系到审核工作的成败，务必谨慎处理。在确定审核重点之前，应对备选的审核重点进行必要和卓有成效的信息采集工作，将列入备选的审核重点的资料收集、整理，从中选出有代表性的、清洁生产潜力大的作为最终的审核重点，以此开展工作。

③ 审核绩效分析汇总的前提工作。要对通过清洁生产审核产生的成效进行分析汇总，首先应进行相关信息的采集，包括通过审核产生的环境效益与经济效益。要做到对效益的有效汇总，应采集效益的具体数值，一方面提供必要的汇总材料；另一方面增强绩效说服力。

④ 为持续的清洁生产工作提供数据基础。持续清洁生产工作是审核工作的延续，也是清洁生产工作的收效阶段。为了更好地将清洁生产工作深入开展下去，应对审核过程中各项数据进行总结性归纳。包括清洁生产目标的完成情况、对企业各项生产指标的影响，对单位产品能耗、物耗指标的影响等数值。以此为依据，分析审核得与失，为今后的工作提供科学的参考与借鉴。

（2）企业内部信息采集的内容　对企业内部信息的采集是对企业实施清洁生产审核工作的开始，它包括以下几方面内容。

① 组织基本情况。组织基本情况是企业外人员对企业最基本、最直观的了解，它包括企业全称、企业类型、企业法人、所属行业、产品、产量、建厂时间、投产日期、固定资产、企业人员构成、地理位置、自然情况等资料。

② 企业基本生产情况。企业基本生产情况信息采集是审核工作的基础，它是发现问题、解决问题的起点。包括企业生产工艺流程、产品结构；生产过程中有毒、有害物质的排放与处置；生产过程中能源、物耗大的环节与部门。

③ 企业环保相关资料的收集。企业环保相关资料包括企业历年水、汽、声、渣的排放达标情况，基本监测报告及数据；企业历年排污收费情况，是否有污染事故发生；环保基本设施情况、处理量、运行使用情况；厂内环保部门的设置及管理情况。

④ 企业资源、能源利用情况。企业资源、能源利用情况包括水、电、煤和其他燃料的历年消耗量；水平衡测试报告与数据资料；企业历年输入物料汇总情况，包括物料种类、来源、规格、用量与利用效率等。

⑤ 行业内对比资料的收集。包括行业内的平均物耗、能耗指标；企业在同行业中的实际工艺、设备及管理水平定位；行业的发展趋势及动向。

⑥ 审核重点资料的收集。是审核工作进入实质阶段的标志，包括审核重点具体工艺流程资料，如工艺流程图、平面布置图、工艺操作手册、设备技术规范等；原辅材料使用情况及实测的物料平衡情况；管理资料，如废物排放情况、能源费用、生产进度表等。

（3）信息采集应把握的原则

① 采集信息的准确性。采集信息的准确性是信息采集的首要保证。因为审核的后续工作将以此为基础展开，错误或不准确的信息将导致清洁生产工作误入歧途，最终造成不必要

的损失甚至审核工作的失败。有些时候，企业出于对生产工艺、技术参数等因素保密的考虑，某些数据资料不愿示人。此种情况下，企业有可能提供不准确或干脆不提供相关资料。这种做法在一定程度上干扰了正常审核工作的进行，导致审核结果往往不尽如人意。有鉴于此，审核人员应积极、主动与企业相关部门取得联系，阐明数据准确的必要性的同时，做好技术的保密工作，严防信息的外泄，在保证企业的利益不受损害的前提下，做好信息的收集和处理工作。

② 采集信息的全面性。企业分处不同行业，同时规模迥异，为信息的全面采集带来一定的困难。但审核人员应根据具体实际，大处着眼，小处着手，从主到次，依次进行。同时，应多与企业相关部门进行沟通，在了解企业的情况的同时，取得企业员工的支持与协助，共同做好资料的收集工作，力争做到资料采集的全面性。

③ 采集信息的时效性。企业在发展，相关的信息也在不断地发生变化。在信息的采集过程中，应注意企业近期的发展动向，结合实际，更新所取得的资料内容，保证资料的时效性，确保作为审核依据的可靠性。

(4) 信息的来源途径　信息的来源途径是信息反馈来的渠道，只有渠道畅通，才能保证信息及时、准确。通常情况下，审核过程中信息是由以下渠道产生的。

① 企业内提供。企业内提供的主要是企业的基本现状，是由企业相关管理人员根据清洁生产审核工作的要求，结合本厂实际情况提供的。它是审核工作开展的直接依据，关系到审核工作今后的发展方向，企业一定要严谨、慎重。

② 行业专家提供。行业专家依据自身多年的工作经验和对该行业发展方面的正确把握，依据企业自身实际，提出有建设性的建议和意见，以帮助企业查找问题、解决问题，从而达到清洁生产审核的目的。

③ 审核专家提供。审核专家针对企业清洁生产审核过程产生审核方式、方法、程序、步骤方面的问题与疑难，提供必要的辅导与支持，使清洁生产审核工作沿着正确的轨道发展下去。

④ 政府部门及行业办提供。政府部门及行业办对企业的清洁生产审核工作提供清洁生产相关法规、政策方面的指导；同时，指明行业的发展趋势与方向，为企业通过清洁生产审核所要达到的目标提供科学的借鉴。

企业的清洁生产审核过程也是相关信息的采集过程。信息采集的准确与否、全面与否，决定清洁生产审核的成效大小。因此，在审核过程中应予以足够的重视，为此，应把握好以下几个方面工作。

① 采集的信息要准确、全面，采集的过程中不能有所偏颇，不能受审核人员主观想法所左右，力求信息的客观、公正。

② 信息采集的渠道在广泛的基础上，应有所针对，充分发挥各渠道的优势、取长补短，通过汇总分析，提取有益信息，运用到审核过程中。

③ 提高对信息的分析、鉴别能力，既不盲目采用，也不武断废除，对信息应集中考虑，小心求证，对比使用，让信息在审核过程中发挥出事办功倍的效果。

6.2.2　进行现场考察

(1) 现场考察的目的　通过在正常生产和工况条件下到生产现场进行调查，发现和解决问题。

(2) 考察的重点内容

① 工艺中最明显的废物产生点和废物流失点。

② 耗能和耗水最多的环节和数量。

③ 物料的进出口处，物料管理状况（原料库和产品库、实际的生产管理状况以及岗位责任制的执行情况）。

④ 生产量、成品率和损失率。

⑤ 设备陈旧、技术落后的部位，如管线、仪表、设备的维修和清洗等。

⑥ 污染物产生及排放多、毒性大、处理处置难的部位。

⑦ 操作困难、易引起生产波动的部位。

⑧ 事故多发处。

（3）现场考察方法　对比资料和现场情况，查阅现场记录、生产报表等，与工人和工程技术人员座谈，行业专家咨询等。

6.2.3　评价产污排污状况

（1）产排污原因分析

① 对比国内外同类企业的先进水平，结合本企业的原料、工艺、产品、设备等实际状况，确定本企业的理论产污排污水平。

② 调查汇总企业目前的实际产污排污水平。

③ 从影响生产过程的八个方面出发，对产污排污的理论值与实际状况之间的差距进行初步分析，并评价在现状条件下，企业的产污排污状况是否合理。

（2）分析污染及治理状况　评价执行国家及当地环保法规及行业排放标准的情况，包括环保固定资产、废物排放量、治理方法、废物处理费用、年运行费用、运行达标情况、缴纳排污费及处罚情况等。分析废物综合利用、回收/循环利用情况。

（3）对比国内外同类企业产污排污状况　如果有国内外相关清洁生产行业标准的，则可与标准进行对比分析，发现组织与标准之间存在的差距。

如果没有相关标准，则可在资料调研、现场考察及专家咨询的基础上，汇总国内外同类工艺、同等装备、同类产品先进组织的生产、消耗、产污排污及管理水平，与本企业的各项指标相对照。

（4）汇总审核发现的问题　根据现场审核和对该公司基本概况、生产过程及管理情况等的了解和调研，对公司产污排污状况的真实性、合理性及有关数据的可信度予以初步评价，从产品生产的八个过程寻找公司存在的问题并汇总。

6.2.4　确定审核重点

（1）确定备选审核重点　备选审核对象可以是企业的生产线、车间、工段、操作单元等，可选3～5个，选择时应着眼于清洁生产的潜力。确定备选审核重点应考虑的因素如下。

① 污染物产生排放超标严重的环节。

② 污染物毒性大和难以处理的部位。

③ 生产效率低下、严重影响正常生产的环节等。

④ 物耗、能耗和水耗大的生产单元。

⑤ 容易迅速见到经济、环境效益的部位。

⑥ 企业多年存在的老大难问题。

⑦ 公众反应强烈、投诉最多的问题。

⑧ 在区域环境质量改善中起重大作用的环节。

（2）确定审核对象 在分析、综合各审核重点的情况后，要对这些备选审核重点进行科学排序，从中确定本轮审核重点。通常情况下，在企业有多个车间、工段或生产单元时，确定1～2个车间、工段或生产单元为本次审核的审核重点；如企业的管理基础较好，曾开展过清洁生产审核，也可以同时以几个车间、工段或生产单元为本次审核的审核重点。

（3）确定审核重点的方法 确定审核重点常用的是简单比较法及权重总和积分排序法（Weighted Ranking Method）、头脑风暴法、打分法、投票法。对于生产工艺较简单的企业，可采用投票法选定，生产工艺较复杂的企业一般采用权重总和积分排序法。

① 头脑风暴法（brainstorming）。它采用会议的形式，引导每个参加会议的人围绕某个中心议题，广开思路，激发灵感，毫无顾忌地发表独立见解，并在短时间内从与会者中获得大量的观点。

在预审核中一般都是在现状调查并初步分析后，针对发现的问题组织一到两次座谈会，座谈会上使用头脑风暴法效果一般都很好，使用这种方法时应该注意：一是要有一个领导参加，主要是让这个领导听到企业存在的问题，重视清洁生产工作；二是要以技术人员为主；三是以发现的问题为引子，引导大家发现更多的问题。

采用头脑风暴法讨论的原因在于，你拥有的创意越多，你获得突破性创意的可能性也就越大。一般而言，应由一名污染预防专家主持头脑风暴讨论，而小组成员则提出他们削减废弃物及预防污染的创意。

② 打分法。是指通过匿名方式征询有关专家的意见，对专家意见进行统计、处理、分析和归纳，客观地综合多数专家的经验与主观判断，对大量难以采用技术方法进行定量分析的因素做出合理估算。专家打分法适用于存在诸多不确定因素、采用其他方法难以进行定量分析的情况。

③ 权重总和积分排序法。权重是指对各个因素具有权衡轻重作用的数值，统计学中又称"权数"。此数值的大小代表了该因素的重要程度。

权重总和法是通过综合考虑各因素的权重及其得分，得出每一个因素的加权得分值，然后将这些加权得分值进行叠加，以求出权重总和，再比较各权重总和值来做出选择的方法。该法是一种将定量数据与定性判断相结合的加权评分方法，其步骤如下。

① 确定若干权重因素并确定各权重因素的权重值 W。

② 确定备选重点对各权重值的贡献 R。

③ 计算出各备选重点的 $R \times W$。

④ 加和得各备选重点的总分 $\sum WR$，以此排序确定审核重点。

确定权重考虑的原则见表6-6，权重分数值的确定因素及权重值见表6-7。

表6-6 确定权重考虑的原则一览表

基本因素	环境方面	减少废物、有毒有害物的排放量，或使其改变组分，易降解、易处理，减少有害性，减少对工人安全和健康的危害以及其他不利环境的影响，遵循环境法规，达到环境标准
	经济方面	减少投资；降低加工成本；降低工艺运行费用；降低环境责任费用；物料或废物可循环利用或回用；提高产品质量
	技术方面	技术成熟，技术水平先进；可找到有经验的技术人员；国内同行业有成功的例子；运行维修容易
	实施方面	对工厂当前正常生产以及其他生产部门影响小；施工容易、周期短；占空间小；工人易于接受
附加因素	前景方面	符合国家经济发展政策，符合行业结构调整和发展，符合市场需求
	能源方面	水、电、汽、热的消耗减少；或水、汽、热可循环或回收利用

表 6-7　权重分数值确定重要因素及权重值一览表

清洁生产中的重要因素	权重值 $W=1\sim10$	备选审核重点 1		备选审核重点 2		备选审核重点 3	
		评分 $R=1\sim10$	得分 $R\times W$	评分 $R=1\sim10$	得分 $R\times W$	评分 $R=1\sim10$	得分 $R\times W$
废物量	10						
环境代价	$8\sim9$						
废物的毒性	$7\sim8$						
清洁生产潜力	$4\sim6$						
车间积极性	$1\sim3$						
发展前景	$1\sim3$						
总分 ΣWR							
排序							

6.2.5　设置清洁生产目标

清洁生产目标应针对本次审核的审核重点设置。

（1）考虑因素

① 环境保护的法规和标准。

② 区域总量控制规定。

③ 企业发展远景和规划要求。

④ 国内外同行业的水平和本企业存在的差距。

⑤ 审核对象的生产工艺水平和设备能力。

⑥ 企业的能力。

⑦ 其他如企业升级、落实某项行动计划等。

（2）考虑原则

① 容易被人理解、易于接受且易于实现。

② 可以度量，具有灵活性，可以根据需要和实际情况做适当调整。

③ 有激励作用，有明显的效益。

④ 符合企业经营总目标。

⑤ 能减轻对环境的危害程度。

⑥ 能明显减少废物处理费用。

⑦ 能减少物耗、能耗、水耗和降低生产成本。

⑧ 具有回收价值的副产品，有经济效益。

⑨ 防治污染措施的资金易于落实，最好能争取到优惠条件和贷款（或捐款）。

⑩ 产品在今后的国内外市场上具有竞争力。

⑪ 分阶段，一般分为近期、中期和远期。

（3）清洁生产目标的特点　清洁生产目标是企业发展的重要组成部分，其中的长期目标要纳入企业的发展规划，是动态目标，可根据清洁生产工作进展情况进行调整，使其更有实际意义和可操作性，为检查清洁生产实施效果提供了较为客观的评判标准。

清洁生产目标通常包括原材料消耗指标、能源消耗指标、新鲜水消耗指标、水重复利用指标和废弃物产生量指标等。表 6-8 是某电厂设置的清洁生产目标。

表 6-8　某电厂设置的清洁生产目标

序　号	项　目	现状	近期目标	远期目标
原材料消耗指标	燃料油使用量(折标煤)/t	1937	1700	1500
能源消耗指标	供电煤耗/[g/(kW·h)]	361.82	363	366
	生产厂用电率/%	6.2	6.5	7.2

6.2.6　提出和实施无低费方案

在清洁生产审核过程中，将发现组织各个环节存在的各种问题，这些问题分为两大类。一类是需要投资较高、技术性较强、投资期较长才能解决的问题，解决这些问题的方案叫中高费用方案。另一类是只需少量投资或不投资、技术性不强、很容易在短期得到解决的问题，对这些问题所确定的方案为无低费方案。通常可以从产品生产过程的几个方面寻找无低费方案：原料和能源、生产工艺、设备、产品、生产管理、废物处理与循环利用。对无低费方案，应采取边审核、边实施、边见效的原则。不同阶段无低费方案比较见表 6-9。

表 6-9　不同阶段的无低费方案比较表

阶段	方法	范围	案例
预评估	现场考察	全场	跑冒滴漏等
评估	对生产过程进行评估与分析	针对审核重点	过程参数的控制等

6.3　评估

评估主要是通过生产工艺单元操作的输入和输出物流，对审核重点建立物料平衡、水平衡及能量平衡，从而分析出物料和能量流失的环节及污染物产生的原因。

评估的目的是通过对生产和服务过程的投入产出进行分析，建立物料平衡、水平衡或能量平衡以及污染因子平衡，找出物料流失、资源浪费环节和污染物产生的原因。

6.3.1　准备审核重点资料

① 将重点审核产品的生产工艺划分为若干个工艺单元（操作工序），列出单元操作及功能。

② 按生产单元操作编制工艺流程方框图，并表示出全部输入和输出的工艺物料流（原料、产品、副产物及废物等）和原料投入点与废物产生点。

③ 编制带控制点的主要设备流程图，标出各主要设备名称、功能、物流及废物流出入口、控制点及手段。

6.3.2　实测输入输出物流

工艺输入包括主副原料、添加剂、催化剂、工艺水、能源等。通过检查原料、添加剂、催化剂等的进货记录，确定物料在贮存和输送过程中的损失；查看水表读数，查清各工序的实际用水量。

工艺输出包括主副产品、废水、废气、固体废物、废热或辐射等。通过检查主副产品报表，确定产品的损失；废物产生量应视具体情况而定。辐射量可用特定的辐射测定仪确定。如果数据不全或陈旧，且短缺数据无法实测，要通过理论计算或历史资料推断获得。

6.3.3　物料平衡

物料、能量平衡图是分析物料、能量损失的依据，可定量确定能源物料消耗，资源转化，废弃物的数量、成分、去向和产生的原因，从中可找出无组织排放和未被注意的物料流失，从而寻找审核重点的清洁生产机会。物质和能量守恒定律是清洁生产的理论基础。

阐述物料平衡结果如下。

① 物料平衡的偏差。物料平衡一般偏差应在 5% 以下，但对贵重原料、有毒成分应更少或应满足行业要求。

② 实际原料利用率。

③ 物料流失部位（无组织排放）及其他废弃物产生环节和产生部位。

④ 废弃物（包括流失的物料）的种类、数量和所占比例以及对生产和环境的影响部位。

6.3.4　分析废物产生原因

首选对物料平衡的数据进行评估。

① 实测的数据质量是否可靠，数量是否充足。

② 输入总量是否等于输出总量，误差有多大。一般说来，如果输入总量与输出总量之间的误差在 5% 以内，则可以由物料平衡的结果进行随后的有关评估与分析；反之，则须检查造成较大误差的原因，重新进行实测和物料平衡。

③ 分析影响物料平衡的各种因素，寻找主要的、关键性的问题和废物流产生的环节及部位。

对物料平衡数据评估，确定无误后再对生产过程进行评估，评估的过程还是采用前面讲到的八条途径进行。从以下方面找出废物产生的原因。

（1）原辅料批生产中主要原料和辅助用料（包括添加剂、催化剂、水等）；能源批维持正常生产所用的动力源（包括电、煤、蒸汽、油等）。因原辅料及能源而导致产生废弃物主要有以下几个方面的原因。

① 原辅料不纯或（和）未净化。

② 原辅料储存、发放、运输的流失。

③ 原辅料的投入量过多或不合理。

④ 原辅料及能源的超定额消耗。

⑤ 有毒、有害原辅料的使用。

⑥ 未利用清洁能源和二次资源。

（2）技术工艺　因技术工艺而导致产生废弃物有以下几个方面的原因。

① 技术工艺落后，原料转化率低。

② 设备布置不合理，无效传输线路过长。

③ 反应及转化步骤过长。

④ 连续生产能力差。

⑤ 工艺条件要求过严。

⑥ 生产稳定性差。

⑦ 需使用对环境有害的物料。

（3）设备　因设备而导致产生废弃物有以下几个方面的原因。

① 设备破旧、漏损。

② 设备自动化控制水平低。

③ 有关设备之间配置不合理。

④ 主体设备和公用设施不匹配。

⑤ 设备缺乏有效维护和保养。

⑥ 设备的功能不能满足工艺要求。

（4）过程控制　因过程控制而导致产生废弃物主要有以下几个方面的原因。

① 计量检测、分析仪表不齐全或检测精度达不到要求。

② 某些工艺参数（例如温度、压力、流量、浓度等）未能得到有效控制。

③ 过程控制水平不能满足技术工艺要求。

（5）产品　产品包括审核重点生产的产品、中间产品、副产品和循环利用物。因产品而导致产生废弃物主要有以下几个方面原因。

① 产品储存和搬运中的破损、漏失。

② 产品的转化率低于国内外先进水平。

③ 不利于环境的产品规格和包装。

（6）废弃物　因废弃物本身具有的特性未加利用而导致产生废弃物主要有以下几个方面原因。

① 对可利用废弃物未进行再用和循环使用。

② 废弃物的物理化学性状不利于后续的处理和处置。

③ 单位产品废弃物产生量高于国内外先进水平。

（7）管理　因管理而导致产生废弃物主要有以下几个方面的原因。

① 有利于清洁生产的管理条例、岗位操作规程等未能得到有效执行。

② 现行的管理制度不能满足清洁生产的需要。

③ 岗位操作规程不够严格。

④ 生产记录（包括原料、产品和废弃物）不完整。

⑤ 信息交换不畅。

⑥ 缺乏有效的奖惩办法。

（8）员工　因员工而导致产生废弃物主要有以下几个方面原因。

① 员工的素质不能满足生产需求

a. 缺乏优秀管理人员。

b. 缺乏专业技术人员。

c. 缺乏熟练操作活动。

d. 员工的技能不能满足本岗位的要求。

② 缺乏对员工主动参与清洁生产的激励措施。

6.3.5　提出和实施无低费方案

主要针对审核重点，根据废弃物产生原因分析，提出并实施无低费方案。

6.4　方案的产生和筛选

本阶段的任务是根据审核重点的物料平衡和废物产生原因分析结果，制定污染物控制中、高费用备选方案，并对其进行初步筛选，确定出两个以上最有可能实施的方案，供下一阶段进行可行性分析。

6.4.1 方案产生

清洁生产方案的产生与实施，是清洁生产审核工作的核心内容，也是清洁生产工作能否取得实际成效的决定性因素。因此，无论是被审核组织，还是审核机构，都应予以足够的重视，正确把握方案的产生途径和采集路径的同时，应对所产生的方案进行严格的识别和筛选，从而保证方案的正确性、实施时的可操作性以及成果的实效性。

6.4.1.1 清洁生产方案提出前的准备工作

（1）组织内清洁生产基本知识的宣传、培训 清洁生产作为一种生产全过程预防污染的新理念，还没有得到社会广泛的了解和认可。人们往往从字面理解，将其等同于清洁文明生产或清洁卫生生产。理解上的偏差导致实施效果的不理想。

有鉴于此，在对企业实施审核之前，应对企业员工进行广泛的、有针对性的教育培训，以使其了解清洁生产的基本知识，了解并掌握清洁生产审核的程序、步骤、方式和方法；明确自身在清洁生产审核过程中的地位和作用，从而更好地投入到审核中来，从自身出发，从工作实际出发，为清洁生产审核献计献策。

（2）清洁生产方案产生途径分析 清洁生产方案主要是从以下八条途径产生的：原辅材料和能源、技术工艺、设备、过程控制、产品、管理、员工和废物。

以上八条途径的划分不是绝对的，在大多数情况下是相互交叉和渗透的。如一套设备的改进可能由技术工艺、过程控制、设备等几个方面的改进共同来实现。因此培训过程中，在具体介绍八条途径的基本内容及实际案例的同时，应重点突出在实际应用中的灵活运用，即在领会主导思想的前提下，可综合考虑，切不可僵化地将方案人为地划入某一途径，使方案过于"菱角分明"，应采用模糊的定位方式，避免因划分产生途径而产生的不必要的精力和费用投入。

（3）全企业内的征集动员 企业员工工作在第一线，对企业的生产、经营活动有着设身处地的了解，也会有一些有益的、有价值的对目前工作的改进想法，因此，应采取适当的鼓励、激励措施，如采用物质奖励与精神奖励相结合的办法，使员工提出的清洁生产方案的数量、质量与奖金分配、晋职称、升职等有机地结合起来，提升他们参与清洁生产工作的积极性，为企业的清洁生产工作出谋划策。

6.4.1.2 清洁生产方案的采集路径

（1）广泛采集 在全厂范围内利用各种渠道和多种形式，进行宣传动员，鼓励全体员工提出清洁生产方案或合理化建议。通过实例教育，克服思想障碍，制定奖励措施以鼓励创造性思想和方案的产生。

（2）根据物料平衡测试分析产生方案 通常情况下的物料平衡测试有原材料的物料平衡测试、水平衡测试、污染物浓度及总量测试等。这些测试的结果，数据充分，针对性强，通过整理分析，可找出问题的所在，即提出清洁生产方案，同时为解决问题提供了必要的科学依据。通过物料平衡产生的清洁生产方案是其他方案采集路径所无法替代的。

（3）广泛收集国内外同行业先进技术 类比是产生方案的一种快捷、有效的方法。企业在组织工程技术人员广泛收集国内外同行业的先进技术、生产工艺的前提下，以此为基础，结合本组织的实际情况，提出清洁生产方案。此种方式提出的方案可操作性较强，具有一定的前瞻性。

（4）组织行业专家进行技术咨询　企业聘请本行业内的知名专家，对本厂的工艺、设备以及管理现状进行整体评估。专家利用自身对全行业的了解以及工作经验，对企业清洁生产工作中行业内问题及产生的清洁生产方案提出意见和建议。此种方式提出的清洁生产方案，可有效突破企业内部的习惯势力，有利于企业走出自我封闭的状态，为企业今后良性发展提供契机。

清洁生产方案的产生与识别应按一定的程序和步骤进行，同时要把握正确的原则和方向，以确保方案的有效性。

① 做好清洁生产方案征集前必要的宣传、教育工作，以提升企业员工对清洁生产工作的认知程度，提高征集效率。

② 依据清洁生产方案产生的途径，多采集路径地征求清洁生产方案，保证方案的系统性、全面性。

③ 正确判定清洁生产方案，避免片面追求直接环境效益的做法。

④ 对所征集的方案进行严格的识别、分类、汇总和方案实施前的准备，以确保方案实施的效果。

6.4.2　方案汇总

对所有的清洁生产方案，不论已开始实施的还是未实施的，均按可行与不可行进行划分，可行的清洁生产方案又划分为无低费方案和中高费方案，并对方案的具体内容进行总结。

（1）清洁生产方案的判定标准　从不同途径与来源征集的所谓的清洁生产方案并不一定是实际意义的清洁生产方案，其中夹杂着由于对清洁生产思想的不正确认识所产生的方案。正确判定是否为清洁生产方案的标准是，方案实施后能否达到节能、降耗、减污、增效的目标。达到以上目标的方案即为清洁生产方案。

通常情况下，汇总上来的未经筛选的方案大多数均具有以上的特点，由于目前清洁生产审核工作多由各地方环保部门具体负责，同时，审核人员也多为环保工作者，被审核企业错误地认为清洁生产方案即为环保方案，因此，多数情况下，更重视能产生环境效益的方案，即减污的方案，而忽略了节能、降耗、增效的方案，这是目前审核工作普遍存在的误区。

但无论是从实际效果上，还是从长远的观点来看，节能、降耗、增效的方案都会直接或间接地产生良好的环境效益，这一点在以往的项目审核中得到了很好的印证。例如燃煤电厂对烟道进行外保温处理，直接目的是减少对外界的热辐射，从而降低能耗，但同时也避免了对周围环境的热污染。

有鉴于此，在判定是否为清洁生产方案时不能只以环境效益的产生为唯一标准，应以节能、降耗、减污、增效为目标，全面正确地判定清洁生产方案。

（2）清洁生产方案分类　清洁生产方案按投资费用的多少可分为中高费方案和无低费方案。中高费方案是指技术含量高、投资费用较大的方案；无低费方案是指技术含量较低，实施简单、容易的方案。通常以5万元为限，投资额超过5万元的方案为中高费方案，投资额低于5万元的方案为无低费方案。

清洁生产方案按可行与否分为可行方案和不可行方案。方案的可行性与否是通过可行性分析来确定的。方案的可行性分析是方案能否被采纳与实施的理论依据和最终评判。

6.4.3　方案筛选

（1）筛选因素

① 是否节约能源和原材料。

② 是否降低废物的处理处置费用。

③ 是否降低人工费。

④ 技术先进性如何，是否已在公司内部其他部门采用过或同行业采用过。

⑤ 是否节省基建投资。

⑥ 运行维护费用。

⑦ 实施的难易程度。

⑧ 是否可在较短时间内实施。

⑨ 实施过程中对公司正常生产影响大小。

（2）筛选方法

① 简易的初步筛选方法。由组织相关领导、技术人员和现场操作工人以及厂内外工艺技术专家共同根据技术可行、环境效果、经费投资与效益等条件，对提出的清洁生产方案进行择优排序，见表 6-10。

表 6-10　方案简易筛选方法

筛选因素	备选方案						
	F1	F2	F3	F4	F5	F6	F7
环境可行性	√	√	×	√	√	√	×
经济可行性	√	√	√	√	√	√	√
技术可行性	×	√	√	√	√	×	×
可实施性	×	√	×	√	√	√	√
结论	×	√	×	√	√		

② 权重总和积分排序筛选方法。此处的"权重总和积分排序法"与确定审核重点时所用的方案相同，其权重因素和权重值可参照如下规定：

a. 环境可行性：$W=8\sim10$。

b. 经济可行性：$W=7\sim10$。

c. 技术可行性：$W=6\sim8$。

d. 可实施性：$W=4\sim6$。

用权重总和积分排序方法筛选结果见表 6-11。

（3）汇总筛选结果　汇总清洁生产审核共征集清洁生产方案数，无低费、中高费可行方案数等。

6.4.4　方案研制

经过筛选得出的初步可行的中高费清洁生产方案，因为其投资额较大，而且一般对生产工艺过程有一定程度的影响，因而需要进一步研制，主要是进行一些工程化分析。

方案研制的内容包括以下四方面：

① 方案的工艺流程详图。

② 方案的主要设备清单。

表 6-11 方案的权重总和积分排序

权重因素	权重 (W)	方案得分							
		方案 1		方案 2		······		方案 n	
		R	R×W	R	R×W	R	R×W	R	R×W
环境效果									
经济可行性									
技术可行性									
可实施性									
总分 ΣWR									
排序									

③ 方案的费用和效益估算。

④ 编写方案说明。对每一个初步可行的中高费清洁生产方案均应编制方案说明，主要包括技术原理、主要设备、主要的技术及经济指标、可能的环境影响等。

一般来说，对筛选出来的每一个备选方案都应从以下几个方面进行评价。

（1）系统性　要考察每个单元操作在一个新的生产工艺流程中所处的层次、地位和作用，以及与其他单元操作的协同关系。

（2）综合性　一个新的工艺流程要综合考虑其经济效益和环境效果，而且还要照顾到排放物的综合利用及其利弊，促进加工产品和利用产品的过程中自然物流与经济物流的转化。

（3）闭合性　闭合性系统是指一个新的工艺流程在生产过程中物流的闭合性，物流的闭合性是清洁生产和传统工业生产之间的原则区别。目前最现实和最易办到的是水的闭路循环，达到无废水或最大限度地减少废水的排放。

（4）无害性　清洁生产工艺应该是无害（或至少是少害）的生态工艺，要求不污染（或轻污染）空气、水体和地表土壤；不危害操作工人和附近居民的健康；不损坏风景区、休息地的美学价值；生产的产品要提高其环保性能，使用可降解原材料和包装材料。

（5）合理性　合理性旨在合理利用原料，优化产品的设计和结构，降低能耗和物耗，利用新能源和新材料，减少劳动量和劳动强度等。

根据以上评价标准，针对备选方案存在缺点加以补充与优化，使备选方案更加完善。

6.4.5　继续实施无低费方案

各项备选方案经过分类和分析，对一些投资费用较少、见效较快的方案要继续贯彻边审核边实施边见效的原则，组织人力、物力进行实施，以扩大清洁生产的成果。

6.4.6　核定并汇总无低费方案实施效果

对已实施的无低费方案，包括在预评估和评估阶段所实施的无低费方案，应及时核定并汇总方案实施的时间、投资、运行费用、经济效益及环境效果。

6.4.7　编写清洁生产审核中期报告

清洁生产审核中期报告对于总结、检查和进一步改进前四个阶段的审核成果具有十分重要的意义。

6.5　方案的可行性分析

本阶段是对筛选出来的清洁生产备选方案进行综合分析，包括技术评估、环境评估和经济评估。通过方案的分析比较，以选择技术上可行又获得经济和环境最佳效益的方案供公司领导和技术人员进行科学决策，以得到最后的实施方案。

6.5.1　市场调研

清洁生产方案涉及以下情况时，需首先进行市场调查，为方案的技术与经济可行性分析奠定基础。

① 拟对产品进行调整。

② 有新的产品（或副产品）产生。

③ 将得到用于其他生产过程的原材料。

6.5.1.1　调研市场需求

① 国内同类产品的价格、市场总需求量。

② 当前同类产品的总供应量。

③ 产品进入国际市场的能力。

④ 产品的销售对象（地区或部门）。

⑤ 市场对产品的改进意见。

6.5.1.2　预测市场需求

① 国内市场发展趋势预测。

② 国际市场发展趋势分析。

③ 产品开发生产销售周期与市场发展的关系。

6.5.1.3　确定方案的技术途径

通过市场调查和市场需求预测，对原来方案中的技术途径和生产规模可能会做相应调整。在进行技术、环境、经济评估之前，要最后确定方案的技术途径。每一方案中应包括2～3种不同的技术途径，以供选择，其内容应包括以下几个方面。

① 方案技术工艺流程详图。

② 方案实施途径及要点。

③ 方案设备清单及配套设施要求。

④ 方案所达到的技术经济指标。

⑤ 可产生的环境、经济效益预测。

⑥ 方案的投资总费用。

6.5.2　环境评估

清洁生产方案都应该有显著的环境效益，但也要防止在实施后会对环境有新的影响，因此对一些方案和设备复杂、生产工艺变更、产品替代、原材料替代等清洁生产方案，必须进行环境评估。

（1）环境评估的意义　清洁生产方案都应该有显著的环境效益，但也要防止在实施后会对环境有新的影响，因此对一些方案和设备复杂、生产工艺变更、产品替代、原材料替代等清洁生产方案，必须进行环境评估。

（2）环境评估的内容

① 资源及能源的合理、节约利用。

② 生产中废物排放量的变化。

③ 污染物毒性的变化，可否降解。

④ 有无污染物在介质中的转移。

⑤ 有无二次污染或交叉污染。

⑥ 废物/排放物是否回用、再生或可利用。

⑦ 生产安全的变化（防火、防爆）。

⑧ 对操作人员身体健康的影响。

6.5.3　技术评估

（1）技术评估目的　技术评估的目的是说明方案所推选的技术与国内外相比其先进性，在本企业生产中有实用性，而且在具体技术改造中有可行性和可实施性。

（2）技术评估的内容

① 技术先进性（与国内外先进技术对比分析）。

② 技术的安全、可靠性。

③ 技术的成熟程度，有无实施先例。

④ 产品质量能否保证。

⑤ 对生产能力的影响（生产率、生产量、生产质量、劳动强度和劳动力等）。

⑥ 对生产管理的影响（操作规程、岗位责任制、生产检测能力、运行维护能力等）。

⑦ 操作控制的难易。

⑧ 设备的选型和维修要求。

⑨ 人员的数量和培训要求。

⑩ 许可证的申请。

⑪ 工期长短，是否要求停工停产。

⑫ 有无足够的空间安装新的设备。

⑬ 能否得到现有公共设施的服务（包括水、汽、热、电力等能耗要求）。

⑭ 是否需要额外的贮运设施与能力。

6.5.4　经济评估

（1）经济评估的内容　经济评估是对清洁生产方案的综合性全面经济分析，它应在方案通过技术评估和环境评估后再进行，若前二者通不过则不必进行方案的经济评估。

经济评估主要计算方案实施时所需各种费用的投入和所节约的费用以及各种附加的效益，通过分析比较以选择最少耗费和取得最佳经济效益的方案，为投资决策提供科学的依据。

经济评估涉及的评价指标见表6-12。

（2）经济评估准则

① 投资偿还期（N）＜定额投资偿还期（视项目不同而定）。定额投资偿还期一般由各个工业部门结合企业生产特点，在总结过去建设经验统计资料的基础上，统一确定的回收期限，有的也是根据贷款条件而定。一般中费项目 N＜2～3 年，较高费项目 N＜5 年，高费项目 N＜10 年。投资偿还期小于定额投资偿还期，项目投资方案可接受。

表 6-12　经济评估涉及的评价指标

指标	内容或原因		计算方法
投资汇总	建设投资	固定资产(设备购置、物料和场地准备、与公用设施连接费、设备安装)	建设投资＋建设期利息＋流动资金
		无形资产投资(专利或技术转让费、土地使用费、增容费)	
		开办费(项目前期费用、筹建管理费、人员培训费、试车和验收费、工程管理费)	
		不可预见费	
	建设期利息	项目贷款在建设期中的利息,项目竣工时,应计入固定资产值	
	流动资金	原燃料占用资金的增加 在制品占用资金的增加 产成品占用资金的增加 库存现金的增加 应收账款的增加 应付账款的增加	
总投资费用(I)	项目存在补贴时		投资汇总－总补贴
年运行费用总省节省金额(P)	增加的收入(由于产量增加、质量提高、价格提高增加的收入,专项财政收益)		＝收入增加额＋总运行费用减少额
	总投资费用减少额(原燃料消耗、工资和维护费等的减少,废物处理处置费、销售费的减少)		
新增设备折旧费(D)			＝总投资费用(I)/设备使用年限(Y)
应税利润(T)			＝年运行费用总节省金额(P)－新增设备折旧费(D)
净利润	应税利润中扣除交纳的各种税(增值税、所得税、城建税和教育附加税、资源税、消费税)		应税利润－各项应纳税金总和
年增加净现金流量(F)	从固定资产投资中提取的折旧费也是组织现金流入的一部分		净利润＋年折旧费
投资偿还期(N)	以项目获得的年收益还原始投资的年限		＝总投资费用(I)/年增加净现金流量(F)
净现值(NPV)	投资项目经济寿命期内,每年发生的净现金流量在一定贴现率下,贴现为同一时间点(一般为计算期初)的现值之和		$NPV = \sum_{j=1}^{n} \dfrac{F}{(1+i)^j} - I$ (i 为贴现率;n 为项目寿命周期/折旧年限)
内部收益率(IRR)	投资项目在计算期内各年净现金流量累计为零时的贴现率 $NPV = \sum_{j=1}^{n} \dfrac{F}{(1+IRR)^j} - I = 0$		$IRR = i_1 + \dfrac{NPV_1(i_2 - i_1)}{NPV_1 + \mid NPV_2 \mid}$ (据线性折值法计算,其中,NPV_1、NPV_2 分别为试算贴现率 i_1、i_2 时对应的净现值(i_1、i_2 查表)

② 净现值 NPV≥0,则认为该项目投资可行,如果为负值,则说明该项目投资收益率低于贴现率,应放弃项目投资;在两个以上投资方案进行选择时,应选择净现值为最大的方案。

③ 内部收益率 IRR≥基准收益率或银行贷款利率,即 IRR≥i_0。内部收益率是项目投

资的最高盈利率，也是项目投资所能支付贷款的最高临界利率，如果贷款利率高于内部收益率，则项目投资就会造成亏损。因此，内部收益率反映了实际投资效益，可用以确定能接受投资方案的最低条件。

6.5.5 推荐可实施的方案

汇总列表比较各投资方案的技术、环境、经济评估效果，从而确定最佳可行的推荐方案。

6.6 方案实施

方案的实施有助于深化和巩固清洁生产成果，实现技术进步，使组织获得比较明显的经济效益和环境效益。

6.6.1 组织方案实施

① 统筹规划。
② 筹措资金。
③ 落实施工力量。
④ 实施方案。

6.6.2 汇总已实施的无低费方案的成果

已实施的无低费方案的成果有两个主要方面：环境效益和经济效益，通过调研、实测和计算，分别对比各项环境指标，包括物耗、水耗、电耗等资源消耗指标以及废水量、废气量、固废量等废物产生指标在方案实施前后的变化，从而获得无低费方案实施后的环境效果；分别对比产值、原材料费用、能源费用、公共设施费用、水费、污染控制费用、维修费、税金以及净利润等经济指标在方案实施前后的变化，从而获得无低费方案实施后的经济效益，最后对本轮清洁生产审核中无低费方案的实施情况做一个阶段总结。

6.6.3 验证已实施的中高费方案的成果

为了积累经验，进一步完善所实施的方案，对已实施的方案，除了在方案实施前要做必要、周详的准备，在方案的实施过程中进行严格的监督管理外，在方案实施后也应对其效果及时做出分析评价。

（1）环境评价

① 实测方案实施后，废物排放是否达到审核重点要求达到的预防污染目标，废水、废气、废渣、噪声实际削减量。

② 内部回用/循环利用程度如何，还应做的改进。

③ 单位产品产量和产值的能耗、物耗、水耗降低的程度。

④ 单位产品产量和产值的废物排放量、排放浓度的变化情况；有无新的污染物产生；是否易处置、易降解。

⑤ 产品使用和报废回收过程中还有哪些环境风险因素存在。

⑥ 生产过程中有害于健康、生态、环境的各种因素是否得到消除以及应进一步改善的条件和问题。

（2）技术评价

① 生产流程是否合理。

② 生产程序和操作规程有无问题。

③ 设备容量是否满足生产要求。

④ 对生产能力与产品质量的影响如何。

⑤ 仪表管线布置是否需要调整。

⑥ 自动化程度和自动分析测试及监测指示方面还需哪些改进。

⑦ 在生产管理方面还需做什么修改或补充。

⑧ 设备实际运行水平与国内、国际同行的水平有何差距。

⑨ 对设备的技术管理、维修、保养人员是否齐备。

（3）经济评价　　经济评价是评价污染预防方案实施效果最有力的手段，可以从以下提示的方面进行评价。

① 废料的处理和处置费用，排污费降低多少？事故赔偿费减少多少？

② 原材料的费用、能源和公共设施费如何？

③ 维修费是否减少？

④ 产品的效益如何？

⑤ 产品是否增加？

⑥ 质量有无提高，使用寿命能否延长？

⑦ 市场竞争能力是否加强？

⑧ 是否享受到环境政策或其他政策的优惠？

⑨ 产品的成本与利润如何？

6.6.4　分析总结已实施方案对组织的影响

无低费和中高费清洁生产方案经过征集、设计、实施等环节，使企业面貌有了改观，有必要进行阶段性总结，以巩固清洁生产成果。

（1）汇总环境效益和经济效益　　将已实施的无低费和中高费清洁生产方案汇总成表，内容包括实施时间、投资运行费、经济效益和环境效果，并进行分析。

（2）对比各项单位产品指标　　虽然可以定性地从技术工艺水平、过程控制水平、组织管理水平、员工素质等众多方面考察清洁生产带给企业的变化，但最有说服力、最能体现清洁生产效益的是考察审核前后企业各项单位产品指标的变化情况。

通过定性、定量分析，企业可以从中体会清洁生产的优势，总结经验以利于企业内推行清洁生产；另一方面也要利用以上方法，从定性、定量两方面与国内外同类型企业的先进水平进行对比，寻找差距，分析原因以便改进，从而在深层次上寻求清洁生产机会。

（3）宣传清洁生产成果　　在总结已实施的无低费和中高费方案清洁生产成果的基础上，组织宣传材料，在企业内广为宣传，为继续推行清洁生产打好基础。

6.7　持续清洁生产

清洁生产是一项长期工作，一轮清洁生产审核工作的结束并不意味着企业清洁生产工作的停止，而应看作是持续清洁生产工作的开始。

持续清洁生产是清洁生产全过程整体预防污染本质内涵的集中体现，是清洁生产工作取得实质成效的必要途径。因此，应从多方面、多角度制定持续清洁生产的保障措施，以利于企业内部清洁生产工作的持续开展。持续清洁生产的意义体现如下。

（1）清洁生产工作取得实质成效的必要途径　清洁生产审核过程中产生的清洁生产方案及建立起来的一整套管理体系，都需要在持续清洁生产阶段得以实施和体现。众所周知，清洁生产实质成效的取得取决于清洁生产方案的实施及建立起的清洁生产管理体系的贯彻、执行，因此，持续清洁生产是清洁生产工作取得实质成效的必要途径，它是清洁生产审核工作的必要延伸和扩展。

（2）有利于员工积极性的调动　企业持续清洁生产工作的开展在一程度上表明了企业将清洁生产工作纳入企业日常生产、经营、管理中的决心。企业员工根据这一实事表现，打消了清洁生产工作是阶段性工作的错误认识，从而大大调动了其参与清洁生产工作的积极性，有利于持续清洁生产工作成效的取得。

（3）有利于企业自身素质的不断提高　企业自身素质的提高不是一朝一夕的事，是需要长期不断的努力改进才能达到的。持续的清洁生产工作是在为企业提供节能、降耗、减污、增效的一系列方案的同时，为企业制定一套相应的管理体系，以帮助企业查找问题，弥补不足，以使企业不断向前发展。但这套管理体系并不是一成不变的，体系自身也需要不断的发展完善，因此持续清洁生产，才能保证体系的与时俱进，从而达到不断提高企业自身素质的目的。

持续清洁生产工作是一个相对连续的工作过程，不是企业的一项阶段性工作任务，由于时间长，如果保障措施不得力，不仅不会取得预期的成效，而且会影响企业正常的生产、经营活动。因此，应从政府相关机构、企业自身、清洁生产专业机构三方面共同努力，制定切实可行的保障措施，以确保清洁生产工作在企业内的有序、协调开展。

企业持续清洁生产是企业清洁生产审核的延续和深化，是实现审核成果，同时扩大成果的有效手段和必要途径。为此，应制定相应的保障措施和体系，以使持续清洁生产工作高效、顺畅地进行下去。

① 清洁生产相关政府机构应制定长效机制，从法律制度上约束、规范企业的持续清洁生产活动。

② 企业从自身实际出发，建立内部清洁生产机构，制定清洁生产规章制度，为持续清洁生产工作的开展奠定组织和制度基础，使清洁生产工作真正溶入到企业的日常工作中去。

③ 清洁生产专业机构，如地区或行业清洁生产中心，在担负起持续清洁生产技术支持的同时，应做好企业与政府之间沟通桥梁的作用，为政府清洁生产相关决策提供有益的意见和建议。

6.7.1　建立和完善清洁生产组织

清洁生产是一个动态的、相对的概念，是一个连续的过程，因而需要有一个固定的机构、稳定的工作人员来组织和协调这方面工作，以巩固已取得的清洁生产成果，并使清洁生产工作持续开展下去。

（1）明确任务

① 组织协调并监督实施本次审核提出的清洁生产方案。

② 经常性地组织职工的清洁生产教育和培训。

③ 选择下一轮清洁生产审核重点，并启动新的清洁生产审核。

④ 负责清洁生产活动的日程管理。

（2）落实归属　形式一般如下。

① 单独设立清洁生产办公室，直接归属厂长领导。

② 环保部门设立清洁生产机构。

③ 管理部门或技术部门设立清洁生产机构。

（3）确定专人负责

① 熟练掌握清洁生产审核知识。

② 熟悉企业的环保情况。

③ 了解企业的生产和技术情况。

④ 较强的工作协调能力。

⑤ 较强的工作责任心和敬业精神。

6.7.2 建立和完善清洁生产管理制度

（1）把审核成果纳入企业的日程管理

① 把清洁生产审核提出的加强管理的措施文件化，形成制度。

② 把清洁生产审核提出的岗位操作改进措施写入岗位操作规程，并按要求严格遵照执行。

③ 把清洁生产审核提出的工艺过程控制的改进措施写入组织的技术规范。

（2）建立和完善清洁生产激励机制　建立清洁生产激励机制，如奖惩、职位升降、上下岗登记，以调动职工参与清洁生产审核的积极性。

（3）保证稳定的清洁生产资金来源　可以将通过贷款、集资、实施清洁生产方案所得的经济效益等用于清洁生产审核，以持续滚动地推进清洁生产。建议企业财务对清洁生产的投资和效益单独建账。

6.7.3 制订持续的清洁生产计划

① 制订下一轮的清洁生产审核计划。新一轮清洁生产审核的启动并非一定要等到本轮审核的所有方案都实施后才进行，只要大部分可行的无低费方案得到实施，取得初步的清洁生产成效，并在总结已取得的清洁生产经验的基础上，即可开始新的一轮审核。

② 清洁生产方案的实施计划。针对本轮审核提出的可行的无低费方案和通过可行性分析的中高费方案。

③ 清洁生产新技术的研究与开发计划。根据本轮审核发现的问题，研究与开发新的清洁生产技术。

④ 组织职工的清洁生产培训计划。

6.7.4 编写清洁生产审核报告

编写清洁生产审核报告的目的是总结本轮清洁生产审核成果，为组织落实各种清洁生产方案、持续清洁生产提供一个重要的平台。

清洁生产审核的七个步骤之间的逻辑关系可以简单地总结为环环相扣、层层深入、循序渐进。

6.8　快速清洁生产审核

快速审核是相对于我们通常所进行清洁生产审核所需时间而言。通常一个审核需严格按照前面所述的 7 个阶段 35 个步骤严格实施，大约需要八个月至一年的时间。快速审核即在原来审核的基础上缩短审核的时间，完成一轮快速审核一般需 1～3 个月的时间。

快速审核可帮助企业在最短的时间内摸清企业的环境保护状况，找到企业的环境主要问题，从而调整企业环境保护工作的重点。

6.8.1　快速清洁生产审核的适应范围

① 已从事过一轮清洁生产审核的企业。他们在企业清洁生产审核方面已打下了一定的基础，如已有一个现成的清洁生产审核小组，审核重点的选择也有一个排序，因此，当这些企业进行第二轮审核时，可以省去前期筹备性工作和与上一轮审核重复的工作，直接进入最关键性审核步骤，这样既提高工作效率也节省了时间。

② 一些技术简单、工艺流程短的乡镇中小型企业，往往仅由3～5个车间组成，管理层结构简单，企业员工人数少。像这样的企业，人手紧张，工艺流程短而简单，因此，审核时可以简化繁杂的程序，基本上可以省去确定备选审核重点所不必要的程序，使审核工作更简单实用，提高组织的工作效率。

③ 具有良好清洁生产基础的企业。当一个企业具备充分的人力和财力资源，准备在短期内全力以赴投入清洁生产审核时，可选择快速审核。当一个企业已自行进行了一轮清洁生产审核，或已做过类似清洁生产审核工作，他们的审核工作将简单和容易，可选择快速审核。

④ 目标单一的企业。当一个企业的主管部门要求他们在限定的时间内减少某种污染物的排放量，或降低排放浓度，或企业自觉向社会承诺减少某种污染物的排放时，这样的企业审核工作针对性强、目标明确、工作范围相对较窄，因此审核工作相对较容易和快速。

6.8.2　快速清洁生产审核的内容与方法

快速清洁生产审核通常是针对企业所进行的短期而有效的清洁生产审核。它区别于传统的清洁生产审核方法的最突出特点是其较强的时效性，即充分依靠企业内部技术力量，借助外部专家的成熟快速的审核方法和程序，在最短的时间周期内以尽可能少的投入对企业的生产现状和污染源状况及原因进行诊断，从而产生最佳的解决方案，使企业快速取得较明显的清洁生产效益。

随着清洁生产在国际和国内的不断发展和深入，清洁生产审核手段也不断加强和改善，而快速清洁生产审核方法虽然在清洁生产领域属于新兴概念，但是由于其较强的时效性，也已经引起了世人的广泛瞩目。现就国际上常用的几种快速审核方法进行逐一介绍，其中包括扫描法（Scanning Method）、指标法（Indicators Method）、蓝图法（Blueprint Method）、审核法（Audit Method）和改进研究法（Improvement Study Method），这些方法使用的审核阶段、审核周期和侧重点各有差异。

（1）扫描法　扫描法是在外部专家的技术指导下，对全厂进行快速现场考察，从而产生清洁生产方案。其重点是针对现场管理、可行的原辅材料替换和简单的设备改造等。主要适用于发现最明显的清洁生产方案和环境方面的"瓶颈"问题，并形成方案清单以供评估和实施，同时为组织全面开展清洁生产工作奠定基础。该方法通常需要1个月左右的时间。外部专家一般需要2～5个工作日与企业人员一起进行工作和指导。它要求企业提供充分全面的生产工艺和环境方面的有关信息。

扫描法是最简单易行的快速清洁生产审核的方法之一。扫描法工作程序一般为：首先企业有关人员同外部专家一起对全厂进行扫描式检查，对企业各个车间、工序的现场操作和废物流的情况进行初步考察，之后审核小组对所掌握的情况即扫描结果进行原因分析和评估，并针对其原因提出初步的污染预防方案即清洁生产方案，最后通过制定企业清洁生产计划将明显可行的清洁生产方案付诸实施，进而在短期内取得较明显的清洁生产效益。

（2）指标法　指标是指本行业特有的生产效率基准值，用于判断企业清洁生产潜力的大小。指标包括企业实施清洁生产所能产生的最小或最大的污染预防效果、该企业所在行业生产效率的基准指标（行业平均水平）等。指标法则是指利用这些指标对企业清洁生产潜力进行评估，从而确定出该企业清洁生产潜力的大小，为企业下一步开展清洁生产提供借鉴。该方法通过定性和定量两种途径进行评估。首先要明确该企业所在行业的平均生产效率指标以及其进行清洁生产所能获得的最小和最大的污染预防效果，然后将该企业的日常工艺参数与这些指标进行对比、评估，从而确定出该企业提高其生产效率改进生产的潜力，同时还要产生出实现这些潜力的方案，并列出相应的方案清单。

指标法所使用的评估工具是工艺参数和方案清单，通过与选用的指标进行对比，产生并确定出改进生产的清洁生产方案。其目的是为了评估并预测出各种清洁生产机会的重要程度，并对之进行重要性排序。指标法主要是在前一阶段清洁生产项目、技术评估和确定基准的基础上，对潜在的清洁生产机会进行评估和预测，并与该企业的潜在效益预测图表进行比较。该方法程序简单，只是对清洁生产机会进行外部评估，从而提高生产过程中原辅材料和能源的使用效率。

行业平均水平和实施清洁生产（污染预防）所能达到的废物产生率和资源强度之间还存在差异，即存在着清洁生产潜力。企业现有的生产效率（表现为废物产生率和资源强度）越接近实施污染预防所能达到的最佳生产效率，则该企业存在的清洁生产潜力越小，反之，潜力越大。而企业则可以通过与本行业平均水平以及实施污染预防后所能达到的生产效率等这些指标进行对比，最终确定本企业在全行业所处的位置以及存在的清洁生产潜力，结合清洁生产潜力，产生并确定清洁生产方案，使其在实施后可以使企业的生产效率更加接近目标值（污染预防所能达到的最佳生产效率），从而为企业开展清洁生产工作提供量化的依据。

（3）蓝图法　蓝图法是在工艺蓝图（技术路线图）的基础上，将生产过程中的每一道工序所能使用的清洁生产技术、清洁生产化学工艺和清洁生产管理及操作实践逐一列出，从而选择出最佳可行的清洁生产方案。

该方法是使用工艺流程图和输入/输出物流清单，采用推荐的清洁生产技术、工艺基准参数和技术评估来产生可行的清洁生产方案。该方法重点在工艺/操作改善、设备和技术更新、原辅材料替代和产品改进，可应用于制定行业或企业环境战略、开发能力扩大或革新项目，以及为研究开发工作指明方向（其中技术开发需要评估）。使用该方法需要对技术进行评估并确定基准参数。

（4）审核法　审核法实际上是传统的清洁生产审核程序中的"预评估"部分作为重点并加以细化后作为一种独立的快速审核手段。

根据上述程序，企业可以对其全厂的生产工艺进行全面现场考察，并绘制全厂的工艺流程图，通过对废物流的诊断，产生解决方案，对可行的方案予以实施，从而从全厂范围内减少企业的污染负荷，实现清洁生产。本方法通常需要 2～4 个月的时间完成。同时需要外部专家进行现场指导，其主要是对企业人员进行程序上的指导，而非技术上的指导。

（5）改进研究法　改进研究法是指利用工艺物质尤其是物料和能源平衡来启动一项清洁

生产项目。同审核法一样，该方法实际上也是传统的清洁生产审核 7 个阶段中"评估"部分作为重点，并加以细化而成的。该方法主要是通过完整的工艺流程图和物料平衡图，对企业的现状进行科学的量化评估。依靠企业上下广泛的"头脑风暴"，产生大量的清洁生产方案，同时对这些方案进行量化的技术评估。该方法的重点在于工艺改造、设备更新和维护、输入原辅材料的替代和产品改进，可以运用于对明显和潜在清洁生产方案的详细评估，以及开发扩大能力和/或革新项目。通常该方法的实施周期为 20～50 个工作日，要求企业员工参与数据收集以及方案的产生、评估和实施等过程。

6.8.3 快速清洁生产审核方法对比

对上述五种快速清洁生产审核的方法进行对比，可以看出指标法所需时间最短，而且投入的外部资源最少，而改进研究法则需要较长的时间和较多的外部投入。各种快速审核的方法不管出发点如何，也不论采用何种手段，其最终的目的都是一致的，即协助企业找出最佳可行的清洁生产方案，从而在最短期的时间里使企业获得最大的效益。以上五种方法只是在国际上通用的一些典型代表，仍有一些方法还有待在实践中加以补充和完善，从而使清洁生产以方法学的方式在中国广泛散播并应用，继而有助于中国的工业企业走出低谷，在经济和环境上获得双赢。

6.8.4 完成快速清洁生产审核的基本要求

① 经过一轮清洁生产快速审核，企业 60％的职工了解清洁生产的概念和企业开展清洁生产的意义，并具有清洁生产的意识。

② 经过一轮清洁生产快速审核，企业至少提出 15 项清洁生产方案，其中中高费方案 2 项，无低费方案 13 项，75％的无低费方案得到实施，2 项中高费方案完成可行性分析，并为可行方案且制定出中高费方案实施时间计划表。

③ 经过一轮清洁生产快速审核，企业通过实施无低费方案，获得明显的经济效益、环境效益和社会效益。

④ 经过一轮清洁生产快速审核，企业按照要求进行快速清洁生产审核，并完成一份快速清洁生产审核报告。

以上要求只是一个基本框架，其中页数要求并不是绝对的，审核报告以有效总结审核工作为目的。

从五种快速清洁生产审核方法对比表（表 6-13）中可以看出，这五种方法所使用的手段和程序方法各不相同，但是都是依靠一种独立的思维方式，或对全厂进行扫描式检查，或参照特定的行业技术指标或利用工艺流程图等从企业的各方各面入手，其最终的目的都是一致的，即找出企业的清洁生产机会进行评估，形成方案，然后实施，最终使企业获得环境和经济的双重效益。因此从这种意义上讲，快速清洁生产审核的手段可以多种多样，不必拘泥一种特定的模式。

同时，在进行清洁生产快速审核时，如何找准企业的行业特点并以此为切入点开展清洁生产审核是至关重要的。只有充分的了解企业的特点，选用适合的审核工具，才能用最少的投入和最有效的方法，给企业带来最客观的清洁生产效益。另外，给企业存在的清洁生产潜力定性也是非常重要的，要判断出企业存在的潜力是通过短期的环境改善就可以实现的，还是必须通过长期的技术革新才能得以实现，在这一基础上，企业需要针对不同的要求制定不同的清洁生产计划，进而取得较明显的环境和经济效益。

表 6-13　快速清洁生产审核方法对比一览表

项目＼方法	扫描法	指标法	蓝图法	审核法	改进研究法
评估工具	方案清单	· 工艺参数 · 方案清单	· 工艺流程图 · 输入/输出清单	· 工艺流程图 · 整体物料平衡	过程中涉及的物料和能量平衡
产生方案的方法	现场考察	与指标相结合	· 应用清洁生产方案实例 · 基准划定 · 技术评估	· 头脑风暴（以量化的关键物料数据为基础） · 应用清洁生产方案实例	· 头脑风暴（量化的污染源和原因诊断） · 应用清洁生产方案实例 · 基准划定 · 技术评估
外部专家的作用	· 产生方案时的技术指导 · 收集资料时的程序指导	技术指导（如果有的话）	技术指导（如果有的话）	程序上的指导	倾向于工艺
重点	· 良好的现场管理 · 可行的原辅材料替代 · 相对容易的设备改造	· 良好的现场管理 · 可行的原辅材料替代 · 设备改造	· 改革工艺/操作 · 设备和技术更新 · 输入原辅材料替代 · 产品改进	· 良好的现场管理 · 现场考察发现 · 技术改造 · 产品改进	· 工艺改造 · 设备更新 · 输入原辅材料替代 · 产品改进
可能的应用范围	· 确定最明显的清洁生产方案 · 确定环境瓶颈问题 · 为完整全面的清洁生产项目进行准备	· 量化清洁生产可能产生的经济和环境效益 · 确定最明显的清洁生产方案 · 为完整全面的清洁生产项目进行准备	· 制定行业或企业环境战略 · 开发扩大能力和/或革新项目 · 为研究开发工作定向（技术开发需要进行评估）	制定清洁生产行动计划（要求附有投资建议书）	· 对明显和潜在清洁生产方案的详细评估 · 开发扩大能力和/或革新项目
实施周期	1 个月	1 周	2～4 个月	2～4 个月	6～9 个月
必要的外部指导时间	2～5 个工作日	0～2 个工作日	10 个工作日左右	10～20 个工作日	20～50 个工作日
要求	企业提供已有的工艺和环境资料	· 定性和定量的关键工艺数据 · 适当的指标	技术评估和基准参数	企业员工参与数据的收集和方案的产生、评估和实施	企业员工参与数据的收集和方案的产生、评估和实施

思　考　题

1. 简述清洁生产审核的七个阶段 35 个步骤。
2. 如何从八个方面寻找企业生产中存在的问题？
3. 如何对企业进行三大平衡分析（物料平衡、水平衡、能量平衡）？
4. 如何对一个方案进行经济可行性分析？如何对其进行评估？
5. 如何才能做好持续清洁生产审核？

7 工业生产原理

7.1 生产概论

7.1.1 系统

系统是由两个或两个以上相互独立又相互制约、执行特定功能的元素或称子系统组成的有机整体。每个系统可包括若干个更小的子系统，每个系统也可以是一个比它更大的系统的子系统。系统在不同的国家有不同的定义，国际生产工程学会（CIRP）对生产系统所下的定义是：生产系统为生产产品的制造企业的一种组织体，它具有销售、设计、加工、交货等综合功能并有提供服务的研究开发功能。钱学森对系统的描述定义为：系统是由相互作用和相互依赖的若干组成部分结合的具有特定功能的有机整体。

系统一般具有三个基本特征：一是系统是由若干元素组成的；二是这些元素相互作用、相互依赖；三是由于元素间的相互作用，使系统作为一个整体具有特定的功能。

7.1.2 生产系统

任何生产活动都是通过一个由相互关联、互相作用的一组要素所组成的系统，也就是生产系统来完成的，通过这个系统转化形成产品或服务。生产系统本身是一个人造的系统，它由输出决定，输出的性质不同，则生产系统不同。

传统工业生产系统一方面将原材料和能源转化为产品，进行物质转化；另一方面获取利润，实现经济增值。经济增值驱动着物质转化的过程，伴随着产品的完成，由于工艺、设备和生产管理等方面的原因，往往产生废弃排放物。

企业的生产系统应该具备以下六个方面的功能：

① 创新功能。这种创新功能不仅体现在对产品的创新上，而且还包括对生产技术和工艺的创新。

② 质量功能。质量功能包括产品质量保证功能和工作质量保证功能。

③ 柔性功能。指的是生产系统对环境变化的协调机制和应变能力。

④ 继承性功能。生产系统应该能够保证产品生产的连续性、可扩展性和兼容性，以满足产品持续发展和为用户提供服务的需要。

⑤ 自我完善的功能。生产系统必须具备一种自我完善和自我学习的功能，以便根据自身的状况，自觉维护系统内部各种构成要素之间关系的协调，使得生产系统具备顽强的生命力和发展能力。

⑥ 环境保护功能。

任何一个生产系统都应该具有这六种基本功能，不同的生产系统之间只是在不同功能的具体要求上有所不同。

对于一个企业的生产系统来说，根据生产活动的性质，可以将其生产活动分为两个基本方面，相应地，系统构成要素也大体可以从两个方面来认识。

① 生产系统中的基础活动，即以获得生产系统的产品（服务）产出为中心的那些活动，以及为保证基本活动过程正常进行所需要的相关辅助生产活动。例如，产品的开发研究、设计、制造、检验等基本活动。对应这类活动的生产系统要素，可称之为生产系统的结构性要素，它对生产系统的建设、运行和功能起着重要的支撑作用。结构性要素主要包括以下几项。

a. 生产技术。主要指生产工艺技术的特点、工艺技术水平、生产设备的技术性能等。它通过生产设备的构成和技术性能反映生产系统的工艺特征、技术水平。

b. 生产设施。主要指生产中的设置，生产装置的构成及规模，设施的布局和布置，并体现它们之间的相互联系方式。

c. 生产能力。主要指生产系统内生产设备的技术性能、数量、种类及组合关系所决定的生产规模。

d. 生产系统的集成。主要指生产系统的集成范围、集成方向（活动过程的纵向或横向集成）、生产系统与外部的联系等。

② 生产系统中，除基础活动外所涉及的各种活动。例如，物资供给、产品推销、售后服务、资金筹措以及处理综合协调问题的市场预测、经营决策等。对应这类活动的系统要素可视为非结构性要素，主要包括以下内容。

a. 人员组织。主要指人员素质特征、要求，工作设计，人事管理，组织机构等。

b. 生产计划。主要包括生产计划类型、编制及其实施、控制，以及各种方法与手段。

c. 库存控制。主要包括库存系统类型、控制方式等。

d. 质量管理。主要包括质量标准、质量控制体系等。

7.2 能量的输入输出系统

任何一个系统（生态的、自然的、生产过程、社会的、市场的）在其内部各个环节之间及与外部环境之间都在不断地进行着物质、能量和信息的交换，在时间和空间上形成物质流、能量流和信息流。

7.2.1 能量守恒原理

7.2.1.1 热力学第一定律与能量的数量

能量既不能创造，也不能消灭，它只能从一个物体转移到另一个物体，或者在一定条件下从一种形式转变为另一种形式，在转移或转变的过程中，能量的总量保持不变，即能量守恒与转化定律。能量守恒这一大自然普遍遵循的原理，是能源审计中最重要的一条原理，是进行能源审计的重要工具。

能量守恒与转换定律用在热现象或热功转换中，即成为热力学第一定律。它表现了能量转换过程中的数量关系。热力学第一定律指出了热能可与诸如机械能、化学能等其他形式能的相互转化，并保持总量不变。

针对不同的热力学系统，热力学第一定律有不同的数学表达式：

（1）闭口系统 $$Q = \Delta U + W \tag{7-1}$$

式中，Q 表示输入系统的热量；ΔU 表示系统中内能的增量；W 表示系统在此过程中向外界所做的功。

（2）开口系统 $$Q = \Delta H + \frac{mC^2}{2} + mg\Delta Z + W_s \tag{7-2}$$

式中，Q 表示输入系统的热量；ΔH 表示系统中内能的增量；W_s 表示热力系统向外界所做的功；$\dfrac{mC^2}{2}$ 为系统的动能；$mg\Delta Z$ 为系统的势能。

热力学第一定理说明了能量在量上要守恒，指出了不同形式能量的同一性而不涉及其差异性，说的只是是否已利用、利用了多少的问题。其关键在于明确热力学的边界。

7.2.1.2 热力学第二定律与能量的品质

各种形式的能量并不是都可以无条件地相互转换。例如，热量只能从高温物体自动传向低温物体，而不能从低温物体自动传向高温物体；功可以全部转换为热，但热却不能无条件地全部转换为功，尽管它们并不违反热力学第一定律。这些说明，功和热、高温热与低温热两者都不能无方向性地相互转换。这是因为能量不但有数量多少之分，还有质量高低之别。能量转换过程具有方向性或不可逆性，因此并非任意形式的能量都能无条件地转换成任意其他形式的能量，即数量相同而形式不同的能量的转换能力可能是不同的。

热力学第一定律的实质就是能量转换与守恒定律，它阐明了能量"量"的属性。但既然能量是守恒的，既不能被创造，也不能被消灭，又从何而来能源问题，又怎样节能呢？热力学第二定律从能量"质"的属性揭示了"在能量转换中，能的质要降低"。能量的品质是以单位能量所含的有效能来表示的。单位能量所含的有效能愈多，能量的品质就愈高。由功变为热意味着能量品质的下降，即能量降级。高温热源的能量品质要比低温热源的高，由高温热变成低温热是能量的降级。能量在使用过程中的不断贬值以致最后完全无用是能源危机的真正原因，节能的实质在于防止和减少能量贬值现象的发生。要搞好节能，就要了解能量损耗和损失的原因及其分布、科学用能的基本原则、实际过程中用能不合理的情况及节能的对策等。

(1) 能量和㶲　从能量的可利用性来说，可以把各种形式的能量分为三类：第一类，具有完全转换能力的能量，如机械能、电能等；第二类，具有部分转换能力的能量，如热能和物质的内能或焓等；第三类，完全不具有转换能力的能量，如处于环境温度下的热能等。

为了更清晰地描述能量在"质"上的区别，引入了"㶲"和"㶲"的概念。我们把在周围环境条件下，任一形式的能量中理论上能够转换为有用功的那部分能量称为该能量的㶲或有效能，能量中不能够转换为有用功的那部分能量称为该能量的㶲或无效能。所谓有用功是指技术上可以利用的输给功源的功。这样，任何一种形式的能量都可以看成是由㶲和㶲所组成，并可用如下方程式表示：能量＝㶲＋㶲，或者 $E=E_x+A_n$。

如上述所分的第一类能量，全部为㶲，其㶲为零；第二类能量，㶲和㶲均不为零；第三类能量，全部为㶲，其㶲为零。

这样定义之后，就可以用㶲来表征能量转换为功的能力和技术上的有用程度，亦即能量的质量或品位。数量相同而形式不同的能量，㶲大的能量称其能质高或品位高，㶲少的能量称其能质低或品位低。根据热力学第二定律，高品位能总是能够自发地转变为低品位能，而低品位能不能自发地转变为高品位能，能质的降低意味着㶲的减少。

㶲是能量的一种固有特性，是能量中能够转变为有用功的那部分能量。如果采用可逆的方式实施能量转换，理论上能够将㶲以有用功的形式提供给技术上应用。能量中的㶲部分则是无论采用什么巧妙的方式也不能转变为有用功的那部分能量，随着能量转换过程的进行，最终将转移给自然环境。

能量的㶲有多种形式，如热量㶲、冷量㶲、内能㶲、焓㶲、化学㶲等，常

用的热量火用的表达式为

$$E_{\mathrm{x}} = Q\left(1 - \frac{T_0}{T}\right) \tag{7-3}$$

式中，Q 为热量；T_0 为环境温度；T 为吸收热量 Q 的热源温度；E_{x} 为热量 Q 所含有的热量火用。

热量熵实际上就是热量与卡诺热机极限效率的乘积。

研究系统能量转换应该注意其火用的变化。对于系统可逆过程，不存在火用向火无转变的过程，所以系统的火用不变；而系统实际过程是不可逆过程，系统的火用将减少，称为不可逆过程的火用损失，其大小可以表示做功能力减少和能级下降的程度。不可逆过程的火用损失可以表示为：

$$\Delta E_{\mathrm{x}} = T_0 \Delta S \tag{7-4}$$

式中，ΔE_{x} 为不可逆过程的火用损失；T_0 为不可逆过程进行的环境温度；ΔS 为不可逆过程的熵增量。

平衡状态：热力系统某一瞬间的宏观物理状况称为系统的热力状态，简称状态，在不受外界影响的条件下，系统宏观性质不随时间改变的状态称为平衡状态。任何一个系统，当其与环境处于热力学平衡的状态时，称其处于环境状态，此时该系统所具有的各种形式能量的火用值为零。而与环境不同的任何系统所具有的能量都含有火用。

(2) 可避免火用损失与不可避免火用损失　所有不可逆过程，总能量不变，有效能减少，无效能增加。这就是说，不可逆过程会发生能量降级现象，唯有可逆过程的能量品质不变。由于实际的宏观过程都是不可逆的，因此能量降级（或称贬值）是不可避免的。

火用分析法克服了热力学第一定律的局限性，能够分析各种过程的热力学不完善性，例如温差传热、节流、绝热燃烧，这些过程并不导致能量的损失，但引起能量质的降低。但是，火用分析只指出了过程特性改进的潜力或可能性，而不能指出这些可能的改进是否可行。这是因为火用分析法是以无驱动力的理想过程为基准来分析实际过程的，而任何实际过程都需要一定的驱动力来使过程进行。这些驱动力包括温差、压差、化学势差。当有驱动力存在时，就有火用损失；驱动力越大，过程进行的速度就越快，火用损失也就越大。要使过程进行，就不可避免要有一些火用损失，这种不可避免的火用损失随过程的不同而不同。具有大的火用损失系数的过程也许很难改进，因为其中大部分火用损失是不可避免的。此外，当前的技术和经济条件也限制了一些改进的可能性。因此，用常规的火用分析法有时也并不能给出正确的指导。例如，锅炉的火用效率达到 66% 已属不可能，而蒸汽透平的火用效率达到 80% 还有改进的余地。所以，它们与理想过程的差距并不等价于它们的改进余地。因此，将火用损失（E_{L}）划分为两部分——可避免火用损失（AVO）和不可避免火用损失（INE）：

$$E_{\mathrm{L}} = \mathrm{AVO} + \mathrm{INE} \tag{7-5}$$

不可避免火用损失定义为技术上和经济上不可避免的最小火用损失。如果一个过程的火用损失小于其不可避免火用损失，要么技术上无法实现，要么经济上不可行。因此，不可避免火用损失是随技术进步和经济环境在变化。

如果能够确定不可避免火用损失，我们就可以只分析可避免火用损失，从而确切知道哪里可避免火用损失较大，可以得到显著改进。

在可避免火用损失和不可避免火用损失概念的基础上，我们可以定义一个实用火用效率：

$$\eta'_e = E_{收益}/(E_{耗费} - INE) \tag{7-6}$$

常规火用效率是将实际过程与理想过程相比较，而这里定义的实用火用效率是将实际过程与技术经济上可以达到的最好的过程相比较，因而可以指出可行的改进。

我们的任务是尽可能减少能量降级造成的有效能损失。例如，某换热器有热流体与冷流体通过其中进行换热。假定换热器保温良好，无热损失。若单用热力学第一定律对其进行考察，可以认为无能量损失，因为冷流体得到的热量恰好等于热流体给出的热量；若用热力学第二定律对其进行考察，则在此换热器内发生了能量降级现象，因为高温热变成了低温热，能量降级就是有效能的损耗。传热温差越大，即不可逆的程度越大，能量降级程度也越大，则有效能损耗越多，减少传热温差可以减少有效能的损耗。

7.2.1.3　卡诺循环与卡诺定理

从热机循环热效率的角度来描述的热力学第二定律。卡诺循环是由两个可逆定温过程和两个可逆绝热过程组成，以理想气体为工质的热机循环。可以得出卡诺循环的热效率为：

$$\eta_c = 1 - \frac{T_2}{T_1} \tag{7-7}$$

式中，η_c 为热效率；T_1 为热源的温度；T_2 为冷源的温度。

由热力学第二定律可以推导出卡诺定理如下，在两个给定的热源之间工作的任何热机的热效率不可能大于在相同热源间工作的可逆热机的热效率。

推论1：在两个不同温度的恒温热源之间工作的所有可逆热机其热效率相等，且与工质的性质无关。

推论2：在两个不同温度的恒温热源之间工作的任何不可逆循环其热效率必小于在同样热源间工作的可逆循环。

能量在转换和传递过程中，必须遵守热力学第一定律和第二定律，而热力学和传热学正是以此为研究对象，研究热能的性质和规律（包括转移和转换）。一般情况下，物体之间不是相互孤立的。在对各类热力设备进行热力学分析时，都会涉及许多物体。为便于分析，人为地将分析的对象从周围物体中分离开来，研究它与周围物体之间的能量传递。这种作为热力学分析的对象称为热力系统。热力系统之外的物体称为外界。热力系统与外界之间是相互作用的，它们可以通过边界进行能量和物质交换。

7.2.2　能量守恒计算

7.2.2.1　能量平衡计算

（1）能量平衡原理　能量平衡是按照能量守恒原则，对生产中一个系统（设备、装置、车间或企业等）的输入能量、有效利用能量和输出能量在数量和能的质量上的平衡关系进行考察，分析用能过程中各个环节的影响因素。使用能量平衡方法，可以对用能情况进行定性分析和定量计算，为提高能量利用水平提供依据。

根据热力学第一定律，各种形式的能量可以相互转换，而其总量保持不变。所以，对于一个确定的体系，输入体系的能量应等于输出体系的能量与体系内能量的变化之和。即

$$E_{输入} = E_{输出} + \Delta E_{体系} \tag{7-8}$$

式中，$E_{输入}$ 为输入体系的能量；$E_{输出}$ 为输出体系的能量；$\Delta E_{体系}$ 为体系内能量的变化。

若工质在各个地点的状态不随时间的改变而变化，体系内的能量不发生变化，即

$$\Delta E_{体系} = 0$$

故能量平衡方程为 $\qquad E_{输入}=E_{输出}$ (7-9)

（2）能量平衡模型 进行能量平衡分析时，首先要确定能量平衡的对象，然后由能量平衡的具体目标和要求，建立相应的能量平衡模型。能量平衡模型中用方框表示体系，方框的边界线区分体系和外界，从而明确哪些是输入能量，哪些是输出能量，哪些是体系内的能量。然后把那些进入与排出体系的所有能量分别用箭头画在方框的四周。工质或物料带入体系的能量 $E_入$、带出体系的能量 $E_出$、外界进入体系的能量 $E_进$、体系排出的能量 $E_排$ 分别画在方框的左侧、右侧、下面和上面；体系回收的能量 $E_回$ 画在方框的中间。

进行能量平衡分析时，主要通过考察进出体系的能量在数量方面的增减来分析，而对体系内的详细变化不考虑。显然，可以通过把一个大体系分割成许多子体系的方法来进行不同范围和不同要求的能量平衡。

（3）能量平衡的类型 不同行业中，对能量平衡的具体要求和目的不同，因而需要进行考察的项目也不同，因此能量平衡方程有不同的形式。根据能量平衡的基础不同，能量平衡可分为供入能平衡、全入能平衡和净入能平衡三种类型。

① 供入能平衡。以供给体系的能源为基础的能量平衡称为供入能平衡。供给体系的能源包括煤、油、天然气等燃料一次能源或电、蒸汽、焦炭、煤气等二次能源。供入能平衡主要是考察外界供给体系的能量的利用情况，这种能量平衡使用最多，典型的设备有锅炉、加热炉、干燥箱等。令 $E_{供入}=E_{能源}$，并将 $E_{输入}=E_入+E_进=E_入+E_{能源}+E_{化放}$，$E_{输出}=E_出+E_排$，带入式(7-9)可得供入能平衡方程式

$$E_{供入}=E_进-E_{化放}=(E_出-E_入)+(E_排-E_{化放})$$ (7-10)

② 全入能平衡。全入能平衡是以进入体系的全部能量为基础的能量平衡。它主要是考察所有进入体系的总能量的应用状况，特别是能量回收利用情况，全入能平衡在石油化工等行业应用较多。

进入体系的全部能量有 $E_入$、$E_{能源}$、$E_{化放}$ 和体系回收的能量 $E_回$，即

$$E_{输入}=E_入+E_{能源}+E_{化放}+E_回=E_{全入} \qquad 而 \quad E_{输出}=E_出+E_排+E_回$$

按能量守恒定律，全入能的平衡方程式为：

$$E_{全入}=E_入+E_{能源}+E_{化放}+E_回=E_出+E_排+E_回$$ (7-11)

③ 净入能平衡。当主要考察净输入体系的能量利用程度时，一般采用净入能平衡方程。它是以实际进入体系的能量为基础的能量平衡。例如为了计算换热器的保温效率，需要通过净入能平衡方程得到散热损失的大小。体系的净入能 $E_{净入}$ 是输入能和损失能之和，即

$$E_{净入}=E_入+E_{损失}$$

而 $\qquad E_{输出}=E_出-E_入$

所以根据能量守恒式(7-9)，体系的净入能平衡方程式为

$$E_{净入}=E_出-E_{持出}=(E_出-E_入)+E_{损失}$$ (7-12)

式中，$E_{能源}$ 为一次能源和二次能源所提供的能量；$E_{化放}$ 为工艺过程中的化学反应放热；$E_{损失}$ 为各种损失能；$E_{持出}$ 为体系向外界的持出能。

（4）能量的计算

① 工质带入（出）能。若系统入口（出口）处为质量为 D 的蒸汽，则供给能量为蒸汽的焓减去基准温度下水的焓，即

$$E_汽=D(h_汽-h_{0水})$$ (7-13)

若为空气、烟气、燃气或其他高温流体，则供给能量为相应载能体在体系入口（出口）

处的焓与基准温度下焓之差，即

$$E = m(h_入 - h_0) = m(c_p t_入 - c_{p0} t_0) \tag{7-14}$$

式中，m 为流体质量；t_0 为基准温度，一般以环境温度为基准温度；c_p 为定压比热容。

② 外界进入体系的燃烧能。燃料燃烧时，所供给的能量 $Q_燃烧$ 包括燃料带入的能量 $Q_燃料$、空气带入的能量 $E_空气$、雾化用蒸汽带入的能量 $E_雾汽$，即

$$Q_燃烧 = Q_燃料 + E_空气 + E_雾汽 \tag{7-15}$$

$$E_空气 = H_入 - H_0 \tag{7-16}$$

式中，$Q_燃料$ 为燃料带入能量；$E_空气$ 为空气带入能量；$H_入$ 为体系入口处空气的焓；H_0 为基准温度下空气的焓。

雾化用蒸汽带入的能量，为体系入口处蒸汽的焓与基准温度下水的焓之差

$$E_雾汽 = D_雾气(h_雾汽 - h_{0水}) \tag{7-17}$$

式中，$D_雾气$ 为蒸发量。

外界供给体系的电和功：

$$E_进 = N + W \tag{7-18}$$

式中，N 为电量，kJ；W 为功量，kJ。

外界向体系的传热量

$$Q = KA\Delta t \tag{7-19}$$

式中，K 为传热系数；A 为换热面积；Δt 为外界和系统的温差。

有放热反应的化学反应发生时的反应热（不包括燃料燃烧时所提供的能量）

$$Q_化放 = mQ_放 \tag{7-20}$$

式中，$Q_放$ 为化学反应放出的热量。

③ 损失能量的计算。损失能量一般是指在系统的供给能量中未被利用的能量，即供给能量除有效能量以外的部分能量，主要是散失于环境中的能量。

7.2.2.2 能源成本分析原理

根据用能单位消耗能源的种类、数量、热值和价格，计算用能单位的能源成本。能源费用的计算应根据企业能源消耗收支平衡表和能源消耗量表考虑审计期内各购入能源品种的输入、输出、库存及消费关系，只计算用能单位自己消费的部分。

（1）用能单位总能源费用的计算

$$R = \sum_{i=1}^{n} R_i \tag{7-21}$$

式中，R 为用能单位总能源费用，万元/年；R_i 为用能单位消费第 i 种能源的全部费用，万元/年。

通常情况下以年为单位，若审计期不是一年，可根据情况自行确定计算单位。能源审计所使用的能源价格与用能单位财务往来账目的能源价格相一致，在一种能源多种价格的情况下，产品能源成本用加权平均价格计算。

（2）单位产品能源成本　直接生产过程中的单位产品能源成本按照单位产品所消耗的各种能源实物量及其单位价格进行计算。单位产品实物能源消耗量可根据用能单位在审计期内生产系统的实物能源消耗量和合格产品产量来计算。能源审计应考察用能单位间接能源消耗水平，分析间接能源消耗在总能源消耗中所占的比例。通过对用能单位能源成本分析，可以直观地反映能源消耗的成本与经济效益的对比关系，提高节能降耗意识，并通过能源替代等

措施节约能源、降低能源成本、提高效益。

7.2.2.3 效率计算

（1）能源转换效率 能源转换效率是指那些发生在企业内的不同能源种类之间转换工序的能源效率，如企业内的发电厂（或热电厂）、锅炉系统、空气压缩机系统等。根据热力学第一定律，系统的能源转换效率定义为

$$\eta = \frac{W_s + \Delta U}{Q_i} \tag{7-22}$$

或

$$\eta = \frac{Q_i + Q_0}{Q_i} \tag{7-23}$$

式中，Q_i 为输入系统的总能量；W_s 为系统对外输出的功（或有效能）；Q_0 为系统损失排出的总能量；ΔU 为系统内能的增加量。

依据能量平衡的概念，以公式(7-22)为基础计算的效率称为正平衡效率，以公式(7-23)为基础计算的效率称为反平衡效率。理论上两种不同方式计算的效率应相等，但是由于测量误差等原因，采用这两种不同方式计算的效率会有所差别，一般约定相差小于 5% 即视为正常。

依据热力学第二定律，可以看出，不同形式的能量转换受到一定条件的限制，即热能只能部分地转变为机械能或电能，而机械能则可以全部转变为其他形式的能量包括热能，由此可以引入相对能量转换效率 ε 的概念，即定义

$$\varepsilon = \frac{\eta_{实际}}{\eta_{理论}} \tag{7-24}$$

式中，$\eta_{理论}$ 为理论上能量转换的最高效率。

在热-功转换过程中，$\eta_{理论} = 1 - \dfrac{T_2}{T_1}$，即卡诺循环的效率，显然，$\eta_{理论} = 1.0$ 或 $\eta_{实际} \leqslant \eta_{理论}$，$\varepsilon \leqslant 1.0$。

从能量转换效率角度分析，能量转换过程的理论节能潜力就是实际效率与理论效率的差值。产生这一差值的原因就是在实际能量转换的过程中存在着各种不可逆因素，如传热温差的存在、各种机械摩擦损失等。为了实现节能潜力，我们应从减小不可逆因素的影响着手。

分析能量转换过程的节能潜力，采用系统的反平衡效率往往更加有利。因为在计算反平衡效率时，我们对系统能量损失的分布和数量进行分析和计算或测量，因此也就能发现影响各项损失的因素和减小损失的途径。

（2）能源利用效率 企业能源利用效率是一项综合性技术指标，它不仅是每个设备状况的反映，而且反映了包括管理、运行、操作、负荷、工艺、原料、产品、环境等多种因素与环节的情况，它是企业真正用能水平和实际能力的集中表现。

$$企业能源利用效率 = \frac{企业有效能耗量之和}{企业总综合能耗量}$$

即

$$\eta = \frac{\sum Q_{有效}}{\sum Q_{能源}} \times 100\% \tag{7-25}$$

$$企业总综合能耗量(Q) = Q_1 + Q_2 + Q_3 - Q_4 - Q_5$$

式中，Q_1 为一次能源消耗量；Q_2 为二次能源消耗量；Q_3 为耗能工质的能源消耗量；Q_4 为生活用能消耗量；Q_5 为非能源转换企业自产外销的二次能源消耗量。

在计算时，往往是先计算各种用能系统的效率，然后再按各系统的耗能量进行加权平均。

系统效率＝购入（储存）效率×转换效率×传输效率×使用效率

$$企业能源利用效率＝\frac{\sum（系统效率×系统耗能量）}{各系统耗能量之和} \tag{7-26}$$

串联系统效率：$\eta_{系统} ＝ \eta_{购入（储存）} × \eta_{转换}\eta_{输送} × \eta_{利用} ＝ \eta_1 × \eta_2 × \eta_3 × \eta_4 ＝ \prod\limits_{i=1}^{4} \eta_i$

并联系统效率：

$$\eta_{系统} ＝ \frac{\sum\limits_{i} Q_i\eta_i}{\sum\limits_{i} Q_i}$$

式中，Q_i 为用能单元 i 的能源消耗总量；η_i 为用能单元 i 的能源利用率。

由上述可以看出，Q_i 和 η_i 大的单元对系统影响显著。

（3）设备热效率 设备热效率是衡量设备能量利用的技术水平和经济性的一项综合指标，对进一步改进生产工艺、提高设备制造水平、改善管理、降低产品能耗具有重要意义。

设备热效率是指热设备为达到特定目的，供入能量利用的有效程度在数量上的表示，它等于有效能量占供入能量的百分数。通过供入能量、有效能量或损失能量的统计计算辅助测试来确定。有效能量等于供入能量与损失能量之差。在能量转换、传递过程中总有一部分损失。

$$设备热效率＝\frac{有效能量}{供入能量}×100\% \tag{7-27}$$

即

$$\eta＝\frac{Q_{有效}}{Q_{供入}}×100\% ＝\left(1-\frac{Q_{损失}}{Q_{供入}}\right)×100\% \tag{7-28}$$

对于用能设备，$Q_{有效}$ 为工艺有效能量；$Q_{供入}$ 为供入设备的所有能量；$Q_{损失}$ 为损失能量。

根据设备的特性划定设备的体系，明确设备的状态。连续工作的设备是指稳定工况下的效率，间歇工作的设备为正常工作时的效率。通过主要设备效率的计算，与国家标准、国内外先进水平、设备最佳运行工况进行比较，找出差距，分析原因，提出改进措施。

（4）火用效率 从火用的概念出发，根据可逆过程和不可逆过程的定义，可以得到如下结论。在任何可逆过程中，不发生火用向火无的转变，火用的总量保持不变；在任何不可逆过程中，必然发生火用向火无的转变，火用的总量减少。任何实际的过程都是不可逆过程，根据热力学第二定律，火用的这种减少是绝对的，不可能反向进行。所以，将不可逆过程中火用的减少量称为不可逆过程引起的火用损失，简称火用损失。不可逆过程总是使得火用减少而火无增加，因此，在实际进行的过程中，不存在火用的守恒规律。在建立火用平衡方程式时，需要附加一项火用损失作为火用的输出项。所以，一个系统的一般火用衡算方程式为：

输入系统的火用＝输出系统的火用＋火用损失＋系统火用的变化

对于在给定条件下进行的过程来说，火用损失大，说明过程的不可逆性大，因此火用损失的大小能够用来衡量该过程的热力学完善程度。但火用损失是一个绝对量，不能用来比较在不同条件下过程进行的完善程度，不能用来评价不同设备或过程中火用的利用程度。为此，可以用火用效率来衡量设备、过程或系统在能量转换方面的完善程度。

在系统或设备进行的过程中，火用效率为收益的火用 $E_{收益}$ 与耗费的火用 $E_{耗费}$ 的比值，用 η_e 表示：$\eta_e＝\dfrac{E_{收益}}{E_{耗费}}$

系统或设备进行的过程必须遵守火用平衡的原则，所以耗费火用与收益火用之差即为不可逆过程所引起的火用损失，即 $E_L = E_{耗费} - E_{收益}$

因此，火用效率可以写为

$$\eta_e = \frac{E_{收益}}{E_{耗费}} = \frac{E_{耗费} - E_L}{E_{耗费}} = 1 - \frac{E_L}{E_{耗费}} = 1 - \xi \qquad (7\text{-}29)$$

式中，$\xi = E_L / E_{耗费}$，称为火用损失系数。火用效率是耗费火用的利用份额，而火用损失系数是耗费火用的损失份额。

对于可逆过程，由于火用损失为零，$\eta_e = 1$，而对于不可逆过程 $\eta_e < 1$。所以火用效率反映了实际过程接近理想过程的程度，表明了过程的热力学完善程度，进而指明了改善过程的可能性。

为了遵守火用衡算方程式，在耗费火用和收益火用中必须包含所有向系统输入的火用和所有从系统输出的火用，同时输入火用和输出火用中任一项只能在耗费火用或收益火用中出现一次。通常按照建立系统火用衡算方程式的一般方法列出所研究系统的火用衡算方程式，再结合所研究系统的具体功能分析出耗费火用和收益火用部分。

(5) 能耗指标

① 单耗。单耗是指某种能源的消耗。一般均按实物消费量考核，也有按照等价热量换算到相应的标煤消耗量或是千焦数。单耗的通用换算公式如下：

$$e = B/G \qquad (7\text{-}30)$$

式中，e 为某种能源的单位消耗量，其计量单位视产品和能源消耗的计量单位而定；B 为考核期内的某种能源消耗量；G 为考核期内产品产量或产值。

在进行产品单耗考核时，产品量一般指合格的产品量，即剔除废品、残次品后的产品量。另外，在某些行业里，单耗不是按照成品产量来计算的，而是以作业量计算。例如轧钢的单耗就分为很多种，分别按照作业量来考核。

② 综合能耗。综合能耗是以消耗的各种能源综合折算到总能耗后计算得到的，其计算公式为

$$E = (B_1 + B_2 + \cdots + B_n)/G \qquad (7\text{-}31)$$

式中，E 为产品综合能耗，其计量单位视产品和能源消耗的计量单位而定；$B_1, B_2, \cdots, B_n$ 分别为各种能源的消耗量，均按照等价热量折算；G 为产品产量。

综合能耗的计算，除了各种能源的折算和相加以外，其余均与单耗计算相同。

一般来说，用产品综合能耗作为评价指标比单耗要全面，特别是在行业内不同企业间能源结构差别较大时，综合能耗比单耗更有相对可比性，但综合能耗在折算上还存在一些问题，应灵活运用。

③ 可比综合能耗。可比综合能耗是为了在同行业中更合理地对比评价而进行某些折算的综合能耗，一般以标准产品为准。所谓标准产品，指行业所规定的基准产品。以该产品的耗能为基础，并制定出其他产品能耗的折算系数，从而进行产品产量的折算。这在工艺过程相近而产品品种多样化的轻工、纺织、机械等行业使用较方便。由此求得标准产品的综合能耗，就是可比综合能耗，公式如下。

$$E_b = (B_1 + B_2 + \cdots + B_n)/G_b \qquad (7\text{-}32)$$

式中，E_b 为可比单位产品综合能耗；G_b 为标准产品产量。

从以上介绍的三类能耗指标计算方法可以看出，单耗只能反映一家企业某一种能源消耗

水平的高低，这往往受到企业能源消费结构的影响；综合能耗可以反映出企业能源利用的总水平，提高了行业内部不同能源消费结构企业之间的可比性，显然，只有把所有购入的二次能源都折算到等价热量才是相对合理的，否则，用当量热量会掩盖一些企业能源利用不善的问题，评价也会失去意义。三类能耗指标中的可比综合能耗是一种更为完善的评价指标，特别适用于品种、规格繁多的大类产品，它借助于测试分析，引入不同条件下的修正系数而更趋于合理。

对于企业产品的能耗指标，由于各地区、各行业的情况不同，应根据实际情况制定本地区、本行业的相关产品能耗定额标准，为节能降耗工作的开展提供合理的依据。

④ 综合能耗指标核算。综合能耗是规定的耗能体系在一段时间内实际消耗的各种能源实物量及热值按规定的计算方法和单位分别折算为当量值的总和。综合能耗指标包括企业综合能耗、企业单位产值综合能耗、单位增加值综合能耗、产品单位产量综合能耗、产品单位产量直接综合能耗、产品单位产量间接综合能耗和产品可比单位产量综合能耗。用能单位计算综合能耗指标，是政府对用能单位的管理要求，也是与同行业进行比较寻找差距、挖掘潜力的重要手段。审计时主要审计企业综合能耗、产品单位产量综合能耗指标。

a. 企业综合能耗。指在统计报告期内企业的主要生产系统、辅助生产系统、附属生产系统综合能耗总和。能源及耗能工质在企业内部进行储存、转换及分配供应（包括外销）中的损耗，也应计入企业综合能耗。

企业综合能耗等于企业消耗的各种能源实物量与该种能源的当量值的乘积之和。

$$E = \sum_{s=1}^{n} (e_s \times \rho_s) \tag{7-33}$$

式中，E 为企业综合能耗，t 标煤；e_s 为生产活动中消耗的第 s 种能源实物量，实物单位；ρ_s 为第 s 种能源的当量值；n 为企业消耗的能源总数。

b. 产品单位产量综合能耗的计算。产品单位产量综合能耗指产品单位产量直接综合能耗与产品单位产量间接综合能耗之和。

产品单位产量直接综合能耗是生产某种产品时主要生产系统的综合能耗与生产期内产出的合格品总量的比值。产品单位产量间接综合能耗是企业的辅助生产系统和附属生产系统在产品生产的时间内实际消耗的各种能源及企业综合能耗中所列损耗折算为综合能耗后分摊到该产品上的综合能耗量。

综合能耗指标体现用能单位的能源利用水平，通过与消耗定额、消耗限额、国内外先进水平比较，找出差距，为用能单位提出节能目标、制定节能措施提供依据。同时也要注意到单项能耗指标的优点和作用，它既可以直观地反映出所用的能源种类、品位和结构，又可了解企业能源的消费构成，节省优质能源，发现耗能过大的环节。

7.3 节能降耗原理与途径

7.3.1 企业能源利用的四个环节

在能源审计中，企业用能系统可简化成一种标准形式，按照能源流向将企业能源利用的过程依次划分为购入储存、加工转换、输送分配和最终使用四个环节。

按照能源购入储存、加工转换、输送分配、最终使用这四个环节，根据用能单位的生产机构设置，通过与用能单位人员交流和查看相关资料，考察整个系统、各个车间或单元的能源输入量和输出量，并计算其当量值，从而了解企业能源的消费状况和能源流向。

（1）购入储存 一般包括企业的供销、计划、财务储运等部门。在购入储存环节，根据用能单位统计的能源消费种类、数量和用能单位提供的能源消费统计表，考察购入能源状况和审计期初、期末存储量、存储消耗及能源流向。在企业购入储存能源的过程中，对煤炭发热值、灰分，对天然气、煤气、蒸汽等液态与气态能源的热值、压力、温度、流量等物理量要进行严格的监测与核算，这些数据的统计、审核是企业能量平衡与分析的基础数据，必须给予关注。

（2）加工转换 加工转换是企业工艺所需直接消耗的能源转换环节，包括一次转换和二次转换。一次转换部门有发电站（或热电站）、锅炉房、炼焦厂、煤气站等；二次转换部门有变电站、空气压缩站、制冷站等。要特别注意，一次转换部门是一个企业耗能较大的部门，是企业能量平衡与节能工作的重点。

（3）输送分配 输送分配是企业用能送到各终端用能部门的一个重要环节，如各种输电线路、蒸汽、煤气管网等，均可列入输送分配系统。在输送分配环节，主要了解管路、线路的去向，管线始端和末端计量的能源量。对大多数企业来说，能源的输送分配损失并不构成企业总能量损失的主要部分，但是，我国企业管道漏失现象严重，特别是对水资源重视不够，此外，热力管网保温也是十分重要的节能部分，各企业应该加强这方面的计量与管理。

（4）最终使用 最终使用是企业能源系统最为复杂的一个环节，对不同的企业，特别是不同部门之间的企业构成差异很大。一般来说，可以将企业的最终用能环节划分为几个主要部分：主要生产、辅助生产、采暖（制冷）、照明、运输、生活及其他。更进一步细分，还可将主要生产和辅助部门细分成各生产车间，生产车间又可按用能设备细分。

7.3.2 节能分析方法

在不同的用能目的中，所要求的能量品位也常不相同。节能的原则之一就是在需要低品位能量的场合，尽量不供给高品位的能量，这就是能量匹配。在能量匹配原则的指导下，同一能量可以在不同品位的水平上多次利用，即能量的梯级利用。能量匹配和能量梯级利用原则的理论基础就是降低用能过程中的不可逆性。合理组织能量梯级利用，提高能量利用效率，降低能量损失的不可逆性，是热力学原理的实践内容之一。

热力学分析方法可分为两类。第一类分析法是能量衡算法，这类方法的理论基础是热力学第一定律。根据第一定律，可以在考虑了各种形式的能量的情况下，建立起所研究的体系的能量收支表，查明能量损失的数量以及能量利用效率，评价该过程或装置的性能和经济性。第二类分析法包括熵增法和可用能法，它以热力学第二定律以及第一、第二定律的综合为指导，以做功能力的损失和第二定律效率为指标，对过程或装置能量的转化、利用和损失情况进行分析，找出引起能量损失和损耗的基本原因，指出能量利用上的薄弱环节以及进一步提高能量有效利用率，即节能的主要方向和途径。

7.3.2.1 能量衡算法

能量衡算法是以热力学第一定律为指导，以能量方程式为依据，从能量转换的数量关系来评价过程和装置在能量利用上的完善性，主要指标是热效率。其表达式为 $\Delta U = Q - W$，U 为体系内能，Q 为外界供入体系的热量，W 为系统对外所做的功。其意义为：在封闭体系的任一变化过程中，体系内能的减少等于体系对外所做的功和放热的总和。

能量衡算法简单、直观，对节能的指导只局限于堵塞跑、冒、滴、漏等初级水平。

7.3.2.2 熵增法

克劳修斯首次从宏观角度提出熵的概念：$S = Q/T$，S 为熵，Q 为从温度为 T 的热源吸收的热量，T 为物质的热力学温度。

而后，波尔兹曼又从微观角度提出熵的概念：$S = k\ln W$，k 为波尔兹曼常数，W 为概率。它取决于质点运动状态的混乱程度。

其两者是相通的，近代的普里戈金提出了耗散结构理论，将熵理论中引进了熵流的概念，阐述了系统内如果流出的熵流（dS_e）大于熵产生（dS_i）时，可以导致系统内熵减少，即 $dS = dS_i + dS_e < 0$，这种情形应称为相对熵减。但是，若把系统内外一并考察仍然服从熵增原理。

在孤立系统中，实际发生的过程总使整个系统的熵值增大，即熵增原理。熵增原理最经典的表述是："绝热系统的熵永不减少"。近代人们又把这个表述推广为"在孤立系统内，任何变化都不可能导致熵的减少"。熵增原理如同能量守恒定律一样，要求每时每刻都成立。关于系统现在有四种说法，分别叫孤立、封闭、开放和绝热系统，孤立系统是指那些与外界环境既没有物质也没有能量交换的系统，或者是系统内部以及与之有联系的外部两者总和；封闭系统是指那些与外界环境有能量交换但没有物质交换的系统；开放系统是指与外界既有能量又有物质交换的系统；而绝热系统是指既没有粒子交换也没有热能交换，但有非热能如电能、机械能等的交换。

熵描述内能与其他形式能量自发转换的方向和转换完成的程度。随着转换的进行，系统趋于平衡态，熵值越来越大，这表明虽然在此过程中能量总值不变，但可供利用或转换的能量却越来越少了。从微观上说，熵是组成系统的大量微观粒子无序度的量度，系统越无序、越混乱，熵就越大。热力学过程不可逆性的微观本质和统计意义就是系统从有序趋于无序，从概率较小的状态趋于概率较大的状态。

7.3.2.3 可用能法

20 世纪 30 年代，J. H. Keenan 突出和发展了能量"可用性"概念，并指出能量成本的计算应建立在可用能即火用的基础上，而不应基于一般"能"的概念上。

火用分析法以热力学第一、第二定律为指导，以火用平衡式和损耗功基本方程式为依据，从能量的品味和火用利用程度来评价过程和装置在能量利用上的完善性，主要指标是火用效率和损耗功。它不仅揭示了由于三废、散热、散冷等引起的火用损失以及工艺物流、能流带走的火用，而且能准确查明由于过程不可逆性引起的火用损，并确认过程不可逆是能量损失的内在因素，指出能量利用热力学上的薄弱环节与正确的节能方向，这是对节能本质认识的重大突破。

总之，由第一定律可以得出能量方程式，把第一、第二定律结合起来，可引出可用能、理想功和损耗功的概念，导出它们的数学表达式，进而导出损耗功方程式和可用能方程式，能量方程式、损耗功方程式和可用能方程式是热力学分析法的理论依据。以三个方程式为根据分别建立起来能量衡算法、熵增法和可用能分析法，为能量有效利用提供了强有力的技术指导。

7.3.3 节能途径

一个企业、一个行业乃至一个国家的能耗水平是由错综复杂的多种因素影响决定的，如自然条件、经济体制、经济因素、管理水平、政策倾向、社会因素、技术水平等。我们将这些因素归结为三个方面，即结构节能、管理节能、技术节能。

7.3.3.1　结构节能

我国的单位产值能耗之所以高，除技术水平和管理水平落后外，经济结构不合理也是重要的原因。经济结构包括产业结构、产品结构、企业结构、地区结构等。

（1）产业结构　不同行业、不同产品对能源的依赖程度是很不相同的，有些耗能高，有些耗能低。在今后的经济发展中，若增加省能型工业（如仪表、电子等）的比重，减少耗能型工业（如钢铁、化肥等）的比重，全国的产业结构就会朝省能的方向发展。但随着国民经济的发展，各个工业之间存在着客观的比例关系，因此，应研究合理的省能型产业结构。

（2）产品结构　随着产业结构向省能型的方向发展，产品结构也应努力向高附加值、低能耗的方向发展。

（3）企业结构　调整生产规模结构是节能降耗的重要途径。与大型企业相比，中、小企业一般能耗较高，经济效益较差。所以应该有计划、有步骤地调整企业的组织结构，新建厂应当有经济规模的限制，缺乏竞争力的小企业应关、停、并、转。

（4）地区结构　地区结构的调整主要是指资源的优化配置，调整部分耗能型工业的地区结构。将部分耗能型工业的工厂转移到能源富裕地区或矿产资源就近地区，从全局看，可以节省很多能源。在化学工业方面，乙烯生产基地应靠近油田或大型炼油厂；我国东部地区集中了我国的主要油田，又有沿海便于进口石油的条件，应发展石油化工；我国中部地区是煤炭主要产地，应发展煤化工基地。

7.3.3.2　管理节能

管理节能主要有两个层次的管理：宏观调控层次和企业经营管理层次。

（1）宏观调控层次

① 完善法制建设。我国的"能源节约法"已有初稿，为加强节能管理提供了法律依据，同时，还需要各部门各地区制定相应配套的实施细则。

② 价格政策。我国目前能源价格偏低，使能源成本在产品成本中的比例扭曲，也使节能的经济效益显著降低。例如我国石油化工企业能源成本只占 10％左右，而国外至少为20％～40％，应当理顺能源价格。

③ 投资、信贷、税收手段节能投资的效益比投资开发新能源要省得多，因此国家应加大节能投资，但同时应对节约每吨标准煤的投资和投资回收期等提出控制性指标。

④ 银行贷款方面应对节能项目优先支持。日本为了推动节能工作，采取了金融上的扶持措施，对节能项目采用特别利率。

⑤ 在税收方面，对节能产品和节能新技术转让应给予优惠，对超过限额消费的能源应累计收费，日本政府在税收方面也对节能工作采取了扶持措施，对节能设备可在特别折旧或税率扣除二者之中选一，并在取得设备三年内减轻固定资产税，这些方面我们都可以借鉴。

（2）企业经营管理层次

① 建立健全能源管理机构。为了落实节能工作，必须有相对稳定的节能管理班子去管理和监督能源的合理使用，制定节能计划，实施节能措施，并进行节能技术培训。

② 建立企业的能源管理制度。对各种设备及工艺流程，要制定操作规程；对各类产品，制定能耗定额；对节约能源和浪费能源，有相应的奖惩制度；等等。

③ 合理组织生产。应当根据原料、能源、任务的实际情况，确定开多少设备以确保设备的合理负荷率，合理利用各种不同品位、质量的能源，根据生产工艺对能源的要求，分配

使用能源，协调各工序之间的生产能力及供能和用能环节等。

④ 加强计量管理。没有健全的能量计量，就难以对能源的消费进行正确的统计和核算，更难以推动能量平衡、定额管理、经济核算和计划预测等一系列科学管理工作的深入开展。因此，各企业必须完善计量手段，建立健全仪表维护检修制度，强化节能监测。

7.3.3.3 技术节能

（1）工艺节能 以化工工艺过程为例，工艺技术中首先是化学反应器，其次是分离工程。化学反应器又取决于两方面因素：催化剂和化学反应工程。

① 催化剂。催化剂是工业节能中的关键物质，这是因为，一种新的催化剂可以形成一种新的更有效的工艺过程，使反应转化速率大幅度提高，温度和压力条件下降，单位产品能耗显著下降。

② 化学反应工程。绝大多数反应过程都伴随有流体流动、传热和传质等过程，每种过程都有阻力，为了克服阻力推动过程进行，就需要消耗能量。若能减少阻力，就可降低能耗。另外，一般的反应都有明显的热效应，对吸热反应有合理供热的问题，而对放热反应有合理利用的问题。

③ 分离工程。化工中已经应用了的分离方法很多，如精馏、吸收、萃取、吸附、结晶、膜分离等，每一类方法中还包含有许多种方法，各种方法的能耗是不同的，需要加以选择。

（2）设备节能 机器设备是企业生产资料的重要组成部分。机器设备的状况和技术性能如何，直接影响着生产产品的质量、产品的生产效率和生产成本，最终决定着企业的经济效益。由于机器设备在生产过程中要发生各类磨损，使其技术性能降低，使用成本上升。因此，若不及时地进行更新，继续使用该设备就显得非常不经济。

（3）系统节能 化工过程系统节能是指从系统合理用能的角度，对生产过程中与能量的转换、回收、利用等有关的整个系统所进行的节能工作。

从原料到产品的化工过程，始终伴随着能量的供应、转换、利用、回收、排弃等环节，例如预热原料、进行反应、冷却产物、气体的压缩和液体的泵压等，这不仅要求提供动力和不同温度下的热量，而且又有不同温度的热量排出。根据外供的和过程本身放出的能量的品位，匹配过程所需的动力和不同温度的热量；根据工艺过程对能量的需求和热回收系统的优化合成，对公用事业提出动力、加热公用工程量和冷却公用工程量。

（4）控制节能 控制节能包括两个方面：一是节能需要操作控制；另一是通过操作控制节能。

节能需要操作控制，通过仪表加强计量工作，做好生产现场的能量衡算和用能分析，为节能提供基本条件。特别是节能改造之后，回收利用厂各种余热，物流与物流、设备与设备等之间的相互联系和相互影响加强了，使得生产操作的弹性缩小，更要求采用控制系统进行操作。

另外，为了搞好生产运行中的节能，必须加强操作控制。例如产品纯度准确控制不够是引起过程能量损失的一个主要原因。若产品不合格将蒙受很大的损失，所以一些设备留有颇大的设计裕度，使产品的纯度高于所需的纯度，大大增加了能耗。

再者，在生产过程中，各种参数的波动是不可避免的，如原料的成分、气温、产量、蒸汽需求量等，若生产条件能随着这些参数的变化相应变化，将能取得很大的节能效果，计算机使得这种优化控制成为了可能。

7.4 物质流分析

7.4.1 物质流分析方法的起源

在人类社会经济发展过程中，自然环境保护与经济持续发展相辅相成，自然环境的改善可以促进经济发展，而经济发展同时又可以为环境保护提供资金和技术。传统的衡量人类资源使用效率的方法与指标的核算体系都是基于货币的，但这种体系所得的指标并不能完全反映经济系统对自然环境的影响，如很多非直接进入经济体系却对自然环境造成影响的物质往往被人类所忽略；为了切实追踪及估算国内及国际间对自然资源的使用情况，物质流分析方法（Material Flow Analysis，MFA）研究应运而生。这种核算方法是以质量单位取代货币单位，追踪物质从自然界开采进入人类经济体系中，并经过经济活动在各种人类社会阶段中移动，最后回到自然环境中的情形。物质流核算方法是将自然资源使用同环境的资源供应力、污染容量联系起来的思考。

物质流分析方法分为两种。一种称为元素流分析（Substance Flow Analysis，SFA），它追踪特定元素或化合物的流动过程，识别环境问题和潜在的解决途径，主要研究某种特定的物质流，如铁、铜、锌等对国民经济有着重要意义的物质流，砷、汞等对环境有较大危害的有毒有害物质流，以及钢铁、化工、林业等产业部门物质流；另一种称为物料流分析（Bull-Material Flow Analysis，bulk-MFA），MFA通常把经济系统当作"黑箱"，分析其物质吞吐量，它主要研究国家经济系统的物质流入与流出。前者主要应用于20世纪90年代，随着可持续发展意识的不断增强以及经济全球化步伐的加快，基于国家经济系统的bulk-MFA方法在20世纪90年代中期开始逐渐成为研究和应用的主流。

7.4.2 物质流分析的基本概念和含义

物质流分析（Materials Flow Analysis，MFA）是描述物质输入、输出相关系统的路径及其输入量、输出量和储存量的一种系统工具。物质流分析以质量守恒定律为原则，对社会经济活动中物质的投入和产出进行量化分析，建立物质投入和产出数量关系，是分析资源消耗、能源消耗和产出的主要工具之一。

代谢主体是指社会经济圈内"吞"、"吐"物质的可独立处理的基本单位，也就是投入物质的消费者，如人、动物和机器等。需要特别指出的是农作物（包括粮食和经济作物）一般不作为代谢主体，否则物质投入的边界将延伸到矿物层，如多少氮化物、钾化物等的投入，使所需数据无从统计。同理森林也同样作为物质投入，而不作为代谢主体。渔业有人工养殖和捕获之分，在物质流账户体系中，只有人工养殖鱼为代谢主体，野生捕获鱼作为物质投入。代谢主体在MFA中均以存量出现。

在物质输入端，进入经济系统的自然物质分为直接物质输入和隐藏流两个部分。直接物质输入是指直接进入经济系统的自然物质，包括生物物质、固体非生物物质（包括化石燃料、工业矿物、建筑材料等）、水、空气四大类；隐藏流也称生态包袱，是指人类为获取直接物质输入而必须动用的数量巨大的环境物质，这些物质量没有进入代谢过程，却是必需的"投入"。主要包括：①开采化石能源、工业原材料时移动的表土量和引起的水土流失量；②生物收获的非使用部分：木材砍伐的损失、农业收割的损失等；③建筑遗弃土方及河流疏浚；④自然环境水土流失量。通常用隐藏流系数来衡量不同直接输入物质的隐藏流。

直接物质输入和隐藏流又分为区域内部开采和进口两部分。在物质输出端,物质输出总量由区域内物质输出、区域内隐藏流、出口物质3部分组成。其中,区域内物质输出由经济系统排出的固体废物、废水、废气组成。

物质流分析从研究层次上划分,可分为国家(或区域)层面、产业层面和企业层面即产品生命周期评价三种。物质流分析遵循质量守恒定律,以实物的质量为单位,测度人类经济活动过程中,对自然资源和不同物质的开发、利用和废弃程度,因其把不同类型物质的质量进行相加,一方面避免了传统计算绿色GDP对外部成本评定时会发生主观价格差异的问题,另一方面还测度了非直接进入经济体系却对环境造成影响的物质往往因无货币价值而被忽略的部分,它是货币化指标的替代和补充。

(1)元素流分析方法发展及应用 SFA是一种"链"分析,描述特定地区一定时间内经济系统内部、自然环境内部、经济与环境之间物质的流动和贮存,识别环境中有害物质的来源,评价物质利用效率和对自然环境造成的影响程度。Udo deHas 等(1997)提出了SFA的技术框架,包括以下3个阶段:

① 定义系统边界和系统组分。

② 运用模型(静态或动态模型)计算物质的库和流。

③ 根据研究目的解释量化结果,例如某物质流潜在的减少量或者该物质流对于环境的潜在影响等。

元素流分析框架:SFA中经济系统内部、自然环境内部、经济与环境之间的物质流动过程可解释为由3个子系统组成——经济系统、自然环境和岩石圈。岩石圈的物质库是不可移动的,经济和环境的物质库是可移动的。经济过程分为原料开采和制备、产品生产、产品使用及废物管理(包括回收、分类、处理等)4个阶段。

(2)物质流分析方法 MFA从实物的质量出发,将通过经济系统的物质分为输入、贮存和输出3大部分,通过研究二者的关系,揭示物质在特定区域内的流动特征和转化效率,并将其作为区域发展的可持续性指标,为区域可持续发展目标的设定提供依据。

MFA研究的系统边界是自然环境和经济系统之间的界面,由两方面界定:一方面是从自然界所开采的原材料;另一方面是排放到自然界中的物质。物质流通过经济系统,左端为物质输入端,右端为物质输出端,物质存量包括机器和设备、建筑及基础设施、各种仓库的库存、耐用消费品、现有木材以及有毒与有害垃圾等。隐流是MFA分析框架中的重要内容。隐流是人类为获得有用物质和生产产品而动用的物质,而这些物质没有直接进入市场和生产过程。

7.4.3 物质流分析的基本原理

(1)基本思想 物质流分析的理论基础体现在经济-环境系统。在这个系统中,社会经济系统包含在自然环境系统中,社会经济系统与其周围的自然环境系统由物质流与能量流相联结。为了描述这两个系统的关系,提出了工业代谢和社会代谢的概念,社会经济系统看作自然环境系统中一个具有代谢功能的有机体,该有机体对自然环境的影响可以用其代谢能力(就如该有机体从自然环境中摄取的以及排泄到自然环境中的物质量)来衡量。

根据物质守恒定律,一定时期内输入一个系统的物质量等于同时期该系统的存储量与输出该系统的物质量之和。对于上述社会经济系统来说,自然环境所提供的输入物质进入该系统,经过加工、贸易、使用、回收、废弃等过程,一部分成为系统内的存储,其余部分输出物质返回到自然环境中去,而整个过程中的输入量恒等于输出量与存储量之和。

物质流核算方法的基本思想有三层含义：

① 工业经济可以看作一个能够进行新陈代谢的活的有机体，"消化"原材料将其转换为产品和服务，"排泄"废弃物和污染。

② 人类活动对环境的影响，主要取决于经济系统从环境中获得的自然资源数量和向环境排放的废弃物数量。资源获取产生资源消耗和环境扰动，废弃物排放则造成环境污染问题，两种效应叠加深刻地改变了自然环境的本来面貌。

③ 根据质量守恒定律，对于特定的经济系统，一定时期内输入经济系统的物质总量，等于输出系统的物质总量与留在系统内部的物质总量之和。由此，经济系统对环境影响的实质就是经济系统物质流动对环境的影响，有必要对经济系统的物质流动加以跟踪和调控。

（2）系统边界　由于物质流分析所关心的焦点在于社会经济系统在自然环境系统中的物质代谢，因此进行物质流分析研究时需要对系统边界做如下两方面的定义。

① 本国社会经济系统与自然环境系统之间的边界：直接从自然环境中开采的原料通过此边界进入社会经济系统进行进一步的加工转换。

② 本国与其他国家的行政边界：成品、半成品以及原料经由该边界，由本国出口到其他国家或由其他国家进口到本国。

7.4.4　分析框架

输入经济系统的物质中最主要的一部分是由本国自然环境中开采出的各种原料（Domestic Extraction，DE），包括化石燃料、矿物质、生物三部分。伴随上述国内开采原料而产生的未用流（Unused Domestic Extraction，UDE）不进入经济系统，没有经济价值，一经产生即输出到自然环境中去。此外输入经济系统的物质流还包括从其他国家和地区进口的成品、半成品和原料，以及与生产这些物质有关的间接流。

在输出到自然环境系统中的废弃物中，有一部分被称作消耗流（Dissipative Flows），即在产品使用过程中不可避免产生的废弃物，包括化肥农药等在农业生产中的使用以及其他产品在使用过程中的磨损。

为叙述方便，对上述各类物质流定义如下符号：DE，Domestic Extraction；UDE，Unused Domestic Extraction；Import，Imports；IFI，Indirect Flows Associated to Imports；DPO，Domestic Processed Output；Export，Exports；IFE，Indirect Flows Associated to Exports。

7.4.5　评价指标

在对经济系统进行物质流分析的基础上，可得到输入指标、输出指标、消耗指标、平衡指标、强度和效率指标、综合指数六大类共 10 多个物质流分析指标，其中分离指数（Decoupling Factor，DF）和弹性系数（Elastic Coefficient，EC）是用来衡量物质消耗、环境退化与经济增长之间的相关关系的综合指数。这些指标的计算公式见表 7-1。

① 从输入方面看，上述指标中最为重要的指标是区域内物质输入总量。由于人类对自然环境的最根本影响是通过自然物质的输入产生的，并且每一种物质的输入必将带着巨大的隐藏流或生态包袱，这些隐藏流或生态包袱对当地的生态环境和资源造成了巨大的破坏和消耗，而进口物质流的生态包袱留在国外或研究区域外，对当地自然环境并未产生直接影响，因此，用物质输入总量来量度一个国家或地区资源利用与自然生态的可持续性应该比用物质需求总量表示要更准确些。一般而言，物质输入总量越小，自然资源和物质的动用就越少，生

表 7-1 物质流分析指标分类及其计算公式

序号	指标	计 算 公 式
1	物质输入指标	①直接物质输入＝区域内物质提取＋进口 ②区域内物质输入总量＝直接物质输入量＋区域内隐藏流 ③物质需求总量＝区域内物质输入总量＋进口物质的隐藏流
2	物质输出指标	④直接物质输出量＝区域内物质输出量＋出口 ⑤区域内物质输出总量＝区域内物质输出量＋区域内隐藏流 ⑥物质输出总量＝区域内物质输出总量＋出口
3	物质消耗指标	⑦域内物质消耗量＝直接物质输入－进口 ⑧物质消耗总量＝物质需求总量－出口及其隐藏流
4	平衡指标	⑨物资库存净增量＝储存物质净增量 ⑩物质贸易平衡＝进口物质量－出口物质量
5	强度和效率指标	⑪物质消耗强度＝物质消耗总量/人口基数 或物质消耗强度＝物质消耗总量/GDP ⑫物质生产力＝GDP/国内物质消耗量 ⑬废弃物产生率＝废弃物产生量/GDP
6	综合指数	⑭分离指数＝经济增长速度－物质消耗增长速度 ⑮弹性系数＝物质消耗增长速度/经济增长速度

态系统为人类提供服务的质量也就越好，经济系统运行的可持续性则越强，反之亦然。

② 从输出方面看，应该以区域内物质输出总量最为重要。由于其主要由固、气、水等废弃物和区域内隐藏流组成，它们是人类对其自身环境直接输出的环境压力，也是环境污染的直接来源，因此可用区域内物质输出总量来量度一个国家或地区的环境友好程度或人与环境的和谐程度，也可指示当地环境保护与建设的可持续性。一般来讲，物质输出总量越小，输出到环境中的废弃物就越少，环境的友好程度也就越高，环境的可持续性则越强，反之亦然。

③ 从消耗方面看，物质消耗总量反映了人类对自然界物质的消耗程度。显然，物质消耗总量越大，意味着人类对自然界的干扰越强烈，也就越不利于资源节约型社会的建立，反之亦然。

④ 从物质平衡方面看，物质库存的净增量反映了一个国家或地区的物质财富的增长水平，而在物质库存的增长量中，循环利用及废弃物质的资源化回收利用有多少贡献，目前国内外对此还未有系统的研究。因此，一方面增加物质库存的净增量；另一方面改善其增量的组成结构和循环利用的比例，对于建设循环型社会具有重要的战略价值。

⑤ 从强度和效率来看，物质生产力代表了一个国家或地区的资源利用效率的高低。作为物质流分析的衍生指标，物质消耗强度、物质生产力、废弃物产生率等指标有助于分析经济系统与自然环境之间的关系，最终为提高经济系统的资源生产效率和降低资源消耗强度，揭示经济系统物质结构的组成和变化情况，并为实现去物质化（Dematerialization）和社会、经济环境的可持续发展奠定理论基础。

综合以上分析，物质流分析指标可以表述一个国家或地区的资源投入、贮存、回收、废弃物产生及废弃物再生利用的情况，并在物质流分析框架的基础上，建立循环经济及可持续发展的评价指标体系。

7.4.6　物质流分析的方法学评价

物质流指标采用物理量作为单位，弥补了使用货币单位不易进行不同地区和不同时期可持续性程度比较的缺陷，使可持续性度量建立在自然科学分析的基础上。当然，现行的物质流分析方法也有其不足之处，这主要表现在以下几个方面。

（1）SFA 的局限性经济环境系统的物质流分析

① SFA 只是针对一种物质的分析，所以在污染防治过程中，若用另一种物质来代替该物质，则与替代物质相关的问题就不在 SFA 的研究范围内了。

② 一种物质往往只是产品的一部分，经济价值与物质流动难以联系起来，所以难以把可能的经济措施用于该物质流的影响调控。

（2）MFA 的局限性

① 现行的物质流分析只考虑物质的质量，对不同物质流可能带来的不同的环境影响视而不见，弱化了物质流指标与物质流动带来的环境影响之间的联系，这在大的区域经济系统中更是如此。实际上，物质流的大小与其带来的环境影响之间的关系并不是成正比的。一些小的物质流，可能会带来很大的负面环境影响，比如含汞原料的流动。因此，经济系统物质输入的减少，只是实现可持续发展的必要条件，而不是充分条件。一些专家给出了可供借鉴的考虑不同物质环境影响的物质流分析方法，比如在输出端，依据不同物质流不同的排放数量、排放方式、排放速率对物质流的特点进行分析。

② 物质流分析方法的目的是对通过经济和环境两个系统界面的总的物质量的实物变化进行定量化研究，而不包括经济系统内的物质流。如不同部门的产品转移，经济系统是作为"黑箱"处理的。这是物质流分析方法的一个盲区，从环境经济学来看，经济系统中每一环节的资源利用效率和强度的大小对于区域社会经济环境的可持续发展都是不可或缺的。如何把经济系统从"黑箱"转变为"灰箱"甚至"白箱"，系统研究经济系统内不同部门、不同生产和消费环节的产品转换效率和废弃物产生和处置效率，是今后该领域研究的重要课题。

③ 迄今为止的大部分经济系统物质流分析都是基于国家尺度的，小区域尺度（省、市、开发区等）的物质流分析已有一定的探索，但仍寥寥无几，究其根源是国家尺度与小区域尺度的统计数据之间存在着差异。经济系统物质流分析所需要的数据，在国家尺度上几乎都可以找到，但是小区域尺度的相关数据却经常由于一些客观原因（如统计内容的局限、当地大公司和企业的垄断等）很难获得，而这也限制了经济系统物质流分析方法的使用范围。

④ 国际上常用总物质需求描述总的物质通量，为直接物质输入量和隐藏流的加和，而目前被认为是最重要的物质流分析指标。但是由于隐藏流系数的不确定性，导致物质总需求的不确定性，而且进口物质的隐藏流对研究区域本身并不会带来直接影响，因此，区域内物质输入总量（直接物质输入量和区域内隐藏流的总和）和物质总需求的减量更能说明自然环境对经济系统总的物质投入的变化，因而具有更大的现实意义。

7.4.7　案例研究——钢铁行业烧结过程碳素流分析

烧结是我国铁矿粉造块的主导生产工艺，能源消耗仅次于炼铁及轧钢，研究烧结过程的物质流、能量流将有利于提高资源、能源利用效率，降低环境负荷，并进一步促进钢铁工业实现生态化转型和可持续发展。烧结过程中碳素流是能量流的主要形式，碳素流的转换、耗散关系到能源的转换、利用效率，又关系到温室气体排放。

（1）烧结过程碳素流的物理化学变化　烧结中，碳粒呈分散状分布在料层中，燃烧过程遵循非均相燃烧规律。可能发生的反应如下：

$$C + O_2 = CO_2 + 33411kJ/kgC \tag{7-34}$$

$$\Delta G^\theta = -39530 - 0.54T \tag{7-35}$$

$$2C + O_2 = 2CO + 9797kJ/kgC \tag{7-36}$$

$$\Delta G^\theta = -228800 - 171.54T \tag{7-37}$$

$$CO_2 + C = 2CO - 13816kJ/kgC \tag{7-38}$$

$$\Delta G^\theta = 166550 - 171T \tag{7-39}$$

$$2CO + O_2 = 2CO_2 + 23616kJ/kgC \tag{7-40}$$

$$\Delta G^\theta = -166550 - 171T \tag{7-41}$$

（2）烧结过程的碳素流　烧结混合料中的碳燃烧后最终将转变为 CO_2、CO 以及不完全燃烧形成的烧结粉尘和存留在烧结矿和返矿中的残炭。影响固体燃料消耗的主要因素为原料的物理化学性质，包括铁矿粉的种类、烧结性能等，熔剂用量及其种类，固体燃料的粒度等；还包括混合料的温度、水分及粒度组成、燃料添加方式、烧结料层厚度等工艺参数；另外还有烧结机大小、烧结机漏风率等设备因素等。

烧结过程中，由于料层的"自动蓄热"作用，随烧结过程的进行，烧结料层下部热量逐渐增加，而且料层越厚越显著。充分利用料层的"自动蓄热"作用，提高料层厚度，并根据烧结料层温度随时间、高度的分布关系，采用双层或多层配碳烧结是减少碳素消耗的重要途径。

（3）点火煤气消耗　钢铁联合企业中，烧结生产广泛使用焦炉煤气、高炉煤气作点火燃料。点火温度在 1050~1200℃ 之间，点火时间一般为 1~1.5min。目前，点火热耗先进水平在 25~30MJ/t，最好的只有 13MJ/t。

（4）烧结过程能量流分析　烧结过程的能量收入主要是点火煤气、固体燃料、返矿及粉尘中残炭等燃烧的化学热，还包括各种物料的显热和化学反应热等；能量支出主要是烧结矿和烧结废气带走的物理热，化学不完全燃烧与残炭损失的化学热，蒸发、分解耗热以及散热损失等。

（5）余热利用　当烧结进行到最后，烟气温度明显上升，机尾风箱排出的废气温度可达 300~400℃，含氧量可达 18%~20%，这部分废气所含显热占总热耗的 20% 左右。从烧结机尾部卸出的烧结矿温度平均为 500~800℃，其显热占总热耗的 35%~45%，热烧结矿在冷却过程中其显热变为冷却废气显热。烧结热平衡计算表明，热烧结矿的显热和废气带走的显热约占总支出的 60%。因此，冷却机废气和机尾风箱废气是烧结余热回收的重点。

目前，对烧结机烟气和冷却机废气的余热大多采用余热锅炉来回收，每吨烧结矿余热回收低压蒸汽可达 70kg 左右。

思　考　题

1. 简述热力学第一定律，并分析如何运行这一定律进行物料平衡计算？
2. 如何计算设备的热效率？
3. 企业能源利用的环节有哪些？各环节的节能途径有哪些？
4. 什么叫物质流分析？它的基本思想是什么？
5. 物质流分析指标有哪些？物质流分析对清洁生产的作用有哪些？

8 重点行业清洁生产审核分析

8.1 电厂清洁生产审核案例分析

8.1.1 筹划与组织

8.1.1.1 取得领导的支持

公司领导对清洁生产工作非常重视，成立了以生产厂长为组长的审核领导小组。为发动广大员工积极投身到清洁生产中去，促进企业"节能、降耗、减污、增效"，电厂专门设立了节能奖励基金。

8.1.1.2 成立审核小组

开展清洁生产审核，首先要在组织内部组建一个有权威的清洁生产审核小组。作为骨干力量，该小组对清洁生产审核的有效实施起着至关重要的作用。公司成立了以总经理为组长的清洁生产审核领导小组和以生产技术处处长为组长的清洁生产审核工作小组，并确定了各部门和部门负的责任。

8.1.1.3 审核工作计划

审核工作小组成立后，根据清洁生产审核的要求和公司的实际情况，制定了清洁生产审核工作计划，见表8-1。

表 8-1　审核工作计划

阶段	内容	时间	责任部门	负责人	应出成果
一、筹划与组织	获得高层支持与参与，组建审核工作小组，制定审核工作计划，开展宣传教育	3星期	生产技术处	审核工作小组组长、副组长	企业领导决策，成立审核工作小组，完成工作计划，克服障碍
二、预审核	调研企业的现状，现场考察，评价产污排污状况，确定审核重点，设置预防污染目标，提出和实施无低费方案	4星期	标准化处	审核工作小组副组长	获取各种资料，熟悉现场情况，给出产污排污的真实情况，最终确定审计重点，制定近期、中期、远期目标，实施无低费方案
三、评估	编制审核重点的工艺流程图，实测输入输出物流，建立物料平衡，分析废弃物产生原因，提出和实施无低费方案	5星期	标准化处及各相关部门	审核工作小组副组长	绘制出工艺流程图和单元操作图，进行现场实测，绘制物料平衡图，指明废弃物的产生原因，实施无低费方案
四、备选方案产生和筛选	方案的产生、筛选、研制，继续实施无低费方案	3星期	标准化处及各相关部门	审核工作小组副组长	提出方案，筛选出方案，详细研制方案，实施无低费方案
五、可行性分析	市场调研、技术评估、环境评估、经济评估、推荐可实施方案	3星期	标准化处及各相关部门	审核工作小组副组长	进行市场调研，给出技术、环境、经济评估结果，确定可实施方案

续表

阶段	内容	时间	责任部门	负责人	应出成果
六、方案的实施	组织方案实施,汇总并验证无低费方案成果,已实施方案的成果	5星期	标准化处	审核工作小组组长、副组长	组织方案实施,列表汇总成果,对成果进行评价
七、持续清洁生产	建立和完善清洁生产组织,建立和完善清洁生产制度,制定持续清洁生产计划,编写清洁生产审核报告	3星期	标准化处	审核工作小组组长、副组长	建立清洁生产组织,规范清洁生产制度,确定持续清洁生产计划,完成报告的编写

8.1.1.4 开展宣传教育与发动群众

公司清洁生产启动会召开后,公司领导深知清洁生产工作将会给企业带来的环境及经济效益,邀请咨询单位的审核师对审核骨干人员进行了清洁生产知识培训,让这些骨干在思想上有了一个新的认识,再由这些骨干对所属部门内的员工进行培训。同时,还通过公司厂刊、网站、会议、宣传手册等对员工进行清洁生产宣传。组织员工对本岗位的原材料和能源、技术工艺、过程控制、设备、产品、管理、废物及员工八个方面,提出清洁生产合理化建议。

公司开展清洁生产审核遇到了一些障碍,如不克服这些障碍,很难达到公司清洁生产审核的预期目标。为了克服这些障碍,经过审核小组成员和清洁生产专家共同讨论分析,结果见表8-2。

表 8-2 实施障碍及克服对策

障碍类型	障碍表现	解决对策
观念障碍	①对清洁生产缺乏必要的了解 ②将清洁生产等同于末端治理 ③认为清洁生产不会产生经济效益	进行多形式、多层次清洁生产概念和知识的宣传培训,不断提高员工经济与环境可持续发展的环境意识。与创建清洁工厂的传统意识进行对比区分,使领导和员工转换理念,树立"节能、降耗、减污、增效"的工作意识
技术障碍	①人员少,工作任务重,时间紧 ②现行的行业清洁生产技术还需要论证研究	将清洁生产纳入技术改造中,促进企业的清洁生产;大力开展清洁生产技术的研究开发和推广转让,提高企业技术创新能力,由政府和一些清洁生产咨询机构提供清洁生产技术、信息等服务
组织障碍	①厂内无清洁生产部门 ②适逢大修期间,各部门间协调困难 ③企业全员参与程度低	建立一个规范化的环境管理体系(组织机构、运行机制),作为企业生产经营管理体系中的必要组成部分,从企业的管理制度、规划目标和制度措施上提供组织保证;提高职工的清洁生产意识,建立清洁生产奖惩机制,促进企业职工的普遍参与
经济障碍	①缺乏清洁生产方案实施的资金 ②政府缺乏有利的经济政策	企业将清洁生产纳入自有资金使用安排决策中;政府通过制定财税、金融等优惠政策,如建立清洁生产滚动基金等方式,切实为企业清洁生产提供资金支持
信息障碍	缺乏清洁生产的信息支持	有计划、有组织地建立覆盖地区、部门的清洁生产信息网络,提供清洁生产的信息支持;开展国际清洁生产的交流与合作,促进我国清洁生产的开展

8.1.2 预评估

(1) 企业概况 电厂分两期工程建设,共安装四台机组,总装机容量为1314MW。一期为2台意大利引进的328.5MW燃油汽轮发电机组,后技改为燃煤机组,并于2005年一期投运。二期为2台意大利进口的328.5MW燃煤汽轮发电机组。各机组的详细情况见

表 8-3。

表 8-3 电厂工程概况

电厂工程概况		1 号	2 号	3 号	4 号
锅炉	蒸发量/(t/h)	1080	1080	1100	1100
汽轮机	出力/MW	328.5	328.5	328.5	328.5
发电机	容量/(MV·A)	376.47	376.47	390.67	390.67
烟气治理设备	除尘装置 种类	DEL	DEL	DEL	DEL
	除尘装置 设计效率/%	99.75	99.75	99.8	99.6
	脱硫装置 种类	石灰石-石膏湿法	石灰石-石膏湿法		
	脱硫装置 设计效率/%	95	95		
	烟囱 形式	混凝土	混凝土	混凝土	混凝土
	烟囱 高度/m	210	210	210	210
	烟囱 出口内径/m	5.5	5.5	5.5	5.5
冷却水方式		海水循环	海水循环	海水循环	海水循环
除灰方式		干除灰	干除灰	干湿两用	干湿两用

（2）电厂工艺流程　电厂主要生产工艺为：煤进入炉膛燃烧，将锅炉中的水加热为过热蒸汽，过热蒸汽通过蒸汽管道进入汽轮机，推动汽轮机做功，将内能转化为机械能，汽轮机转动后，带动发电机转动，将机械能转化为电能。煤经过燃烧后产生的烟气经过静电除尘装置将烟气中的烟尘捕捉回收。1 号、2 号锅炉采用干除灰渣、灰渣分除的方式。3 号、4 号锅炉采用水力除灰渣、灰渣混除的方式。电厂工艺流程图见图 8-1。

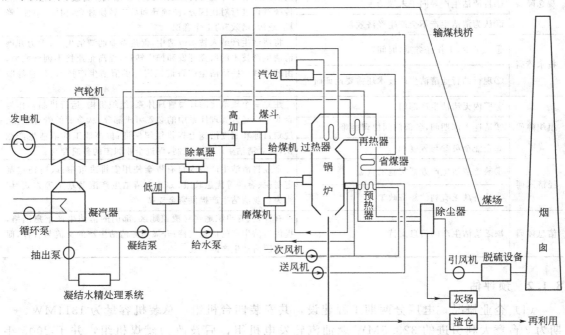

图 8-1　电厂工艺流程图

（3）单元功能操作说明　各单元具体操做功能见表8-4。

表8-4　系统功能简介

单元名称	功能简介
输煤系统	燃煤的装卸、破碎,输送至锅炉原煤仓
制水系统	将海水通过海水淡化系统处理制成电厂所需的工业水
制粉系统	锅炉制粉,由原煤斗、给粉机、磨煤机、分离器、粉仓等组成,主要作用是将原煤磨制成一定细度的煤粉,供给锅炉
给水系统	锅炉供水,由汽机给水泵,通过给水门、调整门进入汽包,保证锅炉给水水量,满足不同负荷的需要
锅炉燃烧系统	由引、送、排风机风道、送风管道、风门、挡板及喷燃器组成,通过调整各部设备,保证锅炉在各种工况下稳定经济地燃烧
除尘器系统	消除烟气中的飞灰,保护环境
输灰系统	将灰渣浆输送至灰场,或由用户装车拉走
工业水系统	由工业水泵及相应管路系统组成,供给各转动设备冷却水、密封水等,以保证其正常运行
锅炉蒸汽系统	由汽包、过热器、再热器、减温器及安全门等组成,作用是将饱和蒸汽加热成一定温度和压力的过热蒸汽送至汽机做功
汽机蒸汽系统	主蒸汽从锅炉到汽轮机,通过蒸汽管道及电动主阀门进入高压联合主汽门,然后进高压缸,在高压缸内做功的蒸汽经过管道中压主汽门进入低压缸做功,最后排至凝汽器
抽气系统	汽轮机做部分功的蒸汽从一些中间级抽出来,导入高、低压加热器,加热锅炉给水和凝结水,减少冷源损失,提高机组的热经济性
油系统	润滑和冷却汽轮发电机组,支持轴承和推动轴承,汽轮机启停时向盘车装置和顶轴装置供油,提供发电机组密封用油,防止氢气外泄,同时还为机械超速危急遮断系统提供压力油
循环水系统	供凝汽器、冷油器及发电机氢气、空气冷却器冷却用水以保证机组正常运行
凝结水系统	汽轮机排汽冷却成凝结水,出凝结水泵升压经过轴封冷却器低压加热进入除氧器,保证汽轮机正常运行
发电系统	将汽轮机转轴上的动能通过发电转子与定子间的磁场耦合作用转换到定子绕组上变成电能
变电系统	升高电压或降低电压进行电力输送和分配

（4）企业物耗、能耗状况　电厂近三年物耗、能耗情况见表8-5。

表8-5　电厂近三年物耗、能耗情况

项　目		2005	2006	2007(上半年)
供电煤耗/[g/(kW·h)]		343	337	335
厂用电率/%		8.50	9.02	9.20
全年供电量/万千瓦时		715500	706500	354200
废水量/万吨		280	250	125
废气	废气量/万立方米(标准状态)	1243000	1254000	710380
	烟尘/t	3000	1140	589.89
	SO_2/万吨	6.55	2.53	1.87
	NO_x/万吨	1.50	1.34	0.735
固废	总灰渣量/万吨	103.7	118.0	68
	粉煤灰产生量/万吨	72.79	82.5	42.7
	炉底渣产生量/万吨	31.51	31.5	21.3
全年新鲜水量/万吨		212.7	226.5	104.3

（5）企业环境状况

① 废气污染。现有大气污染物主要来自锅炉烟气，主要成分为烟尘、二氧化硫、氮氧化物等，污染物排放情况见表 8-6。

表 8-6 大气污染物排放情况

项 目		排放浓度/(mg/m³)	最高允许排放浓度
烟尘	1 号、2 号锅炉	29	30
	3 号、4 号锅炉	142	
SO₂	1 号、2 号锅炉	99	100
	3 号、4 号锅炉	3125	

1 号、2 号锅炉烟尘、二氧化硫浓度达到《××市大气污染物综合排放标准》的要求，3 号、4 号锅炉烟尘、二氧化硫浓度超标。

② 废水污染。电厂投资近千万元，建成两套处理规模为 $75m^3/h$ 的废水处理设备及一套处理规模为 $5m^3/h$ 的含油废水处理设备，实现了工业废水零排放。厂区及生活区的生活污水经简单处理后排放，满足污水综合排放标准（GB 8978—1996）中三级排放标准要求。

表 8-7 污水综合排放标准（GB 8978—1996）

项 目	单 位	最高允许浓度	电 厂
COD 排放浓度	mg/L	150	89
SS 排放浓度	mg/L	200	56

③ 固体废物污染。电厂固体废物主要为燃煤产生的粉煤灰、炉渣以及一期脱硫系统产生的脱硫石膏。粉煤灰、炉渣采用干除灰渣、灰渣分除的方式。

（6）产污原因分析 污染物产生原因分析见表 8-8。

表 8-8 污染物产生原因分析

主要废物产生源	原 因 分 析						
	原辅材料、能源	技术工艺	设备	过程控制	废物特性	管理	员工
烟气	原煤中含有灰分、硫分及有害元素	3 号、4 号锅炉无脱硫设施	脱硫系统设计、脱硫能力不能满足煤质的变化	由于煤质偏离设计煤种，煤质较差，需进一步优化锅炉的燃烧方式	污染大气产生酸雨	—	加强脱硫除尘设备的检修
废水	已经实现工业废水零排放	—	—	—	—	—	—
灰渣	原煤中含一定量的灰分	没有完全使用干除灰技术	燃烧不充分	—	灰渣贮存需占地，易产生扬尘	—	—
噪声	—	对工艺条件要求较高	—	降噪措施还需进一步加强	产生噪声污染	—	—
粉尘	煤场卸煤及灰场扬尘，造成物料存储、运输过程中流失	稳定性控制较难	喷淋装置效果进一步加强	—	大气中形成颗粒污染物	加强除尘设备、设施控制	—

（7）清洁生产指标分析 清洁生产水平评价指标应能反映"节能"、"降耗"、"减污"和"增效"等有关清洁生产最终目标。

通过与《清洁生产标准 燃煤电厂》（征求意见稿）中有关指标对比分析，该电厂达到一级的有 21 项，占评价指标的 75%；达到二级的有 4 项，占评价指标的 14.3%；达到三级和达不到三级的 3 项，占评价指标的 10.7%。

（8）预评估阶段发现的问题

① 通过与燃煤电厂清洁生产指标对比发现，电厂供电煤耗为 334.5g/(kW·h)，未达到清洁生产三级标准。通过预评估阶段的初步分析，导致供电煤耗高的原因是电厂的自用电率较高。

② 3 号、4 号锅炉未安装烟气脱硫装置，导致 3 号、4 号锅炉烟气中二氧化硫浓度超标。

③ 煤露天堆放，大风天气下存在粉尘污染，对周围的大气有一定的污染，且大风、大雨时存在存煤损失。

④ 除尘器由于设计年限的限制、设备的老化以及煤种的变化，不能满足日益严格的环保要求，建议对电厂除尘器进行增效改造。

（9）利用权重总合法确定审核重点 见表 8-9。

表 8-9 电厂权重总和法确定审核重点

因 素	权重 W（1~10）	方案得分 R（1~10）			
		SO_2	厂自用电	水	灰渣
废物量	8	9	8	7	9
环境代价	10	9	9	9	8
清洁生产潜力	9	9	9	8	8
经济可行性	8	9	9	8	8
技术可行性	9	9	9	8	7
总分 $\sum RW$		396	388	354	351
排序		1	2	3	4

从前面的分析中可以得出，该发电厂整体清洁生产形势较好，但在对原辅材料的合理、节约利用方面以及污染物的治理方面工作尚有不足。3 号、4 号机组还没有配备烟气脱硫设施，电厂的自用电率偏高，存在一定的清洁生产潜力。结合权重总和计分排序法结果，确定本轮清洁生产的审核重点为全厂范围内的烟气脱硫处理和降低厂自用电率。

（10）清洁生产目标的确定 电厂清洁生产目标见表 8-10。

表 8-10 电厂清洁生产目标

序号	项 目	现状	近期目标（2009 年底）	远期目标（2011 年底）
1	厂自用电率/%	8.64	8.4	8.1
2	供电煤耗/[g/(kW·h)]	334.5	333	330

8.1.3 评估

8.1.3.1 物料评估

火力发电厂的生产过程实际上是一个能源转换的过程，主原料是煤炭，主产品是清洁的电力能源。该发电厂主要原料为煤，主要生产工艺为：煤进入炉膛燃烧，将锅炉中的水蒸发为过热蒸汽，过热蒸汽通过蒸汽管道进入汽轮机，推动汽轮机做功，将内能转化为机械能，汽轮机转动后，带动发电机转动，将机械能转化为电能。

8.1.3.2　能量评估

能量平衡是以企业为对象，研究各类能源的收入与支出平衡、消耗与有效利用及损失之间的数量平衡，进行能量平衡与分析。

火力发电厂能量平衡工作的目的是通过全厂能流图数据表和能流图，表示出火力发电厂各主要生产环节各种能源的收入和支出情况、消耗与有效利用及损失之间的数量关系。找出火力发电厂节能潜力之所在，并据此提出火力发电厂节能工作的方向，有针对性地实施节能技术改造，从而提高火力发电厂能源利用率。电厂锅炉热效率计算见表 8-11。

表 8-11　电厂锅炉热效率计算表

项　　目	数值/%	项　　目	数值/%
排烟热损失	5.68	散热损失	0.37
机械不完全燃烧损失	0.81	其他热损失	0.9
化学不完全燃烧损失	0.081	锅炉热效率	92
灰渣物理热损失	0.12		

通过锅炉热效率的计算表（表 8-11）可知，排烟热损失是锅炉的主要热损失。降低锅炉排烟热损失的一个重要途径是安装省煤器系统，利用锅炉的余热对热力系统中的凝结水加热，既可利用锅炉排烟余热获得电能，同时较大幅度降低锅炉的排烟温度。现电厂已安装省煤器对锅炉的余热进行回收，为进一步降低排烟温度，建议加强管理，采取有效措施，进一步提高锅炉省煤器的换热效果。

表 8-12　电厂自用电

项　　目	数值/%	项　　目	数值/%
给水泵	3.19	送风机	0.2
循环泵	0.97	凝结泵	0.18
磨煤机	0.95	脱硫	0.85
一次风机	0.76	除尘	0.35
引风机	0.68	其他辅机	0.84
强制泵	0.23	厂自用电率	9.20

通过电厂用电能流的计算表（表 8-12）可知，电厂厂自用电率为 9.20%，与同行业企业相比，电厂的自用电较高。分析原因如下。

① 给水泵为电厂最主要的耗电设备，目前给水泵为电动给水泵导致耗电量较高。

② 由于煤质较差，3 号、4 号锅炉磨煤机使用中速钢球磨。中速钢球磨耗电量较高，导致 3 号、4 号磨煤机与 1 号、2 号磨煤机相比，耗电量高。

③ 输煤系统由于跑偏以及后级皮带犁煤器犁煤不净导致皮带机空转，造成电能的浪费。

④ 部分大功率用电设备如循环泵、凝结水泵等未采取变频调节技术，导致在负荷变化时因无法调速造成电能的浪费。

8.1.3.3 水平衡

该发电厂供水水源可分为地表水源和地下水源两部分，地表水源为海水，海水经淡化后供化学水处理系统、部分辅机设备的冷却补水；地下水源为电厂自备的深井，主要供给脱硫系统补水、厂区内外生活用水和厂区绿化用水等。电厂水平衡图见图 8-2。

8.1.3.4 硫元素平衡

电厂 1 号、2 号锅炉 S 元素代谢排污物料情况见表 8-13。

表 8-13 电厂 1 号、2 号锅炉 S 元素代谢排污物料情况表

项目	数值
1 号、2 号锅炉燃煤量/t	1685600
1 号、2 号锅炉 SO_2 排放量/t	1219.68
脱硫石膏产生量/t	107000
脱硫石膏含水率/%	15

通过对以上脱硫系统进行评估可知

① 目前，脱硫系统运行正常，2007 年烟气的脱硫效率在 96% 左右。但是由于目前燃煤市场的变化，脱硫系统的设计脱硫能力已经不能满足煤种的变化，建议对脱硫系统进行改造，确保脱硫后烟气达标排放。

② 脱水后的石膏含水率超标（10%），2007 年所测石膏的含水率在 15% 左右。

8.1.3.5 评估阶段电厂存在问题

通过对上述物料及流程的具体分析、计算，提出以下问题及整改措施。

① 煤露天堆放，煤场无挡风墙，在大风大雨天气下污染周围环境且存在一定量的存煤损失，建议煤场增设挡风墙。

② 由于设计年限的限制及煤质的变化，静电除尘器的除尘效率已不能满足日益严格的环保要求，建议对静电除尘器进行增效改造，确保烟尘的达标排放。

③ 1 号、2 号机组脱硫设施的设计脱硫效率已不能适应煤种的变化，脱硫设施的容量较小，建议对脱硫系统进行进一步改造。

④ 3 号、4 号机组无脱硫装置，烟气经电除尘后直接排放，烟气中二氧化硫的浓度较高，建议 3 号、4 号机组增加脱硫装置。

⑤ 电厂大型用电设备耗电量较大，厂自用电率较高。建议进一步分析厂自用电率高的原因，降低厂自用电率。

⑥ 脱硫石膏含水率为 15%，超过设计脱硫石膏的含水率，建议进一步分析影响真空皮带脱水的因素，加强控制，降低脱硫石膏含水率。

⑦ 电厂废水较少，废水在集水池中存储三天左右进入废水处理设备进行处理。由于废水处理采用生物滤池法，生物滤池长时间不运行容易造成生物膜的脱落，影响废水的处理效率。建议将废水处理设施小流量运行，确保废水的达标排放。

⑧ 加强控制，优化运行参数，提高空气预热器的温度，降低排烟温度，进一步降低厂发电煤耗。

8.1.4 方案产生及筛选

8.1.4.1 方案的产生

共产生清洁生产方案 37 项，方案中所需投资 5 万元以下为无低费方案，共计 24 项；方

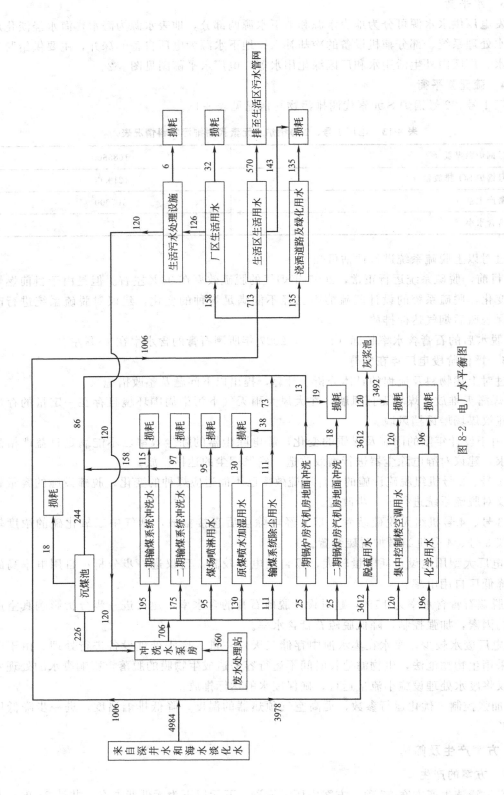

图 8-2 电厂水平衡图

案中所需投资 5 万元以上为中高费方案，共计 13 项。无低费方案汇总表见表 8-14，中高费方案见表 8-15。

表 8-14　无低费方案汇总表

方案编号	产生方面	方案名称	建议内容
DF01	原辅材料和能源	煤场喷洒水装置运行完善	在大风天气时煤粉乱飞，浪费能源、污染环境，完善喷洒装置的运行，及时、有效地喷水可大大减轻上述问题
DF02	设备方面	对凝结器进行高压清洗	对凝结器进行高压清洗，确保汽机真空
DF03	设备方面	逐步推广节能灯具的使用	厂内新购置的灯具尽可能选择节能灯具，逐步推广节能灯具的使用
DF04	设备方面	公共建筑照明改造	办公楼楼道、卫生间采用声、光控开关控制照明灯具，可避免白天及夜间长明灯现象，节约用电
DF05	废物利用	锅炉伴热回汽回收利用	将伴热回汽回收利用，减少浪费，节水节能
DF06	过程控制	加装水表	加强对车间和生活区用水情况的监管，避免浪费
DF07	过程控制	冬季采暖供热温度控制	冬季采暖供热温度根据室外气温变化情况加强调节，防止室温过高，造成不必要的浪费
DF08	管理方面	控制厂内、外浴室用水量，杜绝浪费	目前，厂内、外浴室用水浪费较严重，用经济的手段促使厂内、外浴室节约用水，可以采用刷卡计费的方式使洗澡花费与消耗资源量挂钩，减少洗浴用水的浪费
DF09	管理方面	加强节水节电等宣传管理工作	加强节水节电等宣传管理工作，提高全体员工的节水节电意识
DF10	管理方面	制定节能降耗奖励的具体政策	制定并完善节能降耗奖励的具体政策，在厂内贯彻下去，发动广大员工积极投身到清洁生产中去，促进企业节能、降耗、减污、增效
DF11	设备方面	低、高压系统阀门内漏处理	消除低、高压系统阀门内漏，对内漏严重的阀门进行更换或检修
DF12	设备方面	检查给水泵再循环门	加强对给水泵再循环门的检查，消除再循环门的漏流，提高给水泵的效率，节约用水
DF13	废物利用	更换下来的废件重新利用	根据电厂《修旧利废管理办法》，将本班组更换下来的部件返厂检修，重新调试，作为机组备件，可以节省重新购买备件的费用
DF14	设备方面	加强对烟风系统的检修	检查烟风系统漏风漏灰部位，及时检修
DF15	设备方面	空气预热器元件清除积灰	利用高压水对空气预热器进行冲洗，清除积灰
DF16	设备方面	锅炉加装空气预热器入口氧量表	将锅炉加装空气预热器入口氧量表，使氧量测量更加准确，提高燃烧效率
DF17	管理方面	加强煤场的管理，确保入炉煤的品质	搞好煤的验收、贮存、保管及配用，严格规章制度，确保每车煤的品质，严禁不合格的煤进场
DF18	设备方面	加强保温措施，减少散热损失	检查管道、管网是否绝热良好。改进保温材料，增加保温壁厚度以减少散热损失
DF19	管理方面	加强对设备的检修，减少跑冒滴漏的损失	对电厂机器进行定时检修，以减少跑冒滴漏造成的损失
DF20	设备方面	减少制粉系统漏入的冷风	制粉系统启动时尽量盖好给煤机上盖，在打开入孔检查后及时回关，减少冷风的漏入
DF21	管理方面	电厂实行精益化管理	对电厂实行精益化管理，为节能减排提供支撑
DF22	过程控制	磨煤机风煤比合理化调整	对磨煤机风煤比例进行优化，保证风量、煤量准确，降低磨煤机的电耗
DF23	过程控制	降低磨煤机投加钢球量	降低磨煤机投加钢球量，降低磨煤机的电耗
DF24	设备方面	对炉膛漏风处进行检修	对锅炉炉膛漏风处进行检修，降低排烟温度

表 8-15 中高费方案汇总表

方案编号	产生方面	方案名称	建议内容
HF01	设备方面	输煤系统导料槽封闭	输煤系统扬尘及撒落严重段导料槽封闭
HF02	设备方面	输煤系统犁煤器改造	对输煤系统 22 台犁煤器进行改造,彻底解决由于皮带犁煤不净造成的前级皮带必须陪同运行的问题
HF03	设备方面	二期输煤系统皮带机整机调整、跑偏治理	通过二期输煤系统皮带机整机调整找正,改造落煤筒,调整落煤点,调整清扫器、挂煤器,更换新型调偏器等工作,消除皮带跑偏现象,提高皮带系统出力
HF04	设备方面	4 号炉电除尘改造	由于设计年限的限制,除尘器的除尘效率已不能满足日益严格的环保要求,对电除尘器进行增效改造
HF05	设备方面	3 号、4 号炉增加脱硫设备	3 号、4 号炉增加脱硫设备,采用湿法脱硫,脱硫效率97.2%,产生的脱硫石膏用于生产石膏制品、作水泥缓凝剂
HF06	设备方面	煤场增加挡风抑尘墙	煤场增加挡风抑尘墙
HF07	设备方面	1 号、2 号锅炉脱硫系统改造	1 号、2 号锅炉脱硫系统的设计脱硫能力已不能适应煤种的变化,建议对脱硫系统进行改造,确保电厂烟气达标排放
HF08	工艺方面	石膏脱水改造	目前,1 号、2 号锅炉烟气脱硫石膏的含水率超过设计脱硫石膏含水率,建议对真空皮带脱水系统进行改造
HF09	设备方面	除氧器排汽回收	电厂锅炉采用热力除氧的方式,在氧气排空过程中会有相当部分蒸汽随废气排出,造成能源浪费和热污染。通过加装除氧器乏汽回收装置,对除氧器排出的乏汽进行回收利用
HF10	设备方面	大型用电设备增加变频装置	建议对电厂大型用电设备安装变频调节装置,降低厂自用电率
HF11	工艺方面	电动给水泵改汽动给水泵	建议将电动给水泵改为汽动给水泵,利用锅炉富余蒸汽推动水泵做功,降低厂自用电率
HF12	工艺方面	电厂 3 号、4 号炉全部采用干除灰	目前,3 号、4 号炉部分采用湿除灰的方式,浪费大量的水且易对贮灰场造成二次污染。建议将除灰方式全部改为干除灰,节约水资源,保护环境
HF13	工艺方面	电厂 3 号、4 号炉采用无油点火	电厂一期锅炉采用无油点火的方式,节约了大量的燃料油消耗,建议将 3 号、4 号锅炉点火方式改为无油点火

8.1.4.2 方案的确定

本轮共确定可实施无低费方案 24 项,中高费方案 11 项。中高费方案 HF12、HF13 目前由于经济方面的原因,暂缓实施。

8.1.5 可行性分析

8.1.5.1 储煤场增加挡风抑尘墙

(1)方案简述　目前,电厂储煤场中煤露天堆放,在风力的作用下,露天煤堆会产生大量的粉尘,造成电厂一定量存煤损失,对环境造成污染。为解决煤场粉尘污染问题,该发电厂增加了水喷淋装置,对煤场进行定期喷淋,抑制了工作时的粉尘污染,对大风天气下的扬尘也有一定的抑制作用。但是不能彻底解决大风天气下煤场对环境的污染问题。因此,建议煤场增加挡风抑尘墙,通过挡风墙削减煤场的风力,降低大风天气下的粉尘污染和存煤损失。

(2)挡风抑尘墙的防尘机理

① 基本原理。挡风抑尘墙能大量降低露天煤堆场的起尘量,其机理是通过降低来流风的风速,最大限度地损失来流风的动能,避免来流风的明显涡流,减少风的湍流度来达到减少起尘的目的。设置合理的挡风抑尘墙,其综合防尘效果能达到 85%以上。

煤堆场起尘的原因:当外界风速达到一定强度,风力使煤堆表面颗粒产生向上迁移的动力，该力大于颗粒自身重力和颗粒之间的摩擦力以及其他阻碍颗粒迁移的外力时，颗粒就离开煤堆表面而扬尘。

研究露天堆煤场煤尘扩散规律发现，煤堆起尘与风速关系如下：

$$Q = a(v - v_0)^n$$

其中，Q 为煤尘起尘量；v 为风速；v_0 为起尘风速；a 为相关系数；n 为指数（>1.5）

由上式可见，只有当外界风速大于起动风速时，堆场才起尘。煤堆起尘量 Q 和堆场实际风速与起尘风速之差（$v - v_0$）的高次方成正比。要使煤尘起尘量 Q 变小，主要的方法是降低 $v - v_0$ 的差值。设置挡风抑尘墙的目的是将 v 值变小，通过煤场喷淋加湿手段将 v_0 变大，这样就能达到减少 Q 值的目的。

② 起尘量与损失风动能的关系。当风通过挡风抑尘墙时，不能采取堵的办法将风引向上方，而应让一部分气流经过挡风抑尘墙进入墙内的庇护区，另一部分气流向上绕过挡风抑尘墙进入墙内的庇护区，这样做的目的是使风的动能损失最大，煤堆起尘量最小。即以损失风动能达到最大限度地减少煤堆起尘的目的。

③ 煤堆场起尘量与风湍流度的关系。由于气象、地形及堆场内物料情况等因素影响，堆场具有阵发性风，易形成湍流风，使堆场内的煤尘起尘量增加。而挡风抑尘墙对所形成的湍流风有破碎作用，可以减少风的脉动速度，从而减少煤堆的起尘量。

④ 煤场起尘规律。煤场内的煤起尘一般分煤堆场表面的静态起尘和装卸过程中的动态起尘两种。静态起尘主要与煤的颗粒组成和煤炭表面含水率、环境风速等关系密切；动态起尘主要与作业落差、装卸强度等相关联，人为因素较多。

（3）可行性分析

① 技术可行性分析。电厂使用的挡风墙，并不是简单的一堵"墙"，而是由挡风抑尘板组成的。挡风墙不做成一堵墙是因为一般电厂煤堆较高，墙应比煤堆还要高，立一堵这么高的墙，考虑墙本身的质量以及风压、墙的厚度和基础都会非常大，造价高而且很不美观，也没有必要。

目前，电厂使用的挡风墙一般包括三部分：基础、支护结构和挡风抑尘板。

地下基础可以现场浇注混凝土，也可预制混凝土块；支护结构，采用钢支架制成，以提供足够的强度，保证足够的安全系数，以抵御强风的侵袭，同时考虑了整体造型的美观。使用挡风抑尘板组成的"墙"，墙体用无机非金属材料经模压一次成形，自重很轻，墙体上的孔可以让风通过，降低风压，因此墙体的支撑和基础都不必太大，同样可以达到"挡风"的效果。

非金属挡风抑尘板成一定角度组合，根据空气动力学原理，当风通过由"挡风抑尘板"组成的"挡风墙"时，墙后面出现分离和附着两种现象，形成上、下干扰气流，降低来风的风速，极大地损失来风的动能，减少风的湍流度，消除来风的湍流，降低对煤堆表面的剪切应力和压力，从而减少起尘率。从图 8-3 可以看出，风通过挡风板后，气流相互干扰，从而起到降低风速的作用。

挡风抑尘板在露天储煤场的使用，一般要解决设板方式、设板高度和挡风板开孔率三个主要问题。

a. 设板方式。储煤场设置的挡风抑尘板，一般分为主导风向设板和煤场四周设板两种方式。采用何种方式主要取决于储煤场范围大小、形状和地区的风频分布等因素。

b. 挡风抑尘板的高度。对于一般的露天储煤场来说，需要根据储煤场地形、煤堆放置

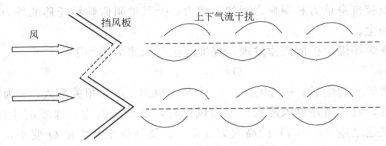

图 8-3　气流通过挡风板示意图

方式、挡风板及设置方式，求出板高与煤堆高度、板高与庇护范围的关系，结合储煤场附近的环保标准等综合因素确定储煤场挡风抑尘板的高度。

c. 挡风抑尘板的开孔率。开孔率是指开孔透风面积和总面积之比，它是设计挡风抑尘板的一个重要参数。不同材质的抑尘板，开孔率不同，透风系数也不同，达到的抑尘效果也就不同。实践证明，开孔率一般在 15% 以上时，防尘效果良好。

② 环境可行性分析。煤场采用挡风抑尘墙，解决了煤场的煤尘污染问题，对周边环境的改善起到决定作用，有明显的环境效益。

③ 经济可行性分析。总投资 400 万元，建成挡风抑尘墙后预计每年能够减少飞扬煤尘约 2000t，按燃煤 500 元/t 计，可节约燃料成本 100 万元，净利润 40.2 万元/年，5 年可回收成本。

8.1.5.2　除氧器排汽回收

（1）方案简述　锅炉给水虽然经软化或除盐等方法处理，使锅炉受热面不结水垢，但水中仍含有氧和其他气体，其中氧是给水系统和锅炉的主要腐蚀性物质。给水中的氧应当迅速得到清除，否则它会腐蚀锅炉的给水系统和部件，腐蚀产物氧化铁会进入锅内，沉积或附着在锅炉管壁和受热面上，形成难溶而传热不良的铁垢，而且腐蚀会造成管道内壁出现点坑，阻力系数增大。腐蚀严重的时候，甚至会造成管道爆炸事故。

根据亨利定律可知，水中氧等气体的溶解度与其在液面上的分压力成正比（同时与水的温度有关），并随着水温的升高而降低，水的温度达到沸点时，就不再具有溶解气体的能力，此时水面上的蒸汽与外界压力相等，气体的分压等于零，水中的溶解氧也降低到零，使溶解气体从水中溢出。热力除氧就是利用此原理。

该发电厂采用热力除氧法用于锅炉给水的除氧，为了达到良好的除氧效果，除氧器在运行时必须注意以下两点。

① 除氧水必须加热到除氧器工作压力下的饱和温度，提供气体从水中分离出来的必要条件。

② 必须及时地把水中分离出来的气体排出设备，使汽气空间中氧气的分压力减小，水中氧气与汽气空间中氧气的分压差增大，分离出来的氧量增加，一般情况下除氧器排气门开大，排出的汽气混合物增加，除氧塔内气流流速增大，对除氧有利，但也增大了工质和热量的损失，所以合理的排汽门开度可以保证良好的除氧效果，并减少热损失。

从实际运行经验来看，即使除氧器保持了合理的排汽门开度，仍然不可避免地损失掉一部分工质和热量。同时除氧器排汽还造成噪声污染和机房顶蒸汽缭绕（俗称"冒白龙"）。因此，加装除氧器余汽回收装置，既可解决噪声污染及"冒白龙"问题，同时还可回收大量工质及热量。

（2）工艺方案的选择

① 余汽回收装置形式的选择。通常采用加装换热器的方法回收除氧器余汽。根据换热器原理的不同，余汽冷却器通常有三种形式：风冷式换热器、表面式换热器及混合式换热器。

a. 风冷式换热器。换热性能较好的风冷式换热器采用国外先进的"熵立得"换热管技术制造而成。其优点是系统连接简单，可直接安装在除氧器的排汽管上，不必对机组热力系统进行改动。其缺点是需要配置较大功率的风机，运行费用高（耗电大），需定期进行维护检修，单台设备造价较高，与其配套的风机运行时噪声较大。

b. 表面式换热器。表面式换热器的优点是换热效果好，回收工质比较充分，可彻底消除除氧器对外排汽。但是，表面式换热器内部的铜管受到余汽中氧气的侵蚀，在运行一段时间后会发生腐蚀泄漏，检修维护量很大。另外，表面式换热器与机组热力系统的连接较为复杂，换热器的水侧、汽侧及疏水管路均需在不对机组系统产生不利影响的前提下实现有机连接。通常，表面式换热器的冷却水水源选用机组的凝结水或低压除氧器的冷却水（除盐水），但在将换热器串接入凝结水（除盐水）等系统中时，从设备检修切换系统的角度考虑，必须配置换热器的旁路系统。因而，采用表面式换热器的系统布置较为繁琐，安装工作量大，占用场地也较多。

c. 混合式换热器。采用旋膜换热技术制造的混合式换热器，其换热效果及吸收工质的能力均优于风冷式换热器及表面式换热器。混合式换热器同样可以彻底地消除除氧器的余汽的对外排放，相对于表面式换热器，混合式换热器与机组热力系统的连接十分简便，可在除氧器就地实现直接连接，而不必对机组系统进行任何改动，场地占地很少。而且，混合式换热器价格相对价廉，安装施工简捷，正常运行中基本没有维护量。

发电厂选择除氧器余汽回收设备时，主要考虑设备的换热性能和系统的连接特点，经过性能价格以及环保因素的综合比较，建议采用旋膜式换热器作为除氧器余汽回收设备。

② 余汽换热器系统连接方式的确定。以低压除氧器补充水即化学除盐水作为换热器的冷水源，将换热器设置在汽机除氧器平台处，换热器的疏水可以直接排至疏水箱，从而实现工质的完全回收。

（3）效益评估

① 环境效益。投入余汽换热器回收装置后，消除了机房顶排汽"冒白龙"的现象，同时彻底消除了除氧器排汽噪声污染及热污染，大大改善了周边的环境，对于发电厂建立自身的环保形象具有积极的意义。

② 经济效益

a. 工质的回收量。以一台1200t/h除氧器计，排汽量为3.6t/h，取50％为蒸汽，则蒸汽排放量为1.8t/h。蒸汽排放彻底回收后，每年可以回收疏水14400t。公司制水成本以6元/t计，经济效益为8.64万元/年。

b. 热量的回收。高压除氧器水的温度约为170℃，饱和蒸汽焓值为2773kJ/kg，每台高压除氧器每年所排放的热量为39931GJ，燃煤发热量为0.02036GJ/kg，因此除氧器年排放热量折合燃煤1961t。

余汽换热器系统投入后，可完全回收高、低压除氧器排放的热量，相当于节约燃煤1961t，按燃煤价格500元/t计，年经济效益为98.05万元。

通过该方案的实施，总投资费用20万元，总经济效益为106.69万元/年，净利润

70.14 万元/年，一年内即可回收成本。

8.1.5.3 大型用电设备增加变频器（以凝结水泵为例）

（1）简述 大型用电设备（如水泵、循环泵）等的耗能在交流电动机总耗能中占很大的比重。这些设备都是根据生产中可能出现的最大负荷条件来选择的，但实际运行中往往比设计的要小得多，并且由于电网调峰的需要，两台机组夜间低负荷运行时间长，白天负荷变化频繁，设备大部分时间在中、低负荷状态运转。而电机采用定速方式运行，出口流量只能依靠控制阀门调节，节流损失大、出口压力高、系统效率低。同时由于频繁的开关调节，容易引发各种故障，使现场维护量增加，造成各种资源的浪费。

通过安装变频调速装置可以根据系统的需要调节电机的转速，消除节流损失，节约能量，提高设备的运行效率和可靠性。目前，变频调速装置已广泛应用于水泵、风机等用电设备的节能上。

（2）安装变频调节的必要性 在机组运行中，凝结水泵定速运行，凝结水经水泵升压后流经轴加，通过主凝结水调节阀和低加进入除氧器，通过调整主凝结水调节阀的开度来调节凝结水量，维持除氧器水位的稳定，满足机组运行的需要。另外凝结水还供给汽轮机低压轴封汽减温用水，以及低压旁路减温、汽机低压缸喷水减温等用水。为防止机组低负荷运行时凝结水系统超压和凝结水泵汽蚀，还设计有凝结水再循环管路，再循环调节阀配合调整除氧器水位，维持管道正常压力。目前凝结水泵运行存在以下问题。

① 调节阀两端压差大，控制质量不高，其节流损失不仅造成凝结水泵的经济性低、能耗大，而且还使凝结水泵电机运行中振动大、线圈温度高。

② 凝结水系统压力高，水击使再循环调节阀体冲蚀，造成管道振动等，给机组的安全运行带来一定的影响。

③ 除氧器水位调节在机组低负荷段采用单冲量调节，在高负荷段采用三冲量（给水流量、凝结水流量、除氧器水位）调节，不能适应机组多变的运行工况。

通过调整凝结水调整阀门节流运行方式不仅浪费了大量的电能，而且增加了检修费用和人员的工作量。为降低凝结水泵单耗，降低发电成本，有必要对凝结水泵实施技术改造。

（3）变频器节能原理 变频调速具有优异的调速和启动性能，高效率、高功率因数和良好的节电效果，并且具有广泛的适用范围，被国外认为是最有发展前途的调速方式之一。

变频器调速技术的基本原理是根据电动机转速与工作电源输入频率成正比的关系：$n = 60f(1-s)/p$，式中，n 为转速；f 为输入频率；s 为电动机转差率；p 为电动机磁极对数。通过改变电动机工作电源频率达到改变其转速的目的。

由流体力学可知，液体的流量与泵的转速的一次方成正比，压力与转速的二次方成正比，泵的轴功率与转速的三次方成正比。采用变频调节器进行调速，当流量下降到额定的 80% 时，转速也下降到额定转速的 80%，而泵的轴功率将下降到额定功率的 51.2%，节能 48.8%。经济效益是十分明显的。

现在有很多电力企业已经采用新型的高压大功率变频调速装置应用于水泵、风机等大型用电设备中，取得了良好的应用效果。高压变频器具有以下优点。

① 采用先进的整流技术，减少了输出侧的电流谐波，提高了功率因数，解决了对电网的谐波污染，无需任何滤波或功率因数的补偿。电动机实现了真正的软启动、软停运，变频器提供给电机的无谐波干扰的正弦波电流，峰值电流和峰值时间大为减少，可消除对电网和负载的冲击，避免产生操作过电压而损失电机绝缘，延长电动机和水泵的使用寿命。同时，

变频器设置共振点跳转频率，避免水泵处于共振点运行的可能性，使水泵工作平稳，轴承磨损减少，启动平滑，消除了机械的冲击力，提高了设备的使用寿命。

② 变频器自身保护功能完善，同原来的继电保护比较，保护功能更多，更灵敏，大大加强了对电动机的保护。

③ 采用变频调节，实现了挡板、阀门全开，减少了挡板、阀门节流损失，且能均匀调速，满足调峰需要，节约了大量的电能，具有明显的节电效果。

④ 调速范围宽，采用变频调节，系统调频范围为 $0 \sim 50$Hz，大大增强了工艺调节能力。

⑤ 高压大功率变频器是成套设备，安装快，调试周期短。

（4）可行性分析

① 技术可行性分析。通过调整凝结水调整阀门节流运行方式属于非变速调节，通过关小泵出口管路上阀门或挡板的开度，使管路局部阻力损失增加，造成管路性能曲线变陡，进而改变工况，调节流量。这种调节方式投资小，简单可靠，灵活方便。但凝结水泵能量损失大，经常处于非设计工况运行，凝结水水位较难控制，经济性较差。

采用异步电动机的变频调速，可以较好地控制系统性能，提高运行效率。减少了设备内部应力，延长电机寿命。泵的流量正比于转速，功率正比于转速的三次方。因此，在启动时，可通过控制频率来缓慢增加速度，实现无级调速，形成软启动，大大减少了凝结水泵的工作电流，降低了启动功率，具有非常明显的节能效果，且可防止电流冲击和"水锤"现象，减少维护量，延长系统寿命。运行在非设计工况时，随转速的降低，其必需汽蚀余量与转速的平方成正比，这时将会大大降低必需汽蚀余量，减少泵内发生汽蚀的可能性，延长泵的寿命。

为确保汽水工艺系统安全稳定运行，设计只用一台变频器控制一台泵，而另一台凝结水泵继续进行工频运行，用来变频器故障时备用投入，变频调速系统的自动调节控制部分采用PLC 控制器。

② 环境可行性分析。通过安装变频调节器，降低了用电设备的电耗，进而减少了煤耗，同时降低了设备运行时对周围环境的噪声污染。

③ 经济可行性分析。安装 4 台变频器总投资约 320 万元。一台凝结水泵功率为 429kW，按年运行 8000h 计算，一台凝结水泵耗电量为 343.2 万千瓦时，4 台凝结水泵总耗电量为1372 万千瓦时。按节电率 30% 计，年节电量为 411.6 万千瓦时。年经济效益 131 万元，净利润 66.33 万元/年，三年可回收成本。

8.1.5.4 电动给水泵改为汽动给水泵

（1）方案简述 给水泵是电厂耗电最大的辅机设备，电厂给水泵的用电率在 3.19%，随着竞争上网的市场形势的发展，如何降低自用电率成为各电厂普遍关心的问题。建议对电厂给水泵进行改造，将电动给水泵改为汽动给水泵。如采用锅炉的富余蒸汽驱动给水泵或利用汽轮机抽汽驱动给水泵，从而减少厂的自用电率，降低供电煤耗。

（2）可行性分析

① 技术可行性分析

a. 利用富余新汽驱动给水泵。在电力供应紧缺的情况下，中小热电厂锅炉容量有富余时，用新汽拖动汽动给水泵，排汽并入外供热网，减少主汽轮机的外供抽汽，同时减少厂自用电率，增加外供电量。在外供热电负荷相同时，这种方法不节能，但上网电量增多，增加了电厂的经济效益。

b. 利用抽汽驱动给水泵。电厂低加除氧器采用大气式，压力 0.02MPa，加热出水温度为 104℃。加热蒸汽采用压力为 0.05～0.1MPa，稳定为 150～170℃比较适宜，能级比较匹配。但是，由于各种原因，汽轮机抽汽压力不匹配，在电场中，供热抽汽压力和温度远远高于加热蒸气所需的温度。因此，常用的方法是将抽汽经阀门减压至 0.1～0.2MPa 再送往低加除氧器。此时，在减压过程中，存在着明显的冷源损失，因此，将供热抽汽先送入小汽轮机，使之拖动给水泵，排汽 0.1MPa 入除氧器加热给水，既回收了节流损失，又节省了给水泵的厂用电。

根据电厂的实际情况，建议采用汽轮机抽汽驱动锅炉给水泵，达到降低给水泵耗电量、降低厂自用电的目的。

② 环境可行性分析。通过将电动给水泵改为汽动给水泵，可以降低给水泵的耗电量，降低煤耗，减少 SO_2、烟尘等污染物的排放。

③ 经济可行性分析。电厂共有 6 台给水泵，建议将 3 台改为汽动，其余 3 台仍电动运行，以避免因设备故障而影响正常生产。3 台给水泵电动改汽动总投资约为 400 万元，年耗电量为 428 万千瓦时，按上网电价 0.35 元/千瓦时计算，3 台给水泵改为汽动，年可节约资金 150 万元。净利润 73.7 万元/年，三年半可回收成本。

8.1.6 方案实施

8.1.6.1 方案实施进度

本轮审核共提出可行的方案 35 项。24 个无低费方案已经实施了 23 个，11 个中高费方案共实施完成 4 项，正在实施 2 项。

8.1.6.2 方案效益汇总

无低费方案效益见表 8-16，已实施、正在和计划实施的中高费方案效益见表 8-17、表 8-18。

表 8-16 无低费方案效益一览表

方案编号	方案名称	效 益
DF01	煤场喷洒水装置运行完善	减少存煤损失 经济效益:2.1 万元/年
DF03	逐步推广节能灯具的使用	节电:5.3 万度/年 经济效益:1.7 万元/年
DF05	锅炉伴热回汽回收利用	节水:0.9 万吨/年 经济效益:5 万元/年
DF06	加装水表	节水:0.4 万吨/年 经济效益:2.3 万元/年
DF07	冬季采暖供热温度控制	经济效益:0.2 万元/年
DF08	磨煤机风煤比合理化调整	节电:13.6 万度/年 经济效益:4.76 万元/年
DF09	降低磨煤机投加钢球量	节电:87.6 万度/年 经济效益:30.7 万元/年
DF10	控制厂内、外浴室用水量,杜绝浪费	节水:0.09 万度/年 经济效益:0.5 万元/年
DF11	加强节水节电等宣传管理工作	节水、节电 经济效益:0.2 万元/年
DF13	低、高压系统阀门内漏处理	经济效益:20 万元/年

续表

方案编号	方案名称	效　益
DF14	检查给水泵再循环门	节水：0.9 万吨/年 经济效益：5 万元/年
DF15	更换下来的废件重新利用	经济效益：5 万元/年
DF17	空气预热器元件清除积灰	节电：4.5 万度/年 经济效益：1.32 万元/年
DF21	加强对设备的检修，减少跑、冒、滴、漏损失	经济效益：3 万元/年
总计		节水：22900 吨/年 节电：111 万度/年 总经济效益：81.78 万元/年

表 8-17　已实施中高费方案效益一览表（按全年计算）

项目编号	项　目　名　称	环境效益				经济效益	
		资源节约量		废物削减量		投资/万元	效益/万元
		节电/万度	节煤/t	SO_2/t	烟尘/t		
HF01	输煤系统导料槽封闭		468			118	23.9
HF02	输煤系统犁煤器改造	170.3				63	59.6
HF03	二期输煤系统皮带机整机调整、跑偏治理	302.1				50	105.7
HF04	4 号炉电除尘器改造				726.6	1173	20
	统计	472.4	468		726.6	1404	209.2

表 8-18　正在实施和计划实施的中高费方案效益一览表（按全年计算）

项目编号	项目名称	SO_2 减排/t	烟尘减排/t	节煤	投资/万元	效益/万元
HF05	3 号、4 号炉烟气脱硫	20700	1088		17000	1334
HF06	煤场增加挡风抑尘墙			2000	400	100
	统计	20700	1088	2000	17400	1434

8.1.7　持续清洁生产

8.1.7.1　建立清洁生产组织

清洁生产是一个动态的、相对的概念，是一个连续的过程，因而需要有一个固定的机构、稳定的工作人员来组织和协调这方面工作，以巩固已取得的清洁生产成果，并使清洁生产工作持续地开展下去。清洁生产组织机构见表 8-19。

表 8-19　清洁生产组织机构

组织机构名称	生产技术处
行政归属	生产厂长
主要任务职责	组织协调并监督实施首轮审核提出的清洁生产方案，对于效益明显、具有普遍性的方案，应在全厂推广； 负责下轮清洁生产审核工作计划的制订，选择下一轮清洁生产审核重点，并启动新的清洁生产审核； 负责清洁生产活动的日常管理，包括经常性地对职工进行清洁生产教育和培训

8.1.7.2　持续清洁生产计划

持续清洁生产计划见表 8-20。

表 8-20　持续清洁生产计划

计划分类	主要内容	开始时间	结束时间	负责部门
本轮清洁生产方案的实施计划	加强本轮清洁生产方案的管理,对未实施和正在实施的方案,制订相应计划,逐步实施、完善	2009 年	2009 年底	清洁生产小组、各生产部门
下一轮清洁生产审核工作计划	(1)清洁生产方案的征集; (2)确定本轮审核重点; (3)实测审核重点输入输出物料; (4)方案的产生和筛选与可行性分析; (5)方案的实施	2010 年	2012 年	清洁生产小组、各生产部门
清洁生产新技术的研究与开发计划	(1)与生产密切相关的新技术、新工艺的研究; (2)增强清洁生产相关信息的收集; (3)与相关科研单位建立长期合作关系; (4)拿出专项资金,鼓励与清洁生产相关技术的研究与开发	长期		清洁生产小组
企业职工的清洁生产培训计划	(1)职工定期培训; (2)职工的清洁生产业绩与年终考核相结合,提高职工的主动性和创造性; (3)派有一定环保专业知识的职工参加清洁生产审核的培训	每年 8 月	历时 1 个月	人力资源

8.1.7.3　电厂下一轮工作展望

随着清洁生产审核工作在组织内的广泛、深入开展,各方面的调研结果及数据的采集、整理,审核小组对组织内的清洁生产潜力及审核重点也有了更新的认识和设想。有鉴于此,下一轮的审核重点可从以下几个方面选取。

(1)加强节能措施,降低厂用电量　节约能源是企业可持续发展的永恒主题,电厂既是供电源头,又是能源消耗大户,节能意义不言而喻。目前,电厂厂自用电率较高,导致厂供电煤耗较高。建议采取节能措施,降低大型用电设备的耗电量,降低厂自用电率。

(2)降低煤耗,节约发电成本　燃煤是企业最大的消耗原料,其费用占到总成本的70%左右,厉行节约,降低消耗具有举足轻重的作用。建议从燃煤采购、运输、煤场管理、取样化验、入炉煤掺配和燃烧环节的调整上,制定详细的管理办法和实施措施,进一步降低标准煤耗,提高经济效益。

(3)降低资源消耗　3 号、4 号锅炉点火方式改为无油点火,除灰方式改为干除灰,降低油耗和水耗。

(4)将废水深度处理,拓宽废水回用渠道　烟气脱硫系统目前采用地下水作为水源,建议对电厂废水用于脱硫系统的可行性进行深入分析,将处理后的废水用于脱硫系统,降低脱硫系统的水耗。

8.2　染料公司案例分析

8.2.1　筹划与组织

8.2.1.1　成立审核小组

开展清洁生产审核,首先要在组织内部组建一个有权威的清洁生产审核小组。作为骨干力量，该小组对清洁生产审核的有效实施起着至关重要的作用。公司成立了以总经理为组长的领导小组和工作小组，并确定了各自的责任。

8.2.1.2 审核工作计划

清洁生产审核工作计划见表 8-21。

表 8-21 清洁生产审核工作计划

阶段	内容	时间	应出成果
一、筹划与组织	获得高层支持与参与；组建审核工作小组；制订审核工作计划；开展宣传教育；前期资源准备	3星期	企业领导决策，成立审核工作小组，完成审核工作计划，克服障碍，备足资源
二、预审核	企业的现状调研；现场考察；评价产污排污状况；确定审计重点；设置预防污染目标；提出和实施无低费方案	4星期	获取各种资料，熟悉现场情况，给出产污排污的真实情况，最终确定审计重点，产生近期、中期、远期目标，实施无低费方案
三、审核	编制审核重点的工艺流程图；实测输入输出物流；建立物料平衡；废弃物产生原因分析；提出和实施无低费方案	5星期	绘制出工艺流程图、单元操作图，现场实测，绘制物料平衡图，指明废弃物的产生原因，实施无低费方案
四、备选方案产生和筛选	方案的产生；方案的筛选；方案的研制；继续实施无低费方案	3星期	提出方案，筛选出方案，详细研制方案，实施无低费方案
五、可行性分析	市场调研；技术评估；环境评估；经济评估；推荐可实施方案	4星期	进行市场调研，给出技术评估结果，给出环境评估结果，给出经济评估结果，确定可实施方案
六、方案的实施	组织方案实施；汇总已实施方案、无低费方案成果；验证已实施方案的成果	5星期	组织方案实施，列表汇总成果，列表汇总评价成果
七、持续清洁生产	建立和完善清洁生产组织；建立和完善清洁生产制度；制订持续清洁生产计划；编写清洁生产审核报告	3星期	建立清洁生产组织，规范清洁生产制度，确定持续清洁生产计划，完成报告的编写

8.2.1.3 宣传、发动和培训

自清洁生产审核启动会议召开以来，各职能部室、生产车间通过例会、座谈会、板报、广播等多种形式进行宣传，公司及时下发清洁生产宣传材料，在全公司范围内广泛宣传和普及清洁生产知识。经过审核前的教育培训，使组织的员工对清洁生产有了初步的感性认识，了解了清洁生产及清洁生产审核的相关知识和程序，消除了对清洁生产的认识障碍和思想障碍，认识了自身在清洁生产审核过程中的地位和作用，为更好地开展清洁生产审核工作、将清洁生产审核工作落到实处做了思想上的准备。清洁生产障碍及解决办法见表 8-22。

表 8-22 清洁生产障碍及解决办法

类型	障碍表现	解决办法/建议对策
观念障碍	①清洁生产是要保持场所的卫生清洁；②清洁生产只是一种形式；③搞清洁生产只会影响公司的生产，不会给生产带来效益；④不改造工艺、设备，实现不了清洁生产	逐步深入地开展清洁生产宣传教育工作，同时介绍国内外相关开展清洁生产的企业通过无低费方案的实施所产生的环境和经济效益
技术障碍方法障碍	①工作人员不熟悉审核方法及工艺技术；②对清洁生产审核工作小组内部协调特别是信息交流没有给予应有的重视	通过领导协调，各部门现职人员加班加点工作；通过组织培训，使工作人员对染料生产工艺各环节及清洁生产评估方法有所了解，并发动本部门人员积极参与清洁生产活动；加强小组内部协调配合、信息充分交流
资金物质障碍	①缺少建立物料平衡的现场实测计量仪器；②缺乏实施中高费清洁生产方案的资金；③不熟悉清洁生产具体政策、法规	向企业领导汇报，首先实施无低费方案，对中高费方案进行可行性分析

8.2.2 预评估

（1）企业概况　公司共有员工 350 人，主要产品为各类偶氮染料约 200 种。包括分散染料、酸性染料、直接染料、活性染料、碱性染料等，年产量约 11000t。每年使用基本化工原料约 30 余种，用量较大的有盐酸、硫酸、醋酸、氢氧化钠、亚硝酸钠等。

（2）生产工艺　染料产品主要反应过程为重氮化、偶合等工艺过程，各个品种多以偶氮染料结构为母体。生产工艺为重氮化→偶合→压滤、洗涤→分散、研磨、均化→喷雾→包装。

（3）水耗能耗概况

① 水耗。企业用水主要包括生产和生活用水。生产用水主要供给染料合成车间、后处理车间、污水处理车间以及动力车间，生活用水主要为办公、洗澡用水。生产用水又分为母液用水、洗涤用水、设备地面冲洗水、湿式除尘水等。水平衡图见图 8-4。

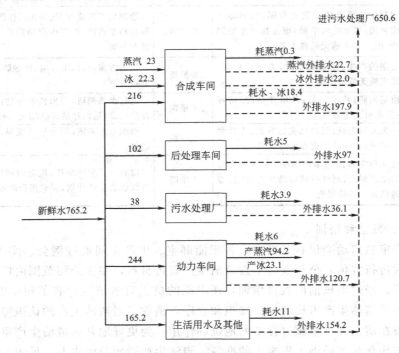

图 8-4　水平衡图（单位：m³/d）

通过对水耗进行评估，发现水耗存在以下问题：

a. 合成车间与动力车间是企业生产用水最多的车间。

b. 全厂废水排放量大。

c. 水的重复利用率低，废水均进入污水处理厂达标后外排，没有循环利用。

② 能耗。电耗主要是各种泵、风机、搅拌系统、压缩机组、冷冻机组、污水处理系统以及其他设备用电；煤耗为蒸汽锅炉用煤；蒸汽用于染料合成反应的直接加热、间接加热以及喷雾干燥工段的空气预热等；压缩空气用于隔膜压滤、污水处理系统等；天然气用作喷雾干燥的空气加热源。主要能耗见表 8-23。

（4）产污排污现状分析

① 产污情况

表 8-23　主要能耗

序号	项目	总耗情况	单耗情况
1	水耗	541310t	49.21t/t
2	电耗	7810kW·h	0.71kW·h/t
3	蒸汽消耗	34430t	3.13t/t
4	压缩空气消耗	7997000m³	727m³/t
5	冰耗	7920t	0.72t/t
6	天然气消耗	1034000m³	94m³/t

a. 水污染。生产废水主要为工艺母液、滤液，滤饼、储罐、管路、地面冲洗废水以及废气治理产生的废水。水中含有大量有机物和发色基团，COD 浓度很高。

b. 大气污染。大气污染主要包括生产车间投固体物料时产生的含尘气体，有机物料挥发及工艺过程中无组织排放的有机废气，后处理车间（喷雾干燥）产生的含染料粉尘的尾气。

c. 固废。固体废物主要来源于工艺产生的废渣（不溶性染料重氮化过程中产生的含重氮盐渣子）、废水处理污泥产生的废渣和锅炉房排出的煤渣。

② 治理情况

a. 根据废水成分，治理废水的工艺路线为中和—絮凝沉淀—生化—沉淀。即先用中和法治理弱酸性废水，醋酸和醋酸钠溶于水易于生化，悬浮物通过沉淀过滤方法去除。废水排放达到《污水综合排放标准》三级标准。

b. 生产车间产生的酸气、碱气、粉尘采用水洗涤系统进行处理，后处理阶段产生的尾气经湿式除尘系统处理。

c. 工业污泥（污水处理厂压滤机）采用焚烧处理。

d. 滤泥（生产车间压滤机）采用焚烧处理。

e. 煤灰渣（锅炉房）出售。

主要产污排污情况见表 8-24。

表 8-24　主要产污排污情况

序号	项目		产污情况		排污情况（总量）
1	废水产生量		495770t	45.07t/t	446193t
2	COD 产生量		2695.88t	245.08kg/t	517.6t
3	废渣		93.5t	8.5kg/t	—
4	废气/(mg/L)	合成车间	30	—	—
		后处理车间	1400	—	—

（5）利用权重总和计分排序法确定审核重点　审核重点权重计算表见表 8-25。

通过表 8-25 可以得出，合成车间与后处理车间得分最高，最终确定合成车间与后处理车间为清洁生产审核重点。

（6）清洁生产目标的确定　清洁生产目标汇总见表 8-26。

表 8-25　审核重点权重计算表

权重因素		权重(W)	备选重点得分(R 为权重因子)(0.1～1 分)							
			合成车间		后处理车间		动力车间		废水处理车间	
			R	R×W	R	R×W	R	R×W	R	R×W
废物量	废水	10	1	10	0.8	8	0.7	7	1	10
	废气		1	10	1	10	0.8	8	0	0
	废渣		0.8	8	0.6	6	0.9	9	1	10
噪声		7	0.9	6.3	0.9	6.3	0.8	5.6	0.8	5.6
能耗(包括水耗)		9	1	9	0.9	8.1	0.8	7.2	0.9	8.1
废物毒性		8	0.9	7.2	0.8	6.4	0.4	3.2	0.9	7.2
清洁生产潜力		6	0.9	5.4	0.8	4.8	0.8	4.8	0.9	5.4
车间合作性		2	0.9	1.8	0.9	1.8	0.8	1.6	0.7	1.4
发展前景		2	0.9	1.8	0.9	1.8	0.8	1.6	0.9	1.8
总分				59.5		53.2		48		49.5
排序				1		2		4		3

注：清洁生产潜力从产品更新、原材料替代、加强内部管理、技术改造、现场循环利用几个方面考虑。

表 8-26　清洁生产目标汇总

序号	项　　目	实际情况	近期目标	远期目标
1	水耗/(t/t 染料)	49.21	41.83	39.37
2	综合能耗/(t 标煤/t 染料)	0.76	0.70	0.684
3	废水产生量/(t/t 染料)	45.07	40.563	38.31
4	COD 排放量/(kg/t 染料)	47.06	42.354	37.648

8.2.3　评估

(1) 合成车间

① 生产工艺及污染物排放流程。某染料生产流程见图 8-5。

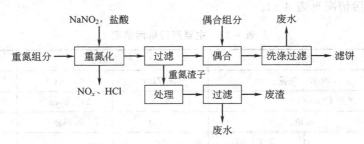

图 8-5　某染料生产流程

② 物料平衡。选取某典型染料做物料平衡图（图 8-6），进行具体分析。

③ 废物产生原因分析。废物产生原因分析见表 8-27。

(2) 后处理车间

① 生产工艺及污染物排放流程。染料的后处理加工主要单元操作包括干燥、研磨、拼混、配置标准品等工序。具体的加工方法随染料的品种和用途的不同而不同。

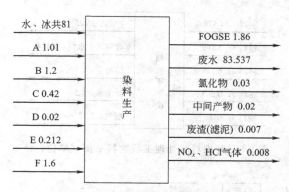

图 8-6　某染料物料平衡（单位：t）

表 8-27　废物产生原因分析

主要问题	原因分析
染料生产单位产品废水排放量大	①染料生产本身为液相反应，部分废水来自于生产母液，母液没有进行循环套用，直接作为废水排掉
	②大部分生产废水来源于压滤后的滤液和滤饼、压滤机的冲洗水，该部分废水未清污分流，高、低浓度废水统一排向污水处理厂处理
	③设备、管道、地面、换热器等的水冲洗方式有待改进，建议采用节水型高压水射流清洗
	④冷凝水的回收力度有待于进一步提高
废水重复利用率低	①产品种类繁多，废弃物成分复杂，增大了废水处理及回收利用的难度
	②废水没有进行分流，废水中的成分变化多样，增加了回收利用的难度
	③各种冲洗水并没有梯级利用，新鲜水冲洗一次后便作为废水排向污水处理厂，新鲜水用量大
	④进出水计量装置的不精确也会导致水耗的波动，另外各生产车间用水只有一个进水口的总计量，对于不同用途的水量并没有分计量

生产工艺及污染物排放流程见图 8-7。

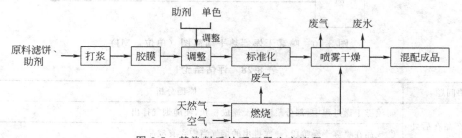

图 8-7　某染料后处理工段生产流程

② 物料平衡

③ 能量平衡。喷雾干燥塔为后处理工段的主要耗能设备，所以对其进行能量衡算对公司的节能减排工作至关重要。某染料后处理工段物料平衡见图 8-8。

a. 喷雾干燥流程见图 8-9。

b. 能量衡算。喷雾干燥器热平衡简图见图 8-10。

从图 8-10 可以发现，压力式喷雾干燥热效率为 50.6%，热损失占到 49.4%，喷雾干燥后烟气带走的热量为 31%，该部分热量可以采取余热回收手段进行回收利用。评估结论见表 8-28。

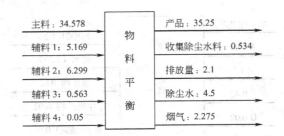

图 8-8 某染料后处理工段物料平衡（单位：t）

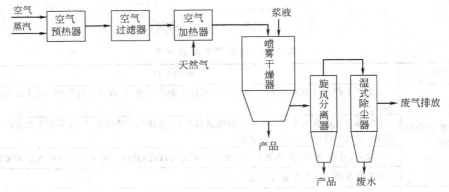

图 8-9 喷雾干燥流程

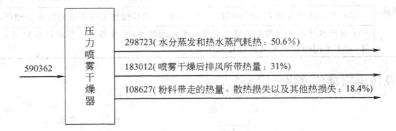

图 8-10 喷雾干燥器热平衡简图（单位：MJ）

表 8-28 评估结论

主要问题	原因分析
原料、产品在后处理工段	①喷雾干燥过程中，部分浆液未干燥成粉状，便随烟气排出
	②成品在喷雾干燥阶段，一次排出的烟气当中含有成品
	③在湿式除尘阶段，部分废水中的产品得不到充分回收，造成成品的浪费
喷雾干燥热效率低，造成能源浪费	①喷雾干燥器设在室外，造成空气入口温度低，浪费能源
	②部分热量随烟气外排损失掉，该部分热量没有得到有效的回收利用
	③压力式喷雾干燥器空气的入口温度低
	④湿物料的含固率低会增大蒸发负荷，同时造成热量的浪费

8.2.4 方案的产生和筛选

（1）方案的产生 在全厂范围内利用各种渠道和多种形式进行宣传动员，鼓励全体员工提出清洁生产方案或合理化建议。根据水平衡、物料平衡、能量平衡，组织工程技术人员广泛收集国内外同行业的先进技术，并以此为基础，结合本组织的实际情况，针对问题产生原因分析提出解决方案。

（2）方案汇总　共产生清洁生产方案 35 项，方案中所需投资 5 万元以下为无低费方案，共计 23 项；方案中所需投资 5 万元以上为中高费方案，共计 12 项。无低费清洁生产方案初步筛选、汇总见表 8-29，中高费清洁生产方案初步筛选、汇总见表 8-30。

表 8-29　无低费清洁生产方案初步筛选、汇总

编号	部门	方案名称	方案内容
DF1	仓库	减少纸张使用，逐渐改进无纸化工作	不必要纸张使用较多，造成浪费，减少重复不必要的料单，逐渐改进无纸化工作
DF2	仓库	增加叉车的保养次数	叉车老化、耗油量大，污染环境，增加叉车的保养次数
DF3	能源管理	工人浴室采用脚踏式节水水龙头	工人浴室采用脚踏式节水水龙头，可节约大量新鲜水量
DF4	各生产车间	安装、完善水表计量设备	目前各车间只对总的进水口安装一个水计量表，对于车间内各种用水并没有分计量，对于车间内的排水也没有计量，建议对以上用水采用分别计量的方法，安装水表
DF5	能源管理	加强凝结水、冷凝水的回收力度，加强疏水系统的管理	①及时检查疏水阀运行情况，并及时更换疏水阀，保证投用前、使用过程中各检测一次泄漏情况。 ②冬季应防止疏水阀的冻裂现象。 ③将采用疏水阀排出的凝结水回收，将疏水阀后排出的少量凝结水用储罐等设备回收，并入循环水池循环利用。 ④建议对全厂疏水阀进行一次全面检测，进行分区编号，并建立疏水阀计算机管理体系
DF6	仓库	减少包装桶或袋中的染料、助剂的残存量	将包装桶或袋中残留的染料、助剂充分利用
DF7	仓库	减少运输、使用过程中的溅落量	加强运输、使用过程的管理，减少运输、使用过程中的溅落量
DF8	合成车间	减少应急照明浪费	在每层楼安装一套时间控制器，每天早上 7 点停止照明，傍晚 17 点恢复照明
DF9	污水处理厂	污水处理车间工艺水用水改进	对工艺水管道进行加汽防冻改造，杜绝长流水情况，减少工艺水的浪费
DF10	能源管理	提高锅炉燃烧的汽煤比	严把进煤质量，确保煤的燃烧值达到 6000 大卡；提高锅炉运行效果，调整最佳煤层使煤充分燃烧；调整锅炉燃烧空气过剩系数，选择合适的风煤配比，掌握最佳配风，使煤燃烧尽，减少锅炉排烟温度，同时加强对锅炉炉渣含碳量、空气系数、炉体外表面温度的监测
DF11	实验化验室	通过比对减少离子水用量	实验室人员通过小时数据与车间数据对比，发现生产膜滤过程脱盐水用量过大造成浪费，通过实验室和车间记录脱盐阶段的电导率数值并进行对比，找出改进依据，更新规章版本，交付车间落实
DF12	污水处理厂	用泵出口水冲明沟节约工艺水	在泵出口管引出一根水管，用处理过的水冲洗明沟，从而节约了工艺水
DF13	合成车间	储罐上加装喷淋装置，降低用水量	通过在储罐上加装喷淋装置，使刷罐用水量大大减少
DF14	能源管理	储罐冷却水的改造	罐区储存某原料的储罐，温度需要控制在 25℃以下，一年四季用冷却水保持。为了节约能源，降低成本，在冬季三个月取消冷却水的使用，使专供冷却水的冷水机组停下来，可节电
DF15	污水处理厂	石灰配料由工艺水改为雨水	把工艺水调制石灰改用雨水配制，每年使用雨水 8 个月可节约大量工艺水
DF16	污水处理厂	减少污水处理螺杆压缩机的使用，节约电耗	由于污水处理中污泥脱水处理前要用压缩机来保持污泥悬浮液的活性，在保持正常使用的同时，为了节约电耗，将压缩机运行时间每天 20 小时减为 17 小时

续表

编号	部门	方案名称	方案内容
DF17	各生产车间	将车间的部分冲洗水梯级利用	生产车间需要大量的冲洗水,包括设备冲洗水、地面冲洗水、隔膜压滤冲洗水、各反应罐管道冲洗水以及储罐冲洗水等。大部分装置的冲洗需要冲洗多次,可以将这种方式的冲洗水梯级利用,减少新鲜水的使用量
DF18	后处理车间	对后处理车间的设备清洗水循环利用	产品转换需大量用水清洗设备,将洗水回收利用,高浓度水用于下一系列投料底水或直接干燥,低浓度水用于循环清洗
DF19	后处理车间	对后处理车间的系统除尘水回收利用	喷雾干燥器尾气除尘水含有染料,利用储罐将除尘水收集,用于下一系列投料底水
DF20	公司领导	加强管理,增强岗位员工的节能环保意识	企业推行以人为本的、自主管理的经营理念,在精细化管理的基础上,增强岗位员工的节能意识,从一滴水、一度电、一吨蒸汽上做起,消除和减少生产中各种可见的浪费用能的现象,实现降本增效的目的
DF21	能源管理	加强蒸汽管道的保温措施,减少能源的浪费	注意对管道上裸露阀门、法兰以及设备自身管道中传送热能的管道加以保温
DF22	能源管理	加强蒸汽系统计量管理	加强蒸汽系统计量管理,保证计量设备的完好运行,减少由于计量设备问题或计量不准确而造成的跑冒滴漏及浪费现象
DF23	能源管理	加强能源管理措施	(1)企业领导必须确立的基本观点即全局观点、系统观点、资源观点和效益观点。 (2)要建立能源管理体系:企业能源管理机构必须具有统管作用,要建立能源管理网,由纵向联系和横向联系两方面组成。 (3)要加强能源管理的各项基础性工作,包括下列6项: a. 加强能源计量工作; b. 强化能源统计分析工作; c. 制定好能源消耗定额; d. 做好热平衡(能量平衡)工作; e. 加强能源标准化工作和能源情报工作; f. 加强能源队伍的培训工作。 (4)建立与健全能源管理制度: a. 用能管理制度(包括燃料管理,用电管理,用油、汽、水、煤气等管理及设备维修等方面的管理制度); b. 工艺操作管理制度

表 8-30 中高费清洁生产方案初步筛选、汇总

编号	部门	方案名称	方案内容
HF1	能源管理	采用横流工艺冷却塔	通过采用两台新技术横流式冷却塔,取得良好效益。一是用电量下降;二是可增加产量,达到节能增产的效果
HF2	合成车间	纳滤膜代替传统的盐析压滤工艺生产染料	用纳滤法回收染料,该法适用于水溶性染料的回收
HF3	能源管理	锅炉风机加装变频器	公司锅炉房引风机、鼓风机采用的是手动调速,现建议对锅炉引风机、鼓风机安装变频器
HF4	能源管理	改用合适的疏水阀	浮球式疏水阀并非适用于所有的使用空间,在安装空间较小的蒸汽主管上通常安装热动力型蒸汽疏水阀,而对于要求过冷态排水以充分利用冷凝水中显热的应用中,浮球式疏水阀则是不合适的。建议对公司的疏水阀进行检查,根据不同的使用情况,企业可以对部分疏水阀进行更换,将没有安装疏水阀的部位安装疏水阀,同时考虑充分利用节能型、热静力型膜盒式疏水阀
HF5	后处理车间	喷雾干燥塔余热回收	采用热泵技术对喷雾干燥塔的低温位余热进行回收
HF6	能源管理	空压机变频改造	公司采用全开-全闭控制方式的控制空压机。这种工作方式频繁出现加载卸载,而且对电网、螺杆空压机本身都有极大的破坏性。如采用变频调速,可大大提高运行时的工作效率。因此,节能潜力很大

编号	部门	方案名称	方案内容
HF7	能源管理	冷冻站变频改造	冷冻站的主要耗电设备螺杆压缩机以及各类循环泵均无变频装置。现建议对冷冻站进行变频改造。对螺杆压缩机、2台乙二醇循环泵、2台循环水泵安装变频器
HF8	各生产车间	采用高压水射流清洗设备	针对公司生产要用到大量冲洗水这一特点,建议根据实际情况,采用高压水射流清洗技术,节约新鲜水与能源
HF9	各生产车间	对不同废水进行分类处理,提高COD去除率,并采取膜处理方法,回收高浓度废液中的染料,将能够回用的废水用来冲洗地面	①将冲洗水(地面和设备)、压滤废液、滤饼冲洗水及压滤设备洗涤废水(压滤液分级排放)分开处理。 ②将冲洗水处理重新作为冲洗水利用。 ③将COD不太高的废水直接送进生化池。 ④将水溶性染料生产过程中的高浓度废液经纳滤膜处理后,回收废液中的染料
HF10	合成车间	分散染料生产中的重氮化反应工序,淘汰传统的亚硝酸钠法工艺,提倡改用亚硝酰硫酸法	同方案名称
HF11	合成车间	对压滤机全部采用大平方的隔膜式压滤机加皮带输送	对压滤机全部采用大平方的隔膜式压滤机加皮带输送,大大减少水的消耗及染料的掉料现象,同时减少了污水排放量,降低了生产成本
HF12	合成车间	采用循环套用废液合成染料	对分散染料生产,运用母液水套用技术,该技术通过回收再用提高了水利用率,因而减少了废水的排放量

（3）方案确定　确定可行的无低费方案23个,中高费方案8个,HF9、HF10、HF11、HF12出于技术、经济方面的原因,对于本公司暂时不可行。

8.2.5　方案可行性分析

8.2.5.1　锅炉风机加装变频器

（1）方案简述　随着技术的发展,节能降耗技术日益完善,交流变频器就是其中之一,其调速性能和可靠性能越来越高,具有良好的启动性能、节能性能、高功率因数,节能效果显著,具有广泛的调速节能手段。而变频器容量性能的提高,又大大扩展了其使用范围。风机是量大面广的通用流体机械设备。这些设备一般都是根据生产中可能出现的最大负荷条件来选择的,但是实际运行中负荷往往比设计要小得多。目前,该公司锅炉房引风机、鼓风机采用的是手动调速（使用电磁调速电机是比较古老的一种调速方式,节电效果不好）,现建议对锅炉引风机、鼓风机安装变频器。

（2）工作原理　变频器节能主要表现在风机、水泵的应用上。电磁调速属于低效率调速方式。大多数生产机械为恒转矩负载特性,转速越低,需要的驱动功率越小。电磁调速的效率随转速的下降成比例地降低,电能浪费较大。

变频调速属于高效率调速方式。变频器直接控制电机的转速,效率通常高达96%以上,而且与转速无关。在驱动恒转矩负载特性的生产机械时,电机的输入功率随转速的下降成比例地降低。

与电磁调速相比,变频调速节能主要体现在以下几方面。

① 变频节能。

② 功率因数补偿节能。与电磁调速相比,变频器的功率因数控制功能可提高电机的功率因数和效率,平均可节电5%～20%。

③ 采用精确变频技术后，锅炉燃烧还可以节煤。

（3）可行性分析

① 技术可行性分析。变频调速是风机、水泵节能的最佳方案，在诸多调速方案中变频调速节能效益最佳。交流变频器是日益完善的节能降耗技术之一，其调速性能和可靠性能越来越高，具有良好的启动性能、节能性能、高功率因数，节能效果显著。而变频器容量性能的提高，又大大扩展了其使用范围。变频器节电效果平均在 10%～50%，所以对风机、泵类加装变频器是节能效果非常明显的措施。变频调速与电磁调速的综合性能比较表见表 8-31。

表 8-31　变频调速与电磁调速的综合性能比较表

项　目		变频调速	电磁调速
功能对比	保护功能	电机过热、过流、过载、过压、欠压、缺相、接地等，使电机运行更安全可靠	无，需另加电机保护装置
	节电功能	根据负载轻重自动调整输出电压高低，最大限度地提高电机的功率因数和效率。负载越轻节电效果越明显，平均可节电 5%～20%	无，需另加节电控制装置
	软启动功能	控制电机起动过程的电压、电流、转矩和加速时间，使其逐渐加大，使电机非常平稳地加速，无任何冲击	对于大功率电机，需另加启动装置
	控制功能	多段速度、正反转、同步/比例运行、点动、PID 调节、PLC 控制、PG 闭环控制、计算机控制等	无，需另加控制器
	制动功能	制动过程可随意控制	无，需另加制动装置
性能对比	调速范围	高速：可使电机超过额定转速运转，例如可使 1500r/min 的电机运行到 3000r/min（100Hz）。低速：低达 15r/min（0.5Hz），而且输出转矩仍达 100%	高速：只能接近而不能超过电机额定转速，一般只能达到 1350r/min。低速：不能低于 100r/min，而且不宜长时间低速运行，否则电磁离合器发热严重
	调速效率	高达 96% 以上，而且与转速无关。输入功率随转速的下降而降低，节电效果显著	随转速的下降而降低，不管转速高低，输入功率基本不变，电能浪费较大
	转速变化率	机械特性硬，转速与负载轻重几乎无关	机械特性较软，尤其在低速时受负载影响较大
	稳定性	采用全数字控制技术，不受环境的影响	采用模拟控制技术，容易受环境的影响

② 环境可行性分析。风机加装变频器，通过改变频率，节能效果显著。不仅可以节省大量的能源费用，而且还降低了电机转速，减少噪声污染，预计年可节电 185800kW·h。

③ 经济可行性分析。公司采用的风机主要参数见表 8-32。

表 8-32　公司采用的风机主要参数表

项目	型号	额定功率 /kW	额定转速/(r/min)（n_1—电动机的输出轴转速）	实际运行转速/(r/min)（n_2—转差离合器的输出轴转速）
引风机	Y10-11NO	55	1450	1100～1200
鼓风机	G6-41-11NO	18.5	960	450

a. 设备投资 5 万元，引风机变频器 3 万元，鼓风机变频器 2 万元。

b. 年运行费用节约资金（P）11.5196 万元。电磁调速与变频调速相比，损耗功率

$P_h = P_1 - P_2 = P_1(n_1 - n_2)/n_1$。$P_1$ 为电动机轴输出功率，n_1 为电动机的输出轴转速，P_2 为转差离合器轴输出功率，n_2 为转差离合器的输出轴转速。

节电量按 365 天计算如下。

(a) 引风机 55kW：$P_h = 55 \times (1450 - 1150)/1450 = 11.38$，节电量

$$11.38 \times 24 \times 365 = 99689(kW \cdot h)$$

(b) 鼓风机 18.5kW：$P_h = 18.5 \times (960 - 450)/960 = 9.83$，节电量

$$9.83 \times 24 \times 365 = 86111(kW \cdot h)$$

(c) 全年共节省资金：$(86111 + 99689)kW \cdot h \times 0.62$ 元/$(kW \cdot h) = 11.5196$ 万元 [0.62 元/$(kW \cdot h)$]

c. 年折旧费 (D)：$I/N = 5/10 = 0.5$ 万元(按寿命 10 年计)

d. 净利润：$(P - D) \times (1 - 33\%) = (11.5196 - 0.5) \times (1 - 33\%) = 7.38$ 万元

e. 年增加现金流量 (F) = 净利润 + 新增设备年折旧费 = $7.38 + 0.5 = 7.88$ 万元

f. 投资偿还期：$I/F = 5/8 = 0.625$ 年，即 7.5 个月

g. 净现值：$NPV = \sum_{j=1}^{n} \dfrac{F}{(1+i)^j} - I = 7.88 \times 8 - 5 = 58.04$ 万元

h. 内部收益率：$IRR = i_1 + NPV_1(i_2 - i_1)/NPV_1 + |NPV_2|$

该方案的内部收益率大于 40%。

并未将节省的原料煤的经济效益计算在内。

8.2.5.2 改用合适的疏水阀

该公司目前使用的蒸汽疏水阀均为浮球式疏水阀。应用要求以及设备性能的不同意味着一种疏水阀不可能满足所有的应用，否则就会影响整个系统的效率。浮球式疏水阀并非适用于所有的使用空间，在安装空间较小的蒸汽主管上通常安装热动力型蒸汽疏水阀，而对于要求过冷态排水以充分利用冷凝水中显热的应用中，浮球式疏水阀则是不合适的。建议对全厂的疏水阀进行检查，根据不同的使用情况改用不同的疏水阀，将没有安装疏水阀的部位安装疏水阀。

(1) 方案简述　为确保蒸汽疏水阀的正确选择，应考虑因素见表 8-33。

表 8-33　蒸汽疏水阀影响因素

应用场合	最大负荷	设备类型
系统压力	最小负荷	材质
背压	安全系数	连接方式
蒸汽温度	是否带温度控制	冷凝水是否回收
压差	疏水阀后的提升高度	是否安装排空装置
环境温度是否会低于零度	系统中是否存在严重振动	启动/运行阶段系统中存在的空气量

根据各类疏水阀的特点以及安装位置的要求，选择最佳的安装形式，可以达到最佳的节能效果。图 8-11 为蒸汽疏水阀的选型图。

① 浮球式疏水阀。浮球式蒸汽疏水阀在冷凝水产生后立刻排出冷凝水，能够根据压力和负载的变化迅速排出大量的冷凝水，相对于其他类型的同口径疏水阀排量大，因此它最适

合于换热要求高、设备不允许积水的各种换热设备以及带自动温度控制的设备。同时该类型的疏水阀出口总是浸没在冷凝水中，具有真正意义上排水阻汽的功能。

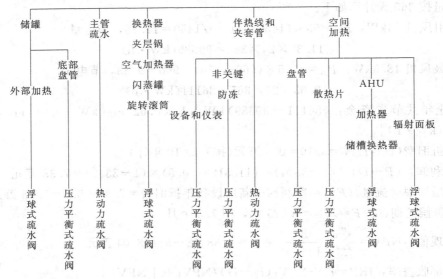

图 8-11　蒸汽疏水阀的选型图

缺点：对于要求过冷态排水以充分利用冷凝水中显热的应用中，浮球式疏水阀则是不合适的。

② 热静力型膜盒式疏水阀（压力平衡式疏水阀）。膜盒式蒸汽疏水阀（蒸汽压力平衡式）是目前国际上最常用的先进节能型疏水阀。膜盒式蒸汽疏水阀的反应非常灵敏，工作时阀前存有高温凝结水，无蒸汽泄漏，节能效果显著。

膜盒式在现如今蒸汽管线中是低压热动力（圆盘式）疏水阀或（压力在 PN16 以下）双金属片式疏水阀的理想替代品。

优点：a. 动速度快，零泄漏。b. 结构简单，维护方便。c. 部件全部采用合金处理的不锈钢，耐磨，耐气蚀，使用寿命长。d. 排空能力强，排水迅速，安装方式随意。e. 可以实现多个膜盒组合，适用于大排量场合。f. 具有良好的排空气性能，不怕冻。g. 零泄漏，背压率达到 75％。

③ 热动力蒸汽疏水阀。热动力疏水阀体积小、质量轻，自动运行于其工作压力范围，无须调节，可用于高压和过热系统中，不受水锤和冰冻的损坏，可任意方向安装，仅有一个运动部件，使用寿命长，维修简单，可广泛使用于定压的冷凝水排放。

缺点：无法用于过低进口压力或过高背压的场合，排空气性能较差，但使用带防气阻碟片可有效地排除空气。

和整个蒸汽系统相比，蒸汽疏水阀是很小的部件，但疏水阀工作是否正常对蒸汽系统的能源消耗起至关重要的作用。通常在一个系统的改造中，疏水阀的费用占 7％～10％，而其对整个系统节能效果的贡献达到 40％以上。

（2）可行性分析

① 技术可行性分析。技术成熟可靠。

② 环境可行性分析。减少蒸汽的损耗，节省蒸汽使用量，估计年约减少蒸汽消耗 3000t，折合企业原料煤为 496t 煤，进而减少 SO_2 产生量约 1.83t，减少烟尘产生量约

为 3.08t。

③ 经济可行性分析。设备总投资 6 万元，年节约煤 1322t，煤按 438 元/t 计算，年节约资金 57.9 万元。净利润 38.726 万元，一年内投资即可回收。

8.2.5.3　喷雾干燥塔余热回收

低温余热完全可以作为二次能源开发和利用，其中采用热泵技术就是重要方法之一。近年来，国内外热泵技术已成功地应用于许多工业部门，并取得了良好的节能效果。

热量可以自发地从高温物体传递到低温物体，但不能自发地沿相反方向进行传递。然而，根据热力学第二定律，若以机械功作为补偿条件，热量便可以从低温物体转移到高温物体中去。热泵就是根据这一定律，靠消耗一定能量（如机械能、电能）或使一定能量的能位降级，迫使热量由低温热源传递到高温热源（物体）的机械装置。热泵的工作原理与制冷机相同，只是目的不同而已。用于供冷的称制冷机；用来供热的则称热泵。

由于热泵能将低温余热转换成高温位热能，提高能源的有效利用率，近年来在化工生产中得到了广泛的应用，领域涉及蒸发、蒸馏、干燥、制冷、空调等化工过程，并取得了良好的经济效益。目前，国内外已有利用热泵技术成功回收喷雾干燥余热的案例。

机械压缩式热泵的工作原理：低温蒸汽通过压缩机吸收外功后，提高其温位者称机械压缩式热泵。由于压缩机的压缩比一般都比较大，故余热温位可以得到较大提高。热泵的主要部件有蒸发器、压缩机、冷凝器、膨胀阀（节流阀）等。循环工质为低沸点介质，如氟利昂、氨以及其他环保型工质。

（1）方案简述　工艺流程见图 8-12。低沸点工质（根据烟气排出的温度，进一步确定低沸点循环工质）流经蒸发器时蒸发成蒸汽，此时从喷雾干燥塔排出的烟气中吸收热量，烟气被吸收热量后，进入环境的温度变得更低，此时来自蒸发器的低温低压蒸汽经过压缩机压缩后升温升压，达到所需温度和压力的蒸汽流经冷凝器，在冷凝器中，将从蒸发器中吸取的和压缩机耗功所相当的那部分热量排出。放出的热量就传递给加热器中的热空气，使热空气的温位进一步提高。然后工质蒸汽冷凝降温后变成液相，流经节流阀膨胀后，压力继续下降，低压液相工质流入蒸发器，由于沸点低，因而很容易从周围环境中吸收热量再蒸发，又形成低温低压蒸汽，依此不断地进行重复循环。这样就达到了将低温余热回收的目的。

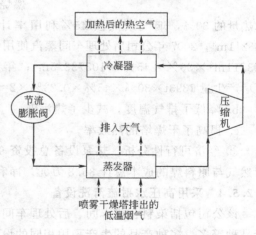

图 8-12　工艺流程图

该工艺的优点如下。

a. 传热效率高。

b. 进排风之间无交叉污染。

c. 压缩机只需要消耗很小的一部分动力，系统的运行费用较小。

d. 结构简单、小巧，价格便宜。

e. 温度适用范围宽，可以针对不同的干燥塔排风温度充以不同工质。

（2）可行性分析

① 技术可行性分析。热泵技术目前已广泛应用于低温余热的回收，它是比较先进的节能技术，在环境污染和能源紧张的形势下，热泵可以很好地解决能源紧张问题。热泵技术的应用无疑会成为节能领域的关注焦点。尤其是最近 5 年，热泵技术已经成为国内建筑节能及暖通空调界的热门研究课题，并开始应用于工程实践，逐渐向市场化、产业化发展。

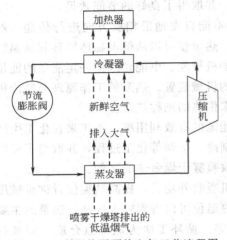

图 8-13 利用热泵预热空气工艺流程图

热泵低温余热回收技术在国内外都已相当成熟，最多的是应用于电厂循环冷凝水的低温余热回收，用于化工企业废热回收的成功案例也已很多。燕山石化公司合成橡胶厂早在 2001 年就采用热泵技术对凝聚工段的废热进行回收，年节约蒸汽达 35000t。

对于喷雾干燥后的烟气余热的回收在国外已经广泛应用，国内乳品制造行业有利用热泵技术进行余热回收的案例。该工艺是利用热泵技术对新鲜空气进行预热，然后预热后的空气进入加热器加热到工艺需要的温度。该流程图见图 8-13。

② 环境可行性分析

a. 减少了天然气与蒸汽的消耗量，间接减少了煤燃烧的烟气排放以及 SO_2 排放量：烟气余热平均带走总热量的 30%，烟气余热按 45% 利用率计算；2007 年公司后处理车间天然气使用量为 783211m³；2007 年公司后处理车间蒸汽使用量为 8499t，折合企业用煤 1393t；年节省天然气 783211m³×30%×45%＝105733.5m³；年节省煤 1393t×30%×45%＝188.055t；年减少 SO_2 产生量 1393t×30%×45%×0.23%×2＝0.87t；年减少烟尘产生量 1.47t。

b. 降低了排气温度，减少了热污染。

c. 提高了干燥塔的热效率。

③ 经济可行性分析。热泵设备总投资 9.6 万元，采用热泵低温余热回收技术后，节省天然气与原料煤的成本总计 36.8 万元，净利润 24.013 万元，4 个月便能收回设备成本。

8.2.5.4 采用高压水射流清洗设备

该公司包括染料合成车间、后处理车间、化学品生产车间、锅炉房等动力车间。公司生产品种繁多，多种产品的生产采用相同的设备及管道，所以在更换产品品种时，不可避免地要对生产设备（各种反应釜、混合罐、储罐等）、喷雾干燥塔、管道进行冲洗，另外生产车间地面、锅炉房以及各种换热管、保温夹套等都要定时冲洗以去除物料、尘土、污垢等。染料生产要消耗大量的水，所以选择节水的冲洗方式将会给企业带来很大的经济效益与环境效益。

（1）方案简述 高压水射流清洗为近二十年来发展起来的一门高效、节能的新兴技术，由于水射流清洗所使用的介质为无需添加任何化学物质的常温水，其效果较之传统的机械清洗、化学清洗具有效率高、无污染、节能降耗等诸多优点。工业清洗的效益是显著的，无论是由于提高清洗质量而延长设备使用寿命，还是因清洗速度加快而缩短设备检修周期，都将带来较大的经济和社会效益。高压水射流清洗技术在石油、化工、电力、冶金等工业部门中得到了广泛的应用，可用于清洗容器，如高压釜、反应器、冷却塔、储罐、槽车等；也可用于清洗各种设备、管道、煤气管线及换热器；还可用于清洗船舶上积附的海洋生物和铁锈、钢铁铸件上的清砂等。高压水射流清洗可除去下列污垢层：水垢、铁垢、油类等烃类残渣和结焦、各种涂层、混凝土、树脂层、颜料、橡胶、石膏、塑料等，其清洗效果好。

针对公司生产要用到大量冲洗水这一特点，建议根据实际情况，采用高压水射流清洗技术。

（2）方案原理　高压水射流清洗是用高压水射流使一种或多种材料（附着层）从另一种物体（基体）表面上脱离。这是高压连续水射流或高速水滴破坏物料的过程。清洗原理是用高压泵打出高压水，并使其经管子达到喷嘴再把高压力低流速的水转换为低压力高流速的射流，然后射流以其很高的冲击动能连续不断地作用在清洗表面，从而使垢污脱落，达到清洗目的。

高压水射流系统主要由四部分组成：高压水发生装置（高压泵）、控制系统（安全阀、调节阀或电控柜等）、执行系统（喷枪、喷杆、喷头等）、辅助系统（压力表、拖车、进给机构等）。

最简单的小型清洗系统就是高压泵加喷枪，中间用高压软管连接。根据附着层的种类、性质可以选择不同的高压水射流系统，如高压水射流清洗机。

针对不同的清洗设备及要求，可以选择不同的操作方式。

① 手持作业。一般由操作人员手持喷枪进行清洗，或者手脚并用。手持喷杆用脚踏阀控制高压水喷出或关闭。

② 自动化操作。喷头自动进给分自进式与强制式两种。利用安装在高压软管末端的向后喷射喷头，由于水射流的反冲力实现了喷头自进，直管或复杂管路清洗均可采用。

高压水射流清洗属于物理清洗，与传统的水射流冲洗、机械方式清洗、化学清洗相比，具有以下优点。

a. 选择适当的压力等级，高压水射流清洗不会损伤被清洗设备的基体。

b. 高压水射流清洗是用普通自来水于高速度下的冲刷清洗，所以它不污染环境，不腐蚀设备，不会造成任何机械损伤，还可除去用化学清洗难溶或不能溶的特殊垢。

c. 洗后的设备和零件不用再进行洁净处理。

d. 能清洗形状和结构复杂的零部件，能在空间狭窄、复杂环境、恶劣有害的场合进行清洗，凡是水射流能射到的位置，不论是管道和设备内外，不管建筑物表面，还是大理石地面，不论是硬垢还是软垢，不论是半堵还是全堵，不管是直管还是弯管，均可彻底清洗干净，故应用十分广泛。

e. 易于实现机械化、自动化，便于数字控制。

f. 节省化学药品添加剂，节省能源，清洗效率高，成本低。

（3）可行性分析

① 技术可行性。该技术在管道、反应釜、地面、换热器、锅炉等方面均有广泛、成功的实例，所以技术成熟可行。

a. 工作压力的确定。国际上高压水射流清洗压力分类：低压 0.5～20MPa；中压 20～70MPa；高压 140～400MPa；超高压＞400MPa。

高压水射流清洗常用的压力为 2～35MPa，水流量 20～100L/min，在这样的范围之内，所耗功率为3~15kW。大多数的清洗作业都可使用70MPa以内的水射流来完成，只有极少数结渣作业要用到270MPa。

b. 实际流量确定。喷射时的实际流量一般取决于原始的额定流量，但计算时可采用如下经验公式：

$$U=2P/\rho$$

式中，U为流量，m/s；P为工作压力，MPa；ρ为液流密度，kg/m^3。

c. 载荷面所受打击力的经验确定。连续射流垂直打击平坦表面时，载荷面所受的打击力F的经验计算公式如下：

$$F=2.655\times10^{-4}AP^{1.5}$$

式中，F为载荷面所受打击力，N；A为喷嘴的截面积，m^2；P为工作压力，MPa。

d. 喷射距离的确定。喷射距离是指喷嘴到清洗表面的距离，它的大小对清洗质量有很大的影响。喷射距离增大时，射流到被清洗表面的扩散程度增大，于是也就增大了射流功率的损失；喷射距离减小时，单位时间内除垢面积也会减小。因此，喷射距离过大或过小都会降低清洗效率。实验证明，对一般机体表面油船类的清洗，喷射距离在（150~300）D范围内较好，其中D为喷嘴的出口直径。

e. 入射角的确定。根据经验数据，入射角以17°为宜。

② 环境可行性。节省能源（节省电耗18000kW·h），减少水的浪费（节水15000m^3），减少废水排放15000m^3。

③ 经济可行性。设备总投资8万元，节约资金为废水处理节省的资本与回收水节约的费用以及节省的化学药剂的费用，初步估计年节约资金12万元，净利润7.504万元，一年即可回收投资。

8.2.6 方案实施

（1）方案实施进度　实施无低费方案23个，中高费方案5个。

（2）方案效益汇总　各种方案效益汇总见表8-34、表8-35。

表8-34 无低费方案效益汇总

编号	部门	方案名称	投资/万元	环境效益	经济效益/万元
DF1	仓库	减少纸张使用,逐渐改进无纸化工作	0		0.8
DF2	仓库	增加叉车的保养次数	0	减少尾气污染	1.0
DF3	能源管理	工人浴室采用脚踏式节水水龙头	2.1	节水5138t,减排废水5100t	3.37
DF4	各车间	安装、完善水表计量设备	1.1		5.6
DF5	能源管理	加强凝结水、冷凝水的回收力度,加强疏水系统的管理	0	节水2000t,节蒸汽300t,废水减排1000t,SO_2减排0.228t,烟尘减排0.38t	5.654
DF6	仓库	减少包装桶或袋中的染料、助剂的残存量	0		0.96
DF7	仓库	减少运输、使用过程中的溅落量	0		1.2
DF8	合成车间	减少应急照明浪费	0	节电25988kW·h	1.611

续表

编号	部门	方案名称	投资/万元	环境效益	经济效益/万元
DF9	污水处理厂	污水处理车间工艺水用水改进	0.6	节水 12000t	7.86
DF10	能源管理	提高锅炉燃烧的汽煤比	0	节煤 168.5t,减少 $SO_2$0.39t,减少烟尘 0.6552t	7.3803
DF11	实验化验室	通过比对减少离子水用量	0	节水 320t	0.21
DF12	污水处理厂	用泵出口水冲明沟节约工艺水	0	节水 3000t	1.97
DF13	合成车间	储罐上加装喷淋装置,减少用水量	0	节水 3000t,废水减排 3000t	1.97
DF14	能源管理	储罐冷却水的改造	0	节电 122040kW·h	7.57
DF15	污水处理厂	石灰配料由工艺水改为雨水	0	节水 2500t	1.64
DF16	污水处理厂	降低污水处理螺杆压缩机使用,节约电耗	0	60225kW·h	3.73
DF17	各生产车间	将车间的部分冲洗水梯级利用	1	节水 10000t,废水减排 10000t	6.55
DF18	后处理车间	对后处理车间的设备清洗水循环利用	0	节水 8000t,废水减排 8000t,COD 减排 17.6t	5.24
DF19	后处理车间	对后处理车间的系统除尘水回收利用	0	节水 10000t,废水减排 10000t,COD 减排 20t	5.90
DF20	公司领导	加强管理,增强岗位员工的节能环保意识	0		
DF21	能源管理	加强蒸汽管道的保温措施,减少能源的浪费	0		
DF22	能源管理	加强蒸汽系统计量管理	0		
DF23	能源管理	加强能源管理措施	0		

表 8-35　中高费方案效益汇总

编号	部门	方案名称	投资/万元	环境效益	经济效益/万元
HF1	能源管理	安装采用横流工艺冷却塔	50	节电 527000kW·h	32.67
HF2	合成车间	纳滤膜代替传统的盐析压滤工艺生产染料	730	减少含盐废水排放 5000t	进步核算
HF3	能源管理	锅炉风机加装变频器	5	节电 190000kW·h	11.78
HF4	能源管理	改用合适的疏水阀	6	节蒸汽 4000t,减少 $SO_2$9.113t,减少烟尘 4.11t	77.2
HF5	各生产车间	采用高压水射流清洗设备	8	节电 21000kW·h,节水 20000t,减少废水 20000t	14.40

8.2.7　持续清洁生产

（1）成立专门的清洁生产组织机构　通过本轮清洁生产审核,公司取得了显著的成绩,为了更好、更长久地做好此项工作,公司决定成立由副总经理为组长的清洁生产审核小组来负责公司清洁生产工作的组织和协调等。

（2）下一轮清洁生产审核工作展望

① 加大科研投入,推进自主创新。

② 树立环保新理念,变末端治理为全过程清洁生产,采用先进的生产工艺和更环保的原料路线,从生产源头控制污染的产生,做好节能降耗、环境保护和资源综合利用工作,形成"高产出、少排放、可循环"的发展模式。

③ 制定能源消耗定额,实行差别政策,鼓励采用余热回收等技术,积极推广节水技术,

提高循环用水率。

④ 推进信息技术在生产中的应用，采用 DCS 集散控制系统，实现生产过程的自动化和控制技术的智能化，优化原料结构，增强产品稳定性，提高产品质量，降低消耗。

⑤ 创造条件实行污染物集中治理，实现排放的废物资源化、无害化、最小化，建设生态型的染料工业。

⑥ 加强废物资源化的力度，尤其要把对于生产过程中母液的循环套用以及染料和染料中间体的回收工作放在一个重要的位置上。

⑦ 完善锅炉房化验室及化验设备，对燃料煤的煤质、炉渣含碳量等随时进行化验，保证锅炉的正常运行，减少污染物的排放。同时对空气系数、炉体外表面温度进行监测，保证锅炉运行的热效率。

⑧ 定期对锅炉、喷雾干燥塔进行能量平衡测试。

（3）清洁生产新技术的研究与开发

① 先进节能生产设备的研制及选用。

② 有毒原料的替换。

③ 母液中染料及染料中间体的回收利用。

④ 开发研制新型绿色环保染料产品。

持续清洁生产计划见表 8-36。

表 8-36　持续清洁生产计划

计划分类	主要内容	开始时间	结束时间	负责部门
本轮清洁生产方案的实施计划	加强本轮清洁生产方案的管理,对未实施和正在实施的方案,制订相应计划,逐步实施、完善	2009 年	2009 年底	清洁生产小组、各生产部门
下一轮清洁生产审核工作计划	①清洁生产方案的征集; ②确定本轮审核重点; ③实测审核重点输入输出物料; ④方案的产生和筛选与可行性分析; ⑤方案的实施	2010 年	2012 年	清洁生产小组、各生产部门
清洁生产新技术的研究与开发计划	①与生产密切相关的新技术、新工艺的研究; ②增强清洁生产相关信息的收集; ③与相关科研单位建立长期合作关系; ④拿出专项资金,鼓励与清洁生产相关技术的研究与开发	长期		清洁生产小组
企业职工的清洁生产培训计划	①职工定期培训; ②职工的清洁生产业绩与年终考核相结合,提高职工的主动性和创造性; ③派有一定环保专业知识的职工参加清洁生产审核的培训	每年 8 月	历时 1 个月	人力资源

8.3　汽车行业案例分析

某汽车生产厂家年产汽车生产能力为 8 万辆/年，由于整体工艺条件要求严格、产量大，导致能耗和水耗总量大，在有关部门的要求下开展清洁生产审核，进一步寻求节能减排空间。

8.3.1　筹划和组织

按照第一阶段"筹划和组织"的要求，该企业首先依据自身组织机构特点由副总经理、技术专工、安全环保负责人等组成了审核工作小组，负责本厂的具体审核工作。随后审核工作小组制订了明确的审核计划，并按照计划开展培训和宣传，增强员工的清洁生产意识。

8.3.2　预审核

（1）生产工艺　汽车生产工艺包括冲压、焊接、涂装、总装和成形，分为五个车间，即冲压车间、焊接车间、涂装车间、总装车间和成形车间。

其涂装车间前处理与电泳生产线采用喷浸结合的连续处理方式，自动化程度高；在电泳方面选用无铅电泳漆，涂装车间涂装工序采用旋杯式静电喷涂。

（2）资源消耗　审核期内企业主要资源消耗统计见表 8-37、表 8-38。

表 8-37　主要原料消耗表

部门	主要原料	单位	数量
冲压车间	钢板	t	23929
装焊车间	焊丝	t	105
涂装车间	阴极电泳涂料	t	523
	中涂涂料	t	210
	面涂涂料	t	413
总装车间	汽油	t	629.22
成形车间	树脂	t	1663

表 8-38　主要能源消耗表

种　类	单　位	总　计
水	t	1175111
电	kW·h	57119000
天然气	千立方米	1846
蒸汽	t	107824

（3）产排污状况　产生污染物的环节较多，主要总结如下。

① 废气。车身装焊、底盘部件焊接工艺中产生大量的焊接烟尘；涂装车间喷漆和烘干、底盘部件涂装以及保险杠涂装工艺过程中均会产生 VOC，其中含有甲苯、二甲苯及酯类、醇类和烃类等；总装车间产生大量的氮氧化物（汽车尾气）。

② 废水。冲压车间模具清洗定期排放废水；涂装废水为脱脂废水、磷化废水、电泳废水以及废溶剂；磷化和电泳废水中含有一类污染物，并且 COD 值较高。

③ 固废与噪声。材料洗净时产生废润滑油及废清洗油；涂装车间中的预处理、中涂、涂面漆工艺过程中都会产生废漆渣；总装车间在整车检测调整时产生废玻璃、废塑料；仪表板发泡工段产生粉末废料；冲压车间各类冲压机设备产生的噪声、动力站产生的噪声均较大。

污染物排放总量见表 8-39。

（4）清洁生产指标对比分析　参照《汽车制造业涂装清洁生产标准》，该企业符合标准的指标共有 36 项，其中：达到一级标准的有 28 项，占评价指标总数的 78％；达到二级标准的有 4 项，占评价指标总数的 11％；达到三级标准的有 4 项，占评价指标总数的 11％。

总体评价，该企业多项指标已达到国际清洁生产先进水平。

表 8-39　污染物排放总量

项　目	单　位	数　量	处理方法
废水	t/a	1100000	物化处理（达标）
VOC	kg/a	273107	脱臭炉焚烧（达标）
固废	t/a	8031	交有资质的单位处理

（5）利用权重总和计分排序法确定审核重点　审核重点权重计算见表 8-40。

表 8-40　审核重点权重计算表

权重因素		权重 W	备选重点得分（R 为权重因子）									
			冲压车间		装焊车间		涂装车间		成形车间		总装车间	
			R	R×W	R	R×W	R	R×W	R	R×W	R	R×W
耗水量		10	0.1	1	0.1	1	0.8	8	0.1	1	0.1	1
耗能量		10	0.4	4	0.4	4	0.8	8	0.2	2	0.2	2
废物量	废水	10	0.4	4	0.3	3	1	10	0.3	3	0.1	1
	废气		0.2	2	0.8	8	1	10	0.8	8	0.1	1
	废渣		0.2	2	0.5	5	1	10	0.4	4	0.1	1
毒性	废水	8	0.1	0.8	0.1	0.8	0.8	6.4	0.5	4	0.1	0.8
	废气		0.3	2.4	0.3	2.4	0.8	6.4	0.5	4	0.5	4
	废渣		0.1	0.8	0.2	1.6	0.8	6.4	0.5	4	0.1	0.8
噪声		7	0.5	3.5	0.4	2.8	0.3	2.1	0.3	2.1	0.4	2.8
环境代价		8	0.2	1.6	0.4	3.2	0.6	4.8	0.5	4	0.2	1.6
潜力		5	0.4	2	0.4	2	0.8	4	0.8	4	0.3	1.5
车间合作性		2	1	2	1	2	1	2	1	2	1	2
经济可行性		7	0.2	1.4	0.2	1.4	0.8	5.6	0.5	3.5	0.2	1.4
技术可行性		6	0.2	1.2	0.2	1.2	0.8	4.8	0.6	3.6	0.3	1.8
发展前景		2	0.1	0.2	0.2	0.4	0.8	1.6	0.4	0.8	0.1	0.2
总分				28.9		38.8		88.9		49		22.9
排序				4		3		1		2		5

涂装车间消耗的能源、水资源所占比例最大，污染物产生量也多于其他车间。另外，清洁生产机会也主要在涂装车间。综上所述，涂装车间为本轮清洁生产审核的重点。

（6）清洁生产目标的确定　清洁生产目标见表 8-41。

表 8-41　清洁生产目标一览表

序号	项　目	现　状	近期目标	远期目标
1	电耗/(kW·h/辆)	456	442（−3%）	410（−10%）
2	水耗/(t/辆)	8	7.6（−5）	7.2（−10%）

8.3.3　评估

主要针对能源消耗进行平衡测定，从中发现水耗、电耗较高的部位，寻求节能减排空间。

（1）水平衡　全厂水平衡图见图8-14。从全厂水平衡可以看出涂装车间的废水量占第一位。涂装车间的生产废水主要来源于前处理中的废液和清洗废水以及喷漆室漆雾处理废水。其中电泳废水由于含有高分子树脂、COD值高、含有一类污染物而导致处理难度增大，处理成本升高。电泳废水中除了更换的槽液，最后一级纯水洗溢流水是另一废水主要来源。

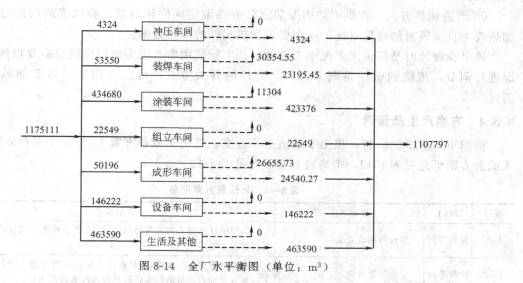

图 8-14　全厂水平衡图（单位：m³）

① 纯水洗水量控制尚未精确，清洁程度与用水量之间的关系没有定额，导致用水量超过实际需求；为保证清洗质量，纯水洗排水一般作排放处理。

② 第一水洗的废水直接排放，没有回收利用。

电泳工艺产生的废水包括电泳废液和电泳洗排水。其中电泳废液为周期性更换槽液产生，不可避免，只可以通过槽液管理来延长使用寿命，防止杂质污染槽液，主要通过以下三个方面实现。

① 电泳后进行三级水洗，采用逆流补水方式，可以将第一水洗的清洗水部分循环回用。

② 测定槽液温度、pH值、助剂含量以及电导率，稳定各项参数。

③ 补漆、配漆前要特别检查纯水水质是否符合工艺要求（电导率小于 $20\mu S/cm^2$，pH值与槽液相当），配漆槽、各种储器是否洁净。

（2）电平衡　从电平衡可以看出主要用能部门是涂装车间，其主要用能设备为空调设备、烘干炉。该企业采用了目前最佳的多行程烘干炉，该设备可以减少散热面积，热效率在所有炉型中最高，在不对烘干炉进行改造的前提下通过优化运行安排达到节约能源的目的，主要总结如下。

① 设置低负荷状态。确认车体全部出干燥炉后，关闭炉门，通过设置停止加热器、排风机、脱臭炉循环风机，而气密风机继续运行。

② 冷却风机节能。车体经过烘干炉烘干后需要进入冷却段进行冷却。一般冷却段风机与烘干炉同步运行，在没有车体通过的时候，冷却风机仍然运行存在浪费电能的情况，通过管理系统设置，一定时间没有车体经过冷却段时，停止冷却风机。并且每班最后生产的车体可以自然冷却，因此冷却风机可以提前关闭。

③ 在出入口安装隔热门。烘干炉的外壁安装有保温层，但是出入口无法保温，尤其烘干炉入口受喷漆车间风的影响而导致升温过程的热损失。建议在烘干炉升温时关闭炉门，生产时打开。

④ 减少排风量。控制烘干炉内的溶剂浓度，减少排风量。在不影响烘干效果的前提下，尽量保证烘干炉内溶剂浓度达到较高值，减少排风的频率和风量，可以减少因排风而导致的热损失。

⑤ 改进加热方式。在烘干炉内安装远红外高温定向强辐射器，将原来的间接热风对流加热改为直接辐射加热风对流，从而提高加热元件的传热效率。

风机在设计时是按最大工况来考虑的，在实际使用中有很多时间风机都需要根据实际工况进行调节，传统的做法是调节风门、阀门的开关方式，可以改用变频器驱动减少无功消耗。

8.3.4　方案产生及筛选

根据审核阶段的分析，提出了清洁生产方案，其中无低费方案 15 个，中高费方案 7 个。无低费方案汇总见表 8-42，中高费方案汇总见表 8-43。

表 8-42　无低费方案汇总

编号	部门	方案名称	方案简介
DF1	涂装车间	综合利用浓缩水	涂装线的纯水制备装置排出的浓缩水,用于补充喷漆室的循环水、厕所冲洗水等
DF2	涂装车间	空调节能降耗	对空调的程序进行改造,使其在生产结束后自动进入清扫模式,在下一班开始前自动从清扫模式转换回连续运转模式
DF3	涂装车间	合理关闭车间照明荧光灯	中午休息 45min 时关闭 ED 检查灯管
DF4	全厂	休息日停止运行空压机	休息日无特殊情况停止运行空压机,并制定制度
DF5	冲压车间	冲压车间办公室节电	现场办公室 16 组照明灯白天只开 8 组
DF6	设备车间	冬季蒸汽压力降低调整	在不使用冷冻机的季节里降低蒸汽使用压力。从11月到4月蒸汽压力从 0.78MPa 调整到 0.48MPa
DF7	涂装车间	清漆机械手油性稀料使用量递减	由于清漆机械手在对废液回收装置的废液回收盘进行清洗时没有压力调节阀,通过调整废液回收盘的清洗管路阀门,测定和设定吐出量,并更改主控数据内的料箱数据来改善现状
DF8	设备车间	打泥机滤布清洗系统改善	在污水处理厂放流槽位置上安装一台水泵,利用处理后的排放水冲洗打泥机滤布
DF9	设备车间	原水泵改善	在污泥槽下横向开孔安装吸气管变更为路上泵
DF10	设备车间	污水站压泥机冲洗滤带的水管改造	①把原来冲洗滤带的自来水改成放流槽里的水 ②增加一台水泵使回用水的压力为 0.4MPa
DF11	设备车间	冲压、装焊冷却用水冷却塔风机改造	安装温度调节器,在集水罐上安装温度传感器,温度调节器分别与冷却风机、温度传感器相连形成控制(温度设定 30℃ ON,28℃ OFF)
DF12	设备车间	T5 原水罐送水泵改善	如有潜水泵更换为地上用污泥泵(40t/h,扬程为 15m),地上泵不会因为里面的杂物而堵塞
DF13	设备车间	沉淀槽污泥处理改善	安装刮泥机,强制把污泥刮下并排出
DF14	涂装车间	电机整流器外接改善	在升降机旁边易维护的位置加装一个接线盒,把电机整流器安装在此接线盒内,用导线可靠连接。当整流器发生故障需更换时,在很短的时间内就会维修更换完毕
DF15	设备车间	安装压缩空气减压控制盘	将装焊、涂装、组立车间安装压缩空气减压控制盘,在非运行时间关闭压缩空气

表 8-43　中高费方案汇总

编号	部门	方案名称	方案简介	预计效果
HF1	涂装车间	二次电泳工艺	采用双涂层电泳材料,用第二层电泳(35~40μm)替代中涂	一次合格率高,设备投资少,可节省费用48%,并且减少传统中涂的漆渣与废气
HF2	全厂	空调送风机节能改造	风机在设计时是按最大工况来考虑的,在实际使用中根据实际工况采用变频器驱动进行调节	提高空调的功率因数,节约电能
HF3	全厂	冬季采用热交换器代替冷却塔	采用自由冷却系统,将冬季的外界低温作为低温源有效活用,以满足涡轮式冷机系统冬季冷却要求	节约运行费用
HF4	涂装车间	水洗槽添加循环水槽,回用清洗水	原先第一水洗后直接排放,改造后追加循环水槽,将第一水洗的清洗水循环回用 4.8m³/h,排放的 3m³/h 由第二水洗提供,第二水洗可以在保证清洗效果的前提下只补充 3m³/h,可以减少用水 3m³/h×16=48m³/d	减少废水的产生
HF5	涂装车间	溶剂型漆渣脱水减量化	选择一种不破坏漆渣分子结构的漆雾凝聚剂把漆雾截留并使之失去黏性,同时借助微粒间隙中的空气泡及药品中活性剂所产生的泡沫作用,使油漆不断地上浮。漆渣经脱水实现减量化,有利于进一步处理	减少了危险废物的总量,减少了处理费用
HF6	涂装车间	水性漆回收再利用	将均匀分散溶解在循环水中的漆雾采用特制的超滤(UF)装置进行超滤处理,使其固体成分浓缩到 15%~40%。经处理调制后可以再用于喷涂	水性漆价格昂贵,在目前的涂着效率下存在回收的价值
HF7	全厂	污水深度处理回用	增加中水处理设备,对污水处理站处理后的废水进一步深化处理,新增全厂中水供应管道,为稳定供应中水,中水供应水泵选用变频泵	通过中水处理设施,可以利用回用水

8.3.5　可行性分析

8.3.5.1　二次电泳工艺代替中涂

（1）方案原理及内容　二次电泳工艺采用两涂层电泳材料,用第二层电泳（35~40mm）替代中涂。电泳工艺自动化施工可靠性高,一次合格率高,材料利用率高,设备投资少（不需空调系统）,因此可节省 48% 的费用,减少了维修频次及传统中涂的漆渣和 VOC 排放。

结合采用第四代或第五代阴极电泳漆,属于低温烘干、无有机溶剂、无重金属、不变黄的阴极电泳漆,更进一步提高了生产的清洁性。

（2）工艺流程　前处理→1 次电泳→2 次电泳。

（3）可行性分析

① 技术可行性。PPG 公司开发的 Power-Prime 和 DuPont Herberts 公司开发的二次电泳涂料可以用于中涂。它们用作底漆的首涂层膜厚 18μm 左右,有高防腐、高泳透力、均匀的膜厚、干膜有导电性等特点。用作替代中涂的次涂层膜厚 40μm 左右,可抗石击、抗紫外线,有足够的遮盖力、无泳透力和卓越的外观,且可以全自动化施工（减低人工成本）。

② 经济可行性。采用二次电泳工艺涂料利用率可达 98%,一次涂装合格率比任何其他涂料都高。

③ 环境可行性。采用二次电泳涂料可将底漆和中涂的总 VOC 排放控制在 6g/m² 左右,具有良好的环境效益。

8.3.5.2 空调送风机节能改造

(1) 方案原理及内容 风机在设计时是按最大工况来考虑的，在实际使用中有很多时间风机都需要根据实际工况进行调节，传统的做法是采用开关风门、阀门的方式进行调节，这种调节方式增大了供风系统的节流损失，在启动时还会有冲击电流。并且对系统本身的调节是阶段性的，调节速度缓慢，减少损失的能力很有限，使整个系统工作在波动状态。

采用变频器驱动具有很大的节能空间。目前许多国家均已指定流量压力控制必须采用变频调速装置取代传统方式，中国国家能源法第 29 条第二款也明确规定风机泵类负载应该采用电力电子调速。其节能原理如下。

① 变频节能。由流体力学可知，P（功率）$=Q$（流量）$\times H$（压力），流量 Q 与转速 N 的一次方成正比，压力 H 与转速 N 的平方成正比，功率 P 与转速 N 的立方成正比，如果水泵的效率一定，当要求调节流量下降时，转速 N 可成比例下降，而此时轴输出功率 P 成立方关系下降。即水泵电机的耗电功率与转速近似成立方比的关系。例如，一台水泵电机功率为 55kW，当转速下降到原转速的 4/5 时，其耗电量为 28.16kW，省电 48.8%，当转速下降到原转速的 1/2 时，其耗电量为 6.875kW，省电 87.5%。

② 功率因数补偿节能。无功功率不但增加线损和设备的发热，更主要的是功率因数的降低导致电网有功功率的降低，大量的无功电能消耗在线路当中，设备使用效率低下，浪费严重，由公式 $P=S\times\cos\Phi$，$Q=S\times\sin\Phi$，其中 S 为视在功率，P 为有功功率，Q 为无功功率，$\cos\Phi$ 为功率因数，可知 $\cos\Phi$ 越大，有功功率 P 越大，普通水泵电机的功率因数在 0.6~0.7 之间，使用变频调速装置后，由于变频器内部滤波电容的作用，$\cos\Phi\approx1$，从而减少了无功损耗，增加了电网的有功功率。

③ 软启动节能。由于电机为直接启动或 Y/D 启动，启动电流等于 4~7 倍额定电流，这样会对机电设备和供电电网造成严重的冲击，而且还会对电网容量要求过高，启动时产生的大电流和振动时对挡板和阀门的损害极大，对设备、管路的使用寿命极为不利。而使用变频节能装置后，利用变频器的软启动功能将使启动电流从零开始，最大值也不超过额定电流，减轻了对电网的冲击和对供电容量的要求，延长了设备和阀门的使用寿命，节省了设备的维护费用。

(2) 可行性分析 变频节能系统在各类调速系统中使用时其节能效果对单台设备可做到 20%~55%，在风机这类设备的一般应用的节能效果平均平均也做到 20%~50%。

8.3.5.3 冬季采用热交换器代替冷却塔

(1) 方案原理及内容 采用自由冷却系统，将冬季的外界低温作为低温源有效活用。在 11 月至来年 3 月用自由冷却交换器代替冷却塔，并且自由冷却时的冷却水量由 4233L/min 减少到 2186L/min（水量减少 50%）。为了防止管道冻结将现有蒸汽配管延伸，用蒸汽-水热交换器将冷却水加温，使得冷却水温度不低于 5℃。

(2) 工艺流程 工艺流程图见图 8-15。

(3) 可行性分析

① 技术可行性。热交换器的冷却能力为 $347RT$（1220kW），和冷却塔的容量大致相同。由于冷却水量降低（约为原来的 65%），热交换器二次侧的冷水泵还依旧使用现有泵。

② 经济可行性。自由冷却时需要的冷却水量，只有原来的 65%，并且冷却塔风机停止运行，节约了运行电耗，节约电费 223000 元/年。

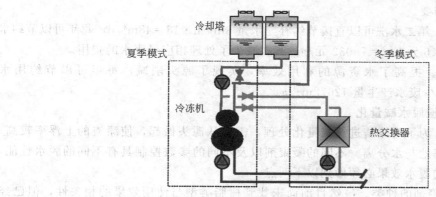

图 8-15　工艺流程图

采用冷却塔存在水质超标排放的情况，排放水量为 400L/min×60min×12h/d＝288m³/d。11 月至来年 3 月期间内，运转天数为 111 天，故采用热交换器可以节约水费 191808 元/年。

热交换器在冻结防止工作期间需要防冻，如运行时间 120 天，每天零下的时间系数为 0.6，共计 1728h 的话，计算使用蒸汽量 83kg/h×1728h＝143.424t，蒸汽费用为 130 元/t，故冻结防止费用需要 18645 元。

自由冷却设备的节能产生的经济效益如下：191808＋223000－18645＝396163 元/年。

③ 环境可行性。首先自由冷却设备节约了运行电耗，并且避免了冷却水由于开放式换热而导致水质降低，减少了废水排放。

8.3.5.4　水洗槽添加循环水槽

（1）方案原理及内容　第一水洗的喷水量是 7.8m³/h，而第二水洗的给水量为 6m³/h（图 8-16）。所以造成第二水洗的液位降低，平衡很困难。原先第一水洗洗后直接排放，改造后追加循环水槽。

将第一水洗的清洗水循环回用 4.8m³/h，排放的 3m³/h 由第二水洗提供，第二水洗可以在保证清洗效果的前提下只补充 3m³/h，可以减少用水 3m³/h×16＝48m³/d。

（2）工艺流程

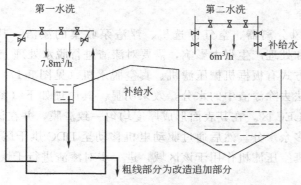

图 8-16　工艺流程图

（3）可行性分析

① 技术可行性。为保证第二水洗洗净度，可以推算最小补水量为 3m³/h，这样既充分利用了水资源，又不影响整体水洗过程的清洗效果。设置循环水槽再配上电动水泵即可以满

足整个回用过程的需要。

② 经济可行性。第二水洗可以直接节约补充水量 $3m^3/h \times 16 = 48m^3/d$，每年可以节约水费 $48m^3/d \times 264d/a \times 6$ 元 $/m^3 = 76032$ 元 $/a$。其次减少了处理相应量废水的费用。

③ 环境可行性。提高了水资源的利用效率，实现了源头削减，每年可以节约用水 $12672m^3/a$，并且减少废水产生量 $12672m^3/a$。

8.3.5.5　溶剂型漆渣脱水减量化

(1) 过程控制　为了对漆渣进行减量化处理，需要从源头做起，使漆渣的上浮率较高，降低黏度，能够较好地与水分离。不同的凝聚剂以及不同的参数控制具有不同的脱水性能，所以为了达到较好的脱水效果必须做到以下两点。

① 正确选择凝聚剂的种类。虽然目前尚未找到树脂类型与使用效果的相关性，但已经知道，漆雾凝聚剂对树脂的极性存在感受性。非极性树脂（聚酯、聚氨酯）油漆、极性较小的树脂（丙烯酸、醇酸）油漆应分别采用不同极性、亲水性的漆雾凝聚剂。选择复合制剂型药剂，因其具有广普的分散能力，其处理的油漆渣脱水性良好，处理的漆渣为无黏性团状，便于打捞等下一阶段的处理。

② pH 值或碱度。适当的碱度或 pH 值有助于油漆的失黏。pH 值过高，油漆被过破坏为稳定的粒子分散于水中难以絮凝，过低则无法完全破坏。一般控制在 7.5~9.0，循环水的运行中 pH 控制非常重要。

③ 此外，药剂的投加方式也对漆渣的分离效果具有一定影响，处理药剂主要包括漆雾凝聚剂、氢氧化钠、杀菌剂、絮凝剂、消泡剂。药剂的投加位置也需要进行适当的优化，以达到良好的混合效果。

a. 凝聚剂加药点应设在循环水泵吸口或出口处，这样漆雾凝聚剂经水泵充分搅拌后，通过供水管以最快的速度进入喷房底部水槽与过喷油漆颗粒进行作用。为了保证加药的均匀、有效，采用计量泵在循环水泵吸口或出口处添加。

b. 絮凝剂加药点选择在回流区水流湍急处，通过计量泵加入絮凝剂的稀释液，使经凝聚的油漆颗粒进一步聚集浮到表面形成漆渣。

c. 碱液投加。为了提高凝聚剂及絮凝剂的凝聚效果，要求槽液 pH 值控制在 8.5~9.5 之间。采用在线监测 pH 值，并且与加药泵进行连接，pH 值低于 8.5 时自动启动加药泵，达到 9.5 时关闭加药泵。

通过除渣器如旋风分离器、空气浮选机、浮渣泵收集的漆渣，其含水率达到 70%~80%，对后续的运输和处理产生很大影响，需要对漆渣进行脱水处理。

目前主要的脱水方式有板框机械压滤机、真空脱水机（见图 8-17）。国外一些大的汽车厂广泛采用后一种方法去除漆渣中的水分，效果明显。其原理如下（图 8-17）：湿漆渣进入底部装有过滤材料的 LEC 区，在其表面形成厚度均匀一致渣膜，并在该区域内通过低流量、高压力的真空机榨出多余水分。然后通过驱动电机移动至 DDC 烘干区，采用大流量、低压力且能够产生热风的真空压滤机作用于该区域，进一步对漆渣进行干燥处理，处理后的漆渣干燥率在 60% 以上。

(2) 可行性分析

① 技术可行性分析。目前真空脱水机已经有成熟的产品，但如果需要结合烘干装置的话需要联系过滤设备公司进行非标设计。

② 经济可行性分析。一般情况下，采用静电喷涂其喷涂效率 60%~70%，也就是说，

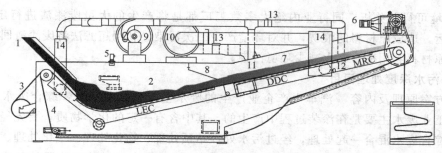

图 8-17 漆渣脱水系统原理图

1—入渣区；2—摊平区；3—过滤纸；4—过滤床；5—厚度探测器；6—驱动电机；
7—烘干区；8—刮渣板；9—低速真空机；10—高速真空机；11—热风出口；
12—回风管吸口；13—回风管；14—真空吸管

在喷涂操作中除了一部分涂料喷涂在工件上，还有一部分涂料飞溅在喷漆室里，造成极大的原料浪费。每年产生的漆渣达到 12.53t，以含水率降低 30% 计算，则废物总量可以减少 3.76t，可以节约大量的处置成本。

相应地，脱水后可以使漆渣中的大量水分得到重复利用，节约了水资源。

③ 环境可行性分析。减少了漆渣的质量，实现了危险废物的减量化，为后续的无害化处理或者资源化利用提供了条件。

8.3.5.6 水性漆回收再利用

（1）方案原理及内容 目前回收水性漆雾的方法主要有超滤法、冷却法、转动圆柱体法。其中，超滤法是一项很有前途的新工艺。超滤法原理是将均匀分散溶解在循环水中的漆雾采用特制的超滤（UF）装置进行超滤处理。滤掉的有水性漆中的树脂、固体颜料、稳定剂，这些物质再通过 UF 装置的压缩处理，使其固体分浓缩到 15%～40%。经过超滤后的浓缩物与新鲜水再混合，其混合比可以是 70/30、65/35、50/50、72/38。经处理调制后可以再用于喷涂，滤过液可重复用于处理漆雾。

（2）工艺流程 工艺流程图见图 8-18。

图 8-18 工艺流程图

（3）可行性分析

① 技术可行性分析。目前，该技术已在国内少数汽车制造厂家运用，国外的技术已相当成熟。

超滤法工艺的心脏是滤膜。有研究人员用氟化聚偏二氯乙烯浇铸成平片或管状平片制成两层不对称的超滤膜。一层是薄的、致密的选择层（也称过滤层），厚度为 $0.1～1\mu m$。另一层是厚些、多孔结构、有一定机械强度的支撑层，厚度为 $100～200\mu m$。通过实验，实现了水性漆的回收利用。

② 经济可行性分析。在汽车喷涂作业中，水性漆的利用率一般只有 50%～60%，因而生产中会产生大量的废漆渣。而汽车喷涂所用水性漆价格都比较昂贵，将近一半的水性漆浪费掉了，长年累月下来，其经济损失显然是巨大的。利用超滤法将产生的大量水性漆渣变废为宝，回收再利用，其经济价值显而易见。

③ 环境可行性分析。同行业内绝大多数工厂都是将产生的大量废漆渣进行定期清理，倒掉或外运，造成原材料的浪费，并对环境产生二次污染。利用超滤法将废漆渣回收利用后可以提高原材料利用率，大大减少环境污染。

8.3.5.7 污水深度处理回用

（1）方案原理及内容　汽车生产企业产生的废水主要包括两部分：综合废水和工业废水。其中工业废水主要是在涂装过程中产生的，其中含有一定的化学物质，要先经过预处理之后再和综合废水混合一起处理，经过污水处理站预处理、物化处理、生化处理、过滤和深度处理五个阶段的处理，实施100％回收重新利用，部分废水经过前四阶段处理成国家中水标准的回用水，这部分中水可用于厂区绿化、喷洒路面等。

（2）可行性分析

① 技术可行性分析。整个系统的核心为深度膜处理，包括活性炭、UF膜（超过滤膜）、RO膜（反渗透膜），技术条件基本成熟。广州本田增城工厂2006年成功实现了污水零排放，一年节约用水 343500m³。

② 经济可行性分析。自来水以及排污费综合计算，每吨水的价格超过6元，采用成熟的物化、生化以及深度膜过滤处理，每吨水的成本约为30元/t，费用相对较高。方案经济评估指标汇总见表8-44。

表8-44　方案经济评估指标汇总表

经济评价指标	HF-2	HF-3	HF-4
总投资费用（I）/万元	430	89	30
年运行费用总节省金额（P）/万元	180.3	39	7.6
新增设备年折旧费/万元	43	8.9	3
净利润/万元	92.0	20.2	3.1
年增加现金流量（F）/万元	135	29.1	6.1
投资偿还期（N）/年	3.2	3.1	4.9
净现值（NPV）/万元	612.4	135.7	17.1
内部收益率/（IRR）	28.9％	30.4％	15.5％

8.3.6　方案实施

本轮清洁生产审核共实施无低费方案15个，中高费方案3个，其效益总结见表8-45。

8.3.7　持续清洁生产

（1）成立专门清洁生产组织机构　通过本轮清洁生产审核，公司取得了显著的成绩，为保证清洁生产工作持续有效地展开，依据本厂规模及组织机构设置，由公司总经理任组长，下设清洁生产领导办公室。

（2）下一轮清洁生产审核工作展望　随着清洁生产审核工作在组织内的广泛、深入开展，各方面的调研结果及数据的采集、整理，审核小组对企业内的清洁生产潜力及审核重点也有了更新的认识和设想。鉴于此，下一轮的审核重点可从以下方面选取。

① 树立环保新理念，变末端治理为全过程清洁生产，采用先进生产工艺和更环保的原料路线，从生产源头控制污染的产生，做好节能降耗、环境保护和资源综合利用工作，形成"高产出、少排放、可循环"的发展模式。

表 8-45 实施方案效益

方案类型	方案编号	方案名称	经济效益/(万元/a)	降耗		节能		减排
				物耗/(kg/a)	水耗/(t/a)	电/(kW·h/a)	蒸汽/(t/a)	废物量
无低费方案	DF1	综合利用纯水浓缩水	11.9		22880			
	DF2	空调节能降耗	75			1054512	540	
	DF3	合理关闭车间照明荧光灯	11.6			165384		
	DF4	休息日停止运行空压机	10.3			147456		
	DF5	减少照明灯管数目	5			45312		
	DF6	冬季蒸汽压力降低调整	3.1					
	DF7	清漆机械手油性稀料使用量递减	707.9	稀料 591360				VOC591360kg/a
	DF8	打泥机滤布清洗系统改善	13.1		25200			
	DF11	冲压、装焊工厂冷却用水冷却塔风机改造	9.2			129887		
	DF15	安装压缩空气减压控制盘	17.5			250352		
中高费方案		投资/(万元/a)						
	HF2	空调送风机节能改造	430	180.3		2649000		
	HF3	冬季采用热交换器代替冷却塔	89	39	31968	309722		31968t/a
	HF4	水洗槽添加循环水槽	30	7.6	12672			废水 12672t/a
合计			549	1091.5 稀料 591360	92720	4751625	540	VOC591360kg/a 废水 44640t/a

② 加大技术革新的研究投入，特别是在绿色涂装技术方面，要致力于提高水性漆的使用比例，提高涂着效率，比如引进或研发自电泳技术、二次电泳技术、超声清洗技术、3C1B技术、低温烘干技术等。

③ 推进信息管理技术在生产中的应用，采用DCS集散控制系统，实现生产过程的自动化和控制技术的智能化，加强信息交流，增强产品的稳定性，提高产品质量，降低消耗。

④ 创造条件实行污染物集中治理，实现排放废物的减量化、无害化、资源化，建设生态型企业。

（3）清洁生产新技术的研究与开发　清洁生产新技术的研究与开发是清洁生产工作的源动力，企业应予以大力提倡并伴以相应的精神和物质奖励，以提高员工的积极性。为此，应在适当时机，对以下重大行业技术问题加以深入研究。

① 先进节能生产设备的研制及选用。

② 使用水性涂料替换溶剂型涂料。

③ 漆渣的回收利用。

8.4　机械行业清洁生产审核案例分析

8.4.1　筹划与组织

（1）成立审核小组　公司成立了以总经理为组长的领导小组和工作小组，并确定了各自的责任。

（2）制订审核工作计划　清洁生产审核工作计划表见表 8-46。

表 8-46　清洁生产审核工作计划表

阶段	工作内容	时间	应出成果
一、筹划与组织	获得高层支持与参与；组建审核工作小组；制订审核工作计划；开展宣传教育；前期资源准备	两周	企业领导决策，成立审核工作小组，完成审核工作计划，克服障碍、备足资源
二、预审核	企业的现状调研；现场考察；评价产污排污状况；确定审计重点；设置预防污染目标；提出和实施无低费方案	两周	获取各种资料，熟悉现场情况，给出产污排污的真实情况，最终确定审计重点，产生近期中期远期目标，实施无低费方案
三、审核	编制审核重点的工艺流程图；实测输入输出物流；建立物料平衡；废弃物产生原因分析；提出和实施无低费方案	三周	绘制出工艺流程图、单元操作图，现场实测，绘制物料平衡图，指明废弃物的产生原因，实施无低费方案
四、备选方案产生和筛选	方案的产生；方案的筛选；方案的研制；继续实施无低费方案	三周	提出方案、筛选出方案、详细研究方案、实施无低费方案
五、可行性分析	市场调研；技术评估；环境评估；经济评估；推荐可实施方案	两周	进行市场调研，给出技术评估结果，给出环境评估结果，给出经济评估结果，确定可实施方案
六、方案的实施	组织方案实施；汇总已实施方案、无低费方案成果；验证已实施方案的成果	两周	组织方案实施，列表汇总成果，列表汇总评价成果
七、持续清洁生产	建立和完善清洁生产组织；建立和完善清洁生产制度；制订持续清洁生产计划；编写清洁生产审核报告	两周	建立清洁生产组织，规范清洁生产制度，确定持续清洁生产计划，完成报告的编写

（3）宣传、发动和培训　通过上课形式的培训后，全厂职工掌握了清洁生产审核知识。为了充分调动职工参与清洁生产的热情，配合清洁生产方案的提出，企业开展了清洁生产方案征集，企业各部门员工围绕生产各环节，积极献计献策，清洁生产方案合理化建议层出不穷，对清洁生产审核起到很大作用。

8.4.2　预评估

（1）企业概况　公司职工总数 600 多人，其中管理队伍有 108 人，拥有一些机械等行业的管理人员和技术工人。公司为挖掘机、履带式推土机行业用户提供优质的产品组件。

（2）生产经营状况　企业主要产品有应用广泛的支重轮、托链轮、链条总成及履带总成等工程车辆和工业设备的行走履带及配件。生产规模为年产 13000 条履带。支重轮采用专利技术和世界顶级材料制造生产，具备高韧度和高耐磨性。托链轮采用锻造轮毂生产，能适应最苛刻的条件，可以提供不同密封方式以达到最大限度防渗漏的工作状态。履带链轨节是履带式工程机械履带总成的重要部件，主要作用是连接履带板和传递动力，因其在使用中承受着强大的剪切力并极易受到细小砂子的磨损，所以要求具有良好的力学综合性和耐磨性能。

在工件生产中主要有机械加工工序、热处理工序、装配工序和油漆工序。公司产品工艺流程类似，产品型号多，多数设备耗电量大，限制了企业推行清洁生产。轮装配及涂漆过程工艺流程见图 8-19。

公司主要原辅材料使用量和能源及资源消耗量见表 8-47、表 8-48。

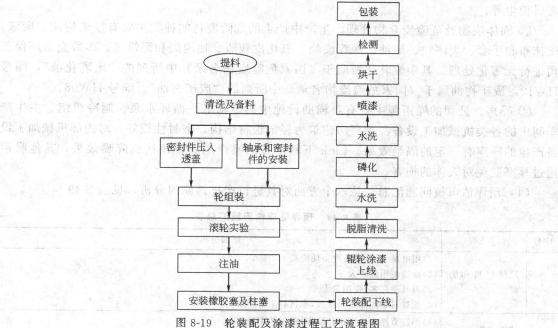

图 8-19　轮装配及涂漆过程工艺流程图

表 8-47　公司原料消耗表

名　称 ＼ 年　份	2007 年	2006 年	2005 年	2004 年
钢/t	61360	60252	44576	23199
透盖/t	1058.8	706.42	615.66	443.96

表 8-48　公司能源消耗表

能　源		单　位	近年消耗量			
			2004 年	2005 年	2006 年	2007 年
总量	水	t	93733	89061	122323	90128
	电	kW·h	23230252	27407829	33553530	30804158
	汽	t	4011	4727	7028	9539
	油	t			334	119
单耗	水	t/t	4.04	2.0	2.03	1.47
	电	kW·h/t	1001.3	614.8	556.9	502.0
	汽	t/t	0.17	0.11	0.12	0.16
	油	t/t			0.006	0.002

（3）资源节约与环境保护工作现状分析

① 水资源的利用与废水的处理。废水主要由清洗废水、表面处理废水、乳化切削液和清洗废液以及生活污水等组成。公司建有一座废水处理站，通过气浮法去除 COD，最终达到三级排放标准。但从总体上看，公司排放水质在监测的各月都存在不同程度的超标现象。

② 废气治理。厂区产生的工艺废气主要是喷漆废气、焊装烟尘、机械加工生产产生的

金属粉尘等。

③ 固体废物及危险废弃物处理。生产中产生的危险废物的种类主要有废矿物油、废液、废抹布和手套、废漆块、废油、医疗废物、氧化皮残渣、地沟泥和泥饼等。多数交由环保公司进行无害化处理。其中废乳化液属于《国家危险废物名录》中所列的"废乳化液"，编号 HW12，废矿物油属于《国家危险废物名录》中所列的"废矿物油"，编号 HW08。

④ 噪声。公司的噪声源主要有：辅助设施中的冷却塔、循环水泵、制冷机组、主生产车间中的各类机械加工设备。主厂房建筑为轻钢板材结构，密封性较好，对内部机械加工设备产生的噪声有一定的隔绝效果。Link 下料区域的噪声用隔音箱达到降噪效果，其他噪声通过耳塞避免对人体的损害。

（4）预评估审核问题汇总　从八个方面对其进行产排污原因分析，见表 8-49。

表 8-49　预评估审核问题汇总表

序号	过程	原因分析
1	原辅材料和能源	(1)用电量大,各用电设备耗能高 (2)油漆使用量较大 (3)刀具损坏多,使用量大 (4)原材料和产品露天堆放,原材料生锈严重
2	技术工艺	(1)小链节淬火后用铁丝捆绑,铁丝使用开支大 (2)喷枪的涂着效率不高,使用手动喷涂
3	设备	(1)车间的许多操作采用人工手动的方式,如装配和喷漆过程 (2)厂内的某些设备老旧,耗电量高 (3)不少设备缺乏定期维修是耗能高的主要原因之一
4	过程控制	(1)热处理炉耗能高,热量散失多,热利用效率低 (2)厂内各用电设备没有精细的计量装置,耗电量和加热温度无法准确地控制 (3)厂内用汽、用水等多处没有计量 (4)车间生产区域设备存在漏油、漏液现象(如热处理、机械加工、装配线的诸多设备) (5)喷漆量没有计量和控制设备,无法准确控制漆的使用量和漆层厚度,造成漆浪费
5	产品	(1)轮废品产生量大 (2)产品露天存放
6	废物特性	(1)产生危险废弃物,如废油抹布、废乳化液等 (2)操作台存在大量加工后产生的粉尘,易于被操作工吸收 (3)公司废水处理系统已经达不到处理要求,许多物质都存在不同程度的超标现象
7	管理	(1)奖惩力度不够,不能充分调动职工的积极性 (2)没有对职工主动参与清洁生产的激励措施
8	员工	(1)部分职工的环保观念淡薄 (2)部分职工的业务能力和水平不够高,对本岗位的设备性能了解得不深

（5）清洁生产指标比较　采用机械行业清洁生产评价指标体系（试行）作为基本指标，对公司的清洁生产水平进行评估。根据目前我国机械行业的实际情况，不同等级的清洁生产企业的综合评价指数见表 8-50。

表 8-50　机械行业不同等级的清洁生产企业综合评价指数

清洁生产企业等级	清洁生产综合评价指数
清洁生产先进企业	$P \geqslant 92$
清洁生产企业	$85 \leqslant P < 92$

通过对比，符合公司的指标共有 21 项，定量指标 9 项，其中达到基准值的共有 14 项，占总评价指标总数的 66.7%。

通过对比计算公司的综合评价指数为 79.54 分，距清洁生产企业标准还有一定的差距。公司在产品综合能耗、COD 排放量、废水排放达标情况、水重复利用率及固体废物等方面存在较大的提高空间，在目前的状况下，公司还存在很多节能、减排的清洁生产机会。

(6) 确定清洁生产审核重点 在热处理工段和油漆工段产污量较大，各项指标排列权重之后初步确定热处理工段、油漆工段为本轮清洁生产的重点。

(7) 确定清洁生产审核目标 清洁生产目标见表 8-51。

表 8-51 清洁生产目标一览表

序号	项　　目	现状	近期目标(2009 年)	远期目标
1	综合电耗/(kW·h/t)	502.0	480	400
2	生产用水重复利用率/%	68.4	70	80
3	COD 排放量/t	7.2	6.4	1.43

8.4.3 评估

8.4.3.1 审核重点概况

(1) 污染流程图 评估结论：公司年消耗涂料 10219.5L，平均涂着效率为 55%，涂料固体含量为 35%。经以上油漆平衡分析可得：公司涂在工件上的油漆仅占涂料吐出量的 19.2%，占固体涂料量的 55%。废涂料、漆渣主要是喷室中飞散的漆雾所剩的固体物质，占涂料吐出量的 15.8%，占涂料固体含量的 45%。因此，公司漆料利用效率不高。

(2) 水平衡分析 公司供水为自来水，用水主要以涂漆前处理、生活用水为主。涂漆线前处理用水量很大，主要用于脱脂、磷化和水洗工序，用后这部分水全部连续排放。生活用水包括办公楼、餐厅、厕所和洗浴用水等，这部分水占全厂用水量和排水量的大部分。热处理及冷却塔处有循环用水。轮装配清洗机清洗用水量大，热处理、喷漆线前处理、食堂和淋浴室存在一定的浪费现象。

(3) 用能系统评估

a. 用电情况分析。公司耗电量大，用电设备多，难以对整个公司进行电平衡分析，拟对大功率的主要用电设备进行分析，找出公司存在的节能减排机会。

公司年用电量 30804158kW·h，其中热处理用电设备功率大，用电量约占全厂用电量的 91%，因此，采取适当的措施，降低热处理用电量，提高电转化成热的利用率势在必行。

根据计算物质吸收或放出的热量的公式 $Q = cm\Delta t$ 可计算如下：履带板年产量 29594t，轮子年产量 6473t，加工材料平均比热容 460J/(kg·℃)，淬火温度 890℃，按年生产 350 天，日生产 24h 计，功率因数按 0.85 计。主要用电热处理设备效率分析见表 8-52。

表 8-52 主要用电热处理设备效率分析

设备名称	三相电流功率/kW	额定功率/kW	实际耗电 $W=Pt$ /(kW·h/d)	供电提供的总热量/(J/d)	有效利用热量 $Q=cm\Delta t$ 折合电/(J/d)	损失热量/(J/d)	加热炉热效率/%
履带板淬火 M1001	1.49×10^3	1.31×10^3	3.58×10^4	1.29×10^{11}	3.37×10^{10}	9.53×10^{10}	15.6
履带板淬火 M1007	1.01×10^3	1.2×10^3	2.42×10^4	8.7×10^{10}			
轮子淬火 M3001	0.84×10^3	0.8×10^3	2.01×10^4	7.24×10^{10}	7.2×10^9	6.52×10^9	10

从以上分析可以看出：公司热处理用电占全厂用电量的大部分，其中淬火设备电能利用率很低，多数电能以热量的形式散发出去，公司电转化成热的利用率有很大改进空间。

b. 蒸汽利用情况评估。公司蒸汽为外购蒸汽，其主要用途是作为加热源间接加热。通过分析可以看出蒸汽大部分用作洗浴加热源和生产中的漆烘干过程。喷漆前处理和洗浴用蒸汽在使用后均为废水排放。漆烘干过程中，蒸汽与工件间接接触，蒸汽经过管道利用其热量后，该部分水直接排入地沟。经分析，烘干漆的蒸汽使用后水质仍较好，该部分水可以作为串联用水量被公司的另一系统利用，从而达到节约新鲜水的目的。

8.4.3.2　审核重点的评估

（1）热处理工段评估　热处理工艺是制造工艺中的一项重要加工工艺，又是制造工艺中的耗能和污染大户。热处理加工是通过对零件进行加热、保温和冷却三个工艺过程来实现改变零件材料的内部组织，以达到满足零件性能要求、发挥金属材料潜力的目的。

① 热处理能源消耗分析。国内外热处理能源消耗与技术比较见表 8-53。

表 8-53　国内外热处理能源消耗与技术比较

国家或地区	能耗/(kW·h/t)	热效率/%	能源结构	能源技术发展措施
中国	730	29	煤、电为主，电能占90%以上	《中华人民共和国节能法》1998 年颁布后，开始开发多种能源，如天然气、核能、水力、风力等，开始研究开发高温空气燃烧技术、高性能燃烧器（喷嘴）技术，废热利用和环保技术等开始受到重视
美国	350~450	43~48	煤、电、石油、天然气，天然气能源占25.5%	炉子热源的多样性，改进燃烧器；富氧燃烧技术(1997)改善热材料，U 形和陶瓷辐射管技术，改善热源形状和对流方式，改进绝热材料，天然气/电加热系统开发，减少 NO_x、SO_x 排放及其计算机控制技术(1999)
日本	323	49.8	煤、电、重油、天然气，燃烧炉燃烧器产值占总值的36.1%	普及推广低燃料消耗的工业炉，合理利用能源法(20世纪 70 年代末)，防止地球温暖化行动计划(1990)，高性能工业炉的开发，高温空气燃烧技术(1992~1999)，政府财政支持
欧洲	300~450	40~50	煤、电、石油、天然气，天然气能源占20%~30%	挖掘设备潜力，实现专业化生产和企业管理；开发高温空气燃烧技术、蓄热式燃烧技术、感应加热技术等
公司情况	502	<20	电	辊底加热炉、感应加热炉

② 问题分析。在热处理的加热、保温和冷却的三个过程中，存在着资源和能源的输入以及相关产品及副产品的输出问题，从而导致对环境的影响。在此，利用生命周期清单分析法对热处理加工过程中的输入及输出建立如图 8-20 所示的系统边界。热处理加工过程的环境因素及对环境的影响见表 8-54。

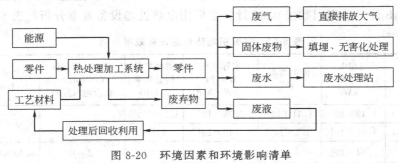

图 8-20　环境因素和环境影响清单

表 8-54　热处理加工过程的环境因素及对环境的影响

类别	环境因素	污染源	主要污染物	环境影响
脱脂剂、清洗或酸洗	脱脂剂	蒸发、排放	界面活性剂、老化油、废油排放	化石燃料枯竭、水体污染
	酸洗液	蒸发、沉淀物及废液	Cl^-、HCl、$Fe_2(SO_4)_3$ 等	刺激性、腐蚀性、水质污染
	热碱水清洗	蒸发、排放	钢的合金成分、盐碱类有害物质、油脂等	刺激性、腐蚀性、水质污染
加热设备	加热设备及其他	光（热）源、电压（磁）场等	红（紫）外线、噪声、辐射热等	疲劳、衰竭、电击、电伤害、神经系统功能障碍等
有毒有害类	冷却介质的有机聚合物	废液		水质污染
	工作热处理后的反应物	氧化脱碳渣		
	工作表面清理介质	SiO_2、Al_2O_3 的粉尘		喷砂、喷丸粉尘

（2）油漆工段评估

① 工艺流程。喷涂工序可以简单归纳为：前处理→喷涂→干燥或固化→三废处理。

② 污染及能源耗用情况。涂装属于重污染行业，从工件到成品包括了预处理、涂装、干燥或固化、检查包装四部分。在前处理和涂漆过程中要产生大量的废水、废气和废渣。喷涂工序过程产生的大气污染物主要有漆雾中的粉尘、涂料挥发、分解生成物和反应生成物、酸碱雾等，主要来源于工件的加工、喷涂、烘干等工序。废水主要产生于前处理过程，主要成分为酸、碱和一些重金属。废渣是处理废水后产生的废渣和其他废渣。表 8-55 列出了主要生产工序、主要物料和能源使用及主要污染物排放情况。

表 8-55　主要生产工序、污染源及所需能源与物料

	主要工序	主要物料和能源	主要污染物排放
前处理	工件前加工（除油/除锈/磷化/吹水）	脱脂剂、磷化剂、水、电	余油；喷淋脱脂处理时的废水排放；磷化后水洗水；固废、磷化渣
喷涂	喷漆（手动/自动）	油漆、工件、压缩空气、水、电	废漆料、VOC
干燥或固化	干燥、固化	蒸汽	少量 VOC
检查、包装	检查、包装、装箱	电	废品、废料

喷涂车间也是耗能大户，供风调温、供排风机、照明等是喷涂室的耗能部位，耗能费用在喷涂成本中占较大的比例，仅次于喷涂材料费用。公司喷涂生产线电器由各电器柜控制干燥固化炉体各区温度、升降温度曲线，随时设定、修改参数，以便根据各种工件大小来调整温度；槽液可由热电偶控制，以降低对能源的消耗。烘干室的耗能也占据一定比重，公司采用蒸汽加热取代以前的燃油加热方法，运行成本较低。在各生产线中，喷漆生产线用水最多，清洗均采用一次清洗，月用量 86.8m³，废水排入污水处理站化验处理后直接排放。

8.4.4　方案产生和筛选

本轮清洁生产审核共征集方案 63 项，整理筛选后，经初步可行性评价，确定为可行的清洁生产方案 61 项，其中可行的无低费方案 53 项，可行的中高费方案 8 项。有 42 项无低费方案已经实施，5 项中高费方案已经实施。各类方案汇总表见表 8-56～表 8-58。

表 8-56 无低费清洁生产方案初步筛选、汇总表

方案编号	所属部门	方案名称	内 容 简 介	预计效果	实施时间	预计投资/万元
DF01	Link	更换排屑器	M6330 铁屑不能正常排出，M6340 防护灯罩破裂且无备刀，M1310、M1340 漏液严重。更换两台与机床匹配的排屑器后，可以使铁屑容易清理，提高产量	年增加近 3 万对 Link 的生产	已实施	2
DF02	PBS	清理履带来料上的铁屑	履带来料时上面的铁屑和灰尘多，将来料清理干净	便于后续生产的运行	已实施	0
DF03	维修	定期清理淬火液水槽	Link 热处理生产的 Link 件硬度、淬硬层和淬硬长度有不合格现象。热处理感应淬火设备淬火液槽内部杂物过多，淬火液过脏，易引起水温升高，设备喷液失效，影响工件质量并造成停机。定期清理淬火液水槽，保证水质，从而保证硬度合格	降低报废率，减少不合格品产生	已实施	0
DF04	PBS	机械加工及时备刀	销套机械加工使用的刀具个别时间断货，采用的替代品车销效果不理想，断销很差，容易造成排屑口故障和工件报废	降低销套报废率	已实施	0
DF05	PBS	维修设备油缸	四台机床的液压油柜存在不同程度的漏油情况，增加了单件循环时间和加油次数。对四台机床的油柜进行维修，使单件循环和员工劳动强度减少	节省液压油	已实施	0
DF06	PBS	各部位的铁筐分开使用	铁筐混用造成大部分筐里有铁屑和油污杂物等，工件清洁性差	废物分类堆放，便于管理	已实施	0
DF07	PBS	用塑料袋把喷砂后的履带板罩上或用防雨布盖住	需喷黄漆的履带板在外协喷砂后，没有及时热处理，应用塑料袋或风雨棚遮盖，防止生锈，避免再次喷砂	减少劳动强度及再次喷砂	已实施	1.0
DF08	PBS	过滤新淬火炉下料处的水	新淬火炉下料处有一个接水槽，水满后，需操作工用空桶把水放出，然后再把放出来的水倒掉，浪费水资源和人力。采用过滤网可以把有杂质的水过滤后补充淬火液用水	节水 2000t 效益 1.2 万元	已实施	0
DF09	装配	配备齐全的装配线工具并加强管理	装配线工具不全和不齐，给换型造成不便，影响换型时间。将工具配备齐全并由专人管理，使换型时不需要更多的时间去找工具而延长换型时间	节省时间	已实施 08.1	0
DF10	RS	各班安放一个工具箱	焊机工具放置混乱，各班安放一个工具箱避免工具丢失，节省寻找工具的时间	节省时间	已实施	0
DF11	RS	在车间内部设立一个专门收集焊机处废料的器具	各种废刀片和废零件经常在维修完后直接丢到铁屑车里，当铁屑倒掉。焊机处的废焊嘴子是铜材，应集中回收处理	科学管理废弃物	已实施	0.05
DF12	RS	用油漆笔代替粉笔记数	回火下料处用粉笔记数和写履带板型号，经常模糊不清，而需重新标记，改用油漆画黄线，节省劳动量	缩短劳动时间	已实施	0
DF13	TQ	履带装配线注脂机换型时夹具头加快捷接头，改用专用尼龙块	履带装配线注脂机换型时要经常更换夹具头，夹具头和注脂进油管连接处易损坏而影响整条生产线的生产	缩短维修时间，减少油脂浪费	已实施	1.0
DF14	维修	履带装配主压机换油缸	履带装配主压机漏油，1～2 天就要加一次，造成大量液压油浪费和地面油滑，频繁用布擦拭，造成浪费	节约液压油 15t 效益:5 万元	已实施 08	0

方案编号	所属部门	方案名称	内 容 简 介	预计效果	实施时间	预计投资/万元
DF15	维修	补焊刀具	M2321、M2320 的刀具破损现象严重,可通过焊条补焊重新使用	重复使用刀具效益:10 万元	已实施	0.01
DF16	维修	加大机床备件	加大机床备件,尤其是易损零件必须有备件,以提高生产力和工作效率,减少维修时间	提高生产效率	已实施	0
DF17	维修	增加加液车	机械加工加液常找不到加液车,加几辆加液车,并在每台机床上装加液管一根	节省 1 人劳动量。效益 1.5 万元	已实施	1.5
DF18	CPS Team	用肥皂水涂液法检测乙炔气瓶是否漏气,避免人身伤害	在更换乙炔气瓶时,检查是否漏气,目前的方法是用鼻子闻有无异味,对身体有害。用肥皂水检测乙炔气瓶是否漏气	避免人身伤害,确保安全	已实施	0
DF19	PBS	定期维修淬火炉	定期维护检修,减少设备故障的出现,减少装配待料或发货不及时	提高生产效率	已实施	0
DF20	RS	定期清理排风管道	抽废气的排风管道安装时间长、清理次数少,许多脏物附着在里面影响排风效果,应及时加以清理	减少部件的老化和早期故障,改善车间空气质量	已实施	0
DF21	涂漆	减少喷漆间滤网更换次数	喷漆间滤网的定期更换,可将喷漆后的滤网漆量堆积一定程度后,用 PVC 管敲打,使漆脱落,从而减少滤网的更换次数	减少滤网使用 320 片,节省 0.2 万元	已实施	0
DF22	PBS	加大中频 SD 设备托水盘的规格	中频 SD 设备托水盘小,造成淬火液外漏,加大规格后,定期清理托水盘的淬火液	避免有毒液体挥发对人体造成危害	计划实施	
DF23	涂漆	更换磷化炉右侧的蒸汽开关	磷化炉右侧的蒸汽开关漏水,更换开关后节约用水	节水	已实施	0
DF24	PBS	维修水表	磷化水表接口漏水,减少跑冒滴漏	节水	已实施	0
DF25	PBS	用铁皮打造砂子回收长槽	喷砂机开门时常掉落砂子,在各门下方加一个用铁皮打造的长槽回收砂子	节约砂子	未实施	
DF26	金相实验室	及时检测	M3030 及 Link 检测不够及时,造成待处理现象较多,将检测结果及时通知操作人员,避免过多的返工现象	保证成品率	已实施	0
DF27	喷漆	将漆门改成有一定坡度的门	漆门在 7 号停止器下存漆严重,将门改成一定坡度后,利于回收履带滴下的浊漆	回收漆 2.3L 效益 0.4 万元	已实施	0.01
DF28	装配	加强拉磨拉刀的定期培训	装配拉磨拉刀经常损坏,应加强拉磨拉刀的定期培训	缩短拉刀更换时间	已实施	0
DF29	维修	加强废旧零件的管理	加强废旧零件的管理,制定"废旧"零件再利用制度	科学管理废旧物品	已实施	0
DF30	link	应对员工进行 MAKINO 设备培训	现 Link 对 MAKINO 设备操作和掌握的员工少,应定期对员工进行培训	提高生产效率	已实施	0
DF31	质量	严把原辅材料关	对来料和其他原辅材料采购时保证质量	提高产品成品率	已实施	0

方案编号	所属部门	方案名称	内 容 简 介	预计效果	实施时间	预计投资/万元
DF32	厂务	轮体货架的回收	目前,轮体货架当作废物扔掉,可在公司和供应商之间可以建立一个回收过程,减少固体废物的数量,降低成本	回收利用木材	已实施	0
DF33	厂务	轮体最优化设计的一次性包装	卡特彼勒徐州公司货架与厂家的是相同的,支重轮和托链轮是用木材包装,在满足顾客要求的情况下,重新设计货架,改变厂家一次性包装的结构和尺寸,从而降低厂家货架成本	减少包装成本	已实施	0
DF34	厂务	改进枕木包装方法	公司收到大量须用木箱子包装的订单。公司每月需要使用大约50箱螺母和螺钉。装螺母和螺钉的木箱质量好,可重新利用	利用木箱150t	已实施	0
DF35	厂务	加强设备管理	对全厂设备建立定期检查和计划维护制度,有专人定期进行维护修理	保证设备正常运转	已实施	0
DF36	厂务	加装水表	对主要用水区加装水表,控制水的使用量。如厕所、浴室、喷漆前处理等	节水	已实施	4.0
DF37	厂务	降低动力设备的能耗	培训设备管理员随着天气变化、生产变化等因素来调整设备操作时间	节电	已实施	0
DF38	厂务	涂漆线上的照明设备改造	由以前的1m之间两层灯改为现在的一层,照明度由240lx变为210lx	节电15638.7度 效益0.94万元/年	已实施	0
DF39	厂务	加强节水节电等宣传管理工作	提高全体员工的节水、节电意识,厕所内及时关灯、关水龙头,及时关闭计算机及电源并组织节水节电监督小组不定期检查	节水、节电	已实施	0
DF40	厂务	制定节能降耗奖励的具体政策	制定并完善节能降耗奖励的具体政策,在厂内贯彻下去,发动广大员工积极投身到清洁生产中去,促进企业节能、降耗、减污、增效	从管理上节能降耗	已实施	0
DF41	厂务	填埋垃圾的减少	填埋垃圾不可回收,应分析垃圾的成分并减少其产生量,提高回收率	填埋垃圾减少7.7t/a	已实施	0
DF42	厂务	减少危险废弃物	对油抹布、废油、废液、废油漆和泥饼的产生进行控制,设置控制点。提高员工节约意识,对危险废物严格分类,减少有毒废物的产生,减少处理费	有效管理废弃物,便于分类运输和储存	已实施	0
DF43	厂务	加强塑料架管理	控制塑料架的使用和维护,延长使用寿命	减少塑料架1.5万个	已实施	0
DF44	厂务	加强垃圾桶管理	生活垃圾桶和饮料瓶回收桶的重新排布	分类管理与储存	已实施	0
DF45	厂务	空调回收水改造	空调冷凝水属于蒸馏水,不仅比较干净,而且溶解性强,收集后用来做绿化用水或用作冲厕水	节水65t 效益0.1万元	未实施	0
DF46	RS	控制支重轮废品率	控制淬火冷却出水余温并安装防水帽等保护端头	降低支重轮废品率	未实施	—
DF47	TQ	生产前先将防锈油擦掉	焊机在生产前,来料涂抹了大量防锈油,焊接时产生大量浓烟,污染环境。生产前用擦布机将防锈油擦掉,提高焊机周围的环境质量	改善焊机周围环境,减少有害气体排放	未实施	0
DF48	质量	更改水管阀门为感应控制	车间洗手间洗手的水为手动控制,水龙头经常坏,浪费水源。感应自动控制可节约用水	节水1000t 效益0.6万元	未实施	1

续表

方案编号	所属部门	方案名称	内 容 简 介	预计效果	实施时间	预计投资/万元
DF49	化学实验室	设置辅助用品的标准用量	对给各区域设备加液、液压油等辅助用品没有计量，根据工艺需要，规定合适的标准，减少加液和液压油的用量，降低成本	规范化学品使用	未实施	—
DF50	维修	各主要用电设备加装电表	中频感应淬火炉等用电较多，加装电表以控制电的使用量	控制电耗	未实施	3
DF51	质量	安装空调节电器	空调节电器采用微机控制器，充分利用空调制冷的剩余冷（热）量来提高制冷（热）效率，节电率可达到20%～35%	节电1.5万千瓦时效益1万元	未实施	1.0
DF52	TQ	轮注油定量控制	控制轮注油用量，定量注油，避免过量加入而产生浪费	节油	未实施	0
DF53	维修	钠路灯改用半导体照明路灯	高压钠灯的寿命一般为几千～1万小时，总道路照明光有效利用率约为40%，显色指数20～40。而LED目前寿命达3万～5万小时，最大光利用率可达90%以上，显色指数达80(pAL)，具有良好的视觉效果	节电	未实施	0.1

表 8-57 中高费清洁生产方案初步筛选、汇总表

方案编号	方案名称	方案内容	是否实施	效益	投入/万元
HF01	污水处理站改造	改造调节池、接触氧化池，增加气浮池和高位沉淀池、BAC生物活性炭反应器和超滤装置使出水COD浓度达到天津市新标准二级出水要求	进行中	减少COD排放5.5～10.3t/a	96
HF02	搭建原材料及产品库房	公司所有板材的来料均露天堆放，极易生锈。生锈的毛坯在淬火加热前要清除干净。搭建库房，防止生锈	进行中	减少因产品生锈而增加的打磨损耗等	450
HF03	烘干蒸汽做喷漆前处理及轮清洗用水	烘干时使用的蒸汽用完后，水质仍然较好，目前该部分水直接排放，大大浪费了水资源。将这部分蒸汽冷凝于喷漆前处理用水和轮清洗用水，节约水资源	已实施	节水1920t	10
HF04	手动混气喷涂改为自动混气静电喷涂并回收利用漆雾	现行的手动混气喷枪是手动转动喷枪对轮子进行喷涂，涂着效率仅为55%，公司油漆利用率很低。涂装时45%飞散的漆雾没有回收利用。改为自动混气静电喷枪，提高涂着效率，并用挡板回收装置回收过喷漆雾	未实施	自动混气静电喷枪节约油漆2299.4L，漆雾回收油漆919.8L	20
HF05	建设可靠的危险废弃物存放场所	公司的部分危险废物甚至堆积到其前的路上。该地左侧是柴油罐，右侧是叉车维修地，这种布局极不安全，很容易导致事故发生。而且该处废物滴漏严重，存在很大的安全隐患。从消防角度考虑，这些物品必须单独存放，不能混存	未实施	减少危险废物滴漏造成地下水和土壤污染，并做到安全防火	8
HF06	热处理炉节电改造	淬火炉衬材料均为隔热石棉，温度控制系统为手动控制。履带板一台淬火炉和两台回火炉密封性差，热效率不足20%，热利用效率低，应该尽快更换。采用耐火纤维喷涂技术使加热内壁形成三维网络状制品结构，在炉衬外面喷刷高温远红外涂料可加强保温效果	未实施	减少用电 $1.34 \times 10^6 kW \cdot h/a$	53

续表

方案编号	方案名称	方案内容	是否实施	效益	投入/万元
HF07	改变冷却水系统	改变运行3个泵和4个冷却塔的方式,重新调整车间里的分流系统,运行2个泵和4个塔,按照热处理装置的要求来调节冷却水的平衡,以此获得最合理和经济的操作	已实施	节电50.4万度,经济效益36.3万元	6
HF08	加热源用蒸汽代替柴油	柴油机价格急剧增加,柴油消费量巨大,炉维护成本高,油加热系统复杂。用蒸汽替代柴油加热履带销、轮子和喷涂线的冲洗水,相同车间可套用,降低成本,有显著的健康和安全效益,消除车间油罐的火灾	已实施	加热成本降低70%,减少柴油消耗360t/a,相当于22.7万美元/年,节省维护费和人工费0.38万美元/年,减少温室气体排放1666t/a。车间空气质量提高（CO_2、SO_2）30%	20
HF09	装配线进四轴数控扒合机	四轴数控扒合机是履带螺栓数控拧紧设备,对于保证履带的装配质量、改善工作环境、提高生产效率具有重要的意义。不仅实现了螺栓拧紧的实时监控,而且使履带装配质量具有可追溯性	不可行	备注:近年兴起的新技术,投资大	
HF10	使用自回火取代炉中回火	采用自回火,使淬火过程提前终止冷却,零件心部热量由内部向外部淬硬层传递产生自热回火作用	不可行	备注:这种回火方式要求掌握好自回火温度,避免回火不足或温度过高造成淬硬层硬度不足。需重新设计部分生产参数,实施难度较大	

表 8-58　中高费方案可行性分析汇总表

编号	方案名称	可行性分析指标			可行性分析结果		
		环境	技术	经济	可行		不可行
					本轮实施	今后实施	
HF01	污水处理站改造	√	√	√	√		
HF02	搭建原材料及产品库房	√	√	√	√		
HF03	烘干蒸汽做喷漆前处理及轮清洗用水	√	√	√	√		
HF04	手动混气喷涂改自动混气静电喷涂并回收利用漆雾	√	√	√		√	
HF05	建设可靠的危险废弃物存放场所	√	√	√		√	
HF06	热处理炉节电改造	√	√	√		√	
HF07	改变冷却水系统	√	√	√	√		
HF08	加热源用蒸汽代替柴油	√	√	√	√		
HF09	装配线进四轴数控扒合机	√	√	×			√
HF10	使用自回火取代炉中回火	√	×	√			√

8.4.5　方案研制

8.4.5.1　搭建原材料及产品库房

（1）方案简述　生产履带板、托链轮等板材的来料均露天堆放,极易生锈。生锈的毛坯进入生产线后影响机加工生产进度和难度,如存放时生锈的板材淬火加热前要清除干净,若毛坯件有脱碳层存在，热处理前要彻底加工去除掉，使加工过程更加复杂。

建成库房后，可分隔成原料库、成品库与废品库，将其分隔。

（2）可行性分析

① 技术可行性分析。该项目只需建筑改造，操作简单，工艺成熟，简单可行。

② 经济可行性分析。建筑等总投资 450 万元（管材、管件和阀门等）。减少毛坯生锈，降低废品率及打磨功耗、劳力消耗可使年运行费用节约 20 万元。净利润 4.76 万元/年，约 25.5 年可回收成本。

③ 环境可行性分析。改变原料和废品杂乱堆放的局面，减少铁锈产生，同时减少因产品生锈而增加的打磨损耗等。

8.4.5.2 烘干蒸汽冷凝水做喷漆前处理及轮清洗用水

（1）方案简述 公司目前喷涂前处理的水洗工位使用的是自来水。公司烘干时使用的蒸汽仅利用了其潜热，用完后冷凝水仍有较高的温度，其显热没有被利用，而且蒸汽冷凝水为软水，水质较好，目前该部分水直接排放，大大浪费了水资源及其携带的热量。拟将这部分蒸汽冷凝水用于喷漆前处理用水和轮清洗用水，节约水资源。

（2）可行性分析

① 技术可行性分析。经表 8-59 分析可以看出：喷涂前处理用水对温度有一定的要求，不低于 60℃，而使用后蒸汽冷凝水的温度高于 80℃，有较高的热值可以利用，水质为中性，完全符合前处理用水的要求。因此，可以将这部分蒸汽冷凝到合适温度后用作前处理用水，并能达到该工位用水要求。不但可以充分利用水资源及其自身携带的热量，而且减少蒸气的使用。

表 8-59　喷涂前处理及烘干后的蒸汽水质情况对比表

指　标	温度/℃	压力/MPa	pH	COD/(mg/L)	水量/(t/a)
脱脂工位	30～40	0.10～0.12			
脱脂后热水漂洗	50～60	0.10～0.12	<11		1200
磷化工位	50～60	0.06～0.08	6～13		
磷化后冷水漂洗		0.10～0.12	>6		
轮清洗					720
烘烤温度	65～90				
使用后蒸汽冷凝水	80～90		7	16.1	约 3000

② 经济可行性分析。总投资费用 10 万元（管材、管件和阀门等），节约水 1920t/a，节约能量 2.8×10^{11}kJ/a，节省资金 4.68 万元/年。净利润 3.27 万元/年，2 年可收回投资。

③ 环境可行性分析。利用烘干漆后的蒸汽冷凝水做喷漆前处理用水，可以节约用水，节约公司能源消耗，提高了水的重复利用率。

8.4.5.3 手动混气喷涂改为自动混气静电喷涂并回收利用漆雾

（1）方案简述 公司现行的手动混气喷枪是手动转动喷枪对轮子进行喷涂，涂着效率仅为 55%，与我国其他较为落后的喷涂方法相比，压缩空气喷涂法的油漆利用率可以达到 50%，高压无气喷涂法的油漆利用率也可以达到 60% 左右。相比之下，公司油漆利用率很低。现今提高涂着效率的最有效技术是应用静电技术。将手动混气喷涂改为自动混气静电喷涂后，可以提高生产效率，增加稳定性，将操作人员的失误减到最低。另外，涂装时有

45%的漆雾飞散，对这些漆雾，目前没有采取措施进行回收利用，而是让其自然干燥并定期清理，最后将漆渣倒掉，这造成了原材料的浪费并引起环境污染。事实上，水性涂料过喷漆雾能完全溶解于水中而回收利用。

（2）可行性分析

① 技术可行性分析

a. 喷枪改造。漆雾是由于在喷涂生产过程中油漆通过喷枪而雾化所产生的。涂装作业区弥散漆雾的多少是由喷涂设备涂装效率来决定的。因此在涂装生产中，使用效率较高的喷涂设备可达到控制漆雾污染的目的。

表 8-60　各类喷涂方式的特点

序号	喷 涂 方 式	涂装效率	质量
1	空气喷涂	25%～35%	优
2	高压无空气喷涂	20%～40%	一般
3	空气辅助式高压无空气喷涂	45%～60%	较好
4	空气喷涂＋静电喷涂	45%～60%	优
5	高压无空气喷涂＋静电喷涂	55%～75%	一般
6	混气喷涂＋静电喷涂	60%～85%	较好
7	热喷涂	50%～85%	一般

从表 8-60 可以看出混气静电喷涂的涂装效率可以达到 60%～85%，而公司的喷涂方式只能达到 55%。自动混气静电喷枪性能稳定（表 8-61），喷涂效果好，具有极高的涂料传递效率。

表 8-61　自动混气静电喷枪技术参数

最大空气消耗量	5m³/h	最大空气压力	6.0bar
最大涂料压力	200bar	最高涂料温度	47℃
空气管内径	6.35mm		

注：1bar＝10^5Pa。

自动混气静电喷枪不仅可以提高涂着效率，另外，由于自动喷枪是计算机操控，故喷涂范围可规范控制，避免因喷漆工人的不规范操作习惯或因喷漆技术不良造成的油漆浪费。

b. 漆雾回收利用。喷漆过程中不论采用何种喷涂方式都不可能使漆雾全部附着在被涂工件面上，总会产生一部分过喷漆雾。对于该问题，可以对工件进行合理布局，让后排被喷工件利用一部分前排被喷工件喷时的漆雾，之后再参照水性漆涂装线过喷漆雾回收利用的方法，采用挡板式回收利用装置较好。

挡板装置工作原理：过喷漆雾喷到挡漆板上被挡住并粘在挡漆板上，由于水性漆在喷枪出口形成漆雾后其表面积急剧增大，水性漆中的大量易挥发组分挥发到大气中去，导致黏附在挡漆板上的水性漆固体分比喷涂前明显增高，其流动性变差，难以自流到已设定的回收槽内。为了提高黏附在挡漆板上水性漆的流动性，便于回流及调整流入回收槽内水性漆的黏度，可定期将一定浓度的稀释剂用空气喷枪喷涂到各挡漆板上，补充水性漆在喷涂过程中损失掉的易挥发成分。将回收后的涂料黏度调整到标准黏度，过滤后再使用。

该种布局使被喷工件后排的工件利用一部分前排工件的过喷漆雾，没喷到后排的漆雾再利用挡板装置回收利用。

经上述方案改造后，公司的涂着效率能达到 71%，不仅节约了价格相对较高的水性漆，减少公司成本，而且可以大大改善涂装工段的工作环境，有益于操作工人的健康。

工艺操作参数如下。

ⅰ 喷涂开始前用喷枪将稀释剂均匀喷涂到各挡漆板中、上部，以便挡漆板表面形成溶液薄膜。

ⅱ 工件喷涂开始后，每隔一定时间用喷枪将稀释剂均匀喷在各挡漆板中、上部。

ⅲ 喷枪和挡漆板的角度宜选在 30°～50°之间，喷枪离挡板距离宜选在 5～20cm，有利于提高清洗效率。

ⅳ 挡漆板上黏附的漆刮入回收槽后，用力搅拌，使之溶解。

借助挡板回收再利用装置，可大幅度提高涂料利用率，使回收涂料的利用率几乎为 100%。

② 经济可行性分析。采用自动混气静电喷枪和漆雾回收利用装置后，可节省能源和资源，减少油漆浪费，降低成本，提高生产力并可减少喷漆室漆雾过滤装置的清理次数。

总投资费用 20 万元，自动混气静电喷枪可节约油漆 2299.4L，节约费用 8.02 万元；漆雾回收可节约油漆 919.8L，节约费用 3.21 万元，共计可节漆 3219.2L，节省 11.23 万元/年。净利润 6.72 万元/年，三年内即可回收成本。

③ 环境可行性分析。使涂装线的涂着效率进一步提高，并回收过喷漆雾，最大限度地减少废漆渣的排放，避免漆渣产生的污染，降低排放费用，改善操作环境和劳动条件。

8.4.5.4 建设可靠的危险废弃物存放场所

(1) 方案简述　目前公司对危险废弃物缺乏安全有效的处置设施，危险废物大多具有易燃、易爆、易反应、有毒和有腐蚀性的特点，极易造成对土壤和地下水的长期和潜在性污染。公司的危险废弃物包括废矿物油、废液、废抹布和手套、废漆块、医疗废物、氧化皮残渣、地沟泥和泥饼等。废油抹布、沾油铁屑等物品自燃点低，在空气中易发生物理、化学或生物反应，放出热量而燃烧。公司对危险废物采用外运暂存的处理方式。

公司的危险废物可分为易自燃固体如废油抹布、手套，易燃液体废矿物油、废乳化液，易燃固体如废漆块、氧化皮残渣、地沟泥和泥饼等。从消防角度考虑，这些物品都必须单独存放，不能混存。

目前，公司的危险废物存放地是用钢板搭建的简易棚子，因场地问题，部分危险废物甚至摆出简易棚，直接堆积到其前的路上。而且该地左侧是柴油罐，右侧是叉车维修地，这种布局极不安全，很容易导致事故发生。而且该处废物滴漏严重，存在很大的安全隐患。

(2) 可行性分析

① 技术可行性分析。废抹布、废漆块、废液的重量占危险废弃物中的大部分，另外地沟泥、氧化皮残渣的产生量也不少。充分考虑到安全问题及危险废弃物的妥善存放，根据《危险废物贮存污染控制标准》（GB 18597—2001），应将简易棚重建到离柴油储罐较远处。具体方案如下。

a. 建筑面积为 50m²，墙体、地面为耐腐蚀的硬化地面（如使用高密度聚乙烯防渗膜等）。

b. 建造径流疏导系统和雨水收集池，防止 25 年一遇的暴雨不会流到危险废物堆里并收集雨水。

c. 采用局部通风或全面通风，库内要注意堆货时留出顶距以便于通风、散潮和查漏，还起到隔热、散热的作用。

d. 储存处可设三部分，分别储存不同类别的废物。易自燃的废油抹布、手套等放在一起，废矿物油等易燃液体一起存放，废漆块、氧化皮残渣、地沟泥和泥饼等一起存放。

e. 安装避雷设备，避免发生雷击引起失火。

另外，还应加强危险废物管理。

a. 做好危险废物情况的记录，记录上须注明危险废物的名称、来源、数量、特性和包装容器的类别、入库日期、存放库位、废物出库日期及接收单位名称。

b. 应采取相应的防火防爆措施。

c. 医疗废物当日消毒后装入容器，常温下贮存期不超过一天，于5℃以下冷藏的，不超过7天。

d. 一般收集到一车时即外运至处置单位，不大量储存。

② 经济可行性分析。建筑等总投资8万元，可减少安全隐患，避免意外事故发生，潜在效益无法估量。

③ 环境可行性分析。对公司产生的危险废弃物进行科学、合理的储存，减少危险废物滴漏造成地下水和土壤污染，并做到安全防火。

8.4.5.5　热处理炉节电改造

（1）方案简述　公司自建厂以来，建设有一台淬火炉和两台回火炉，2007年公司新进一台淬火炉和一台回火炉，炉子炉衬材料均为隔热石棉。一台淬火炉和两台回火炉自1999年建厂以来一直使用，设备比较老旧，年久失修，密封性差，散热损失大，热效率只有15.6%，这些设备的耐火材料隔热效果很差，耗电量大，应该尽快更换。加热炉运行过程中的热损失主要是散热损失，因此，提高加热炉热效率的关键是减少炉子的热损失。公司设备的耐火材料采用隔热石棉，石棉隔热效果不好，比较国内外较为先进的技术，综合运用耐火纤维喷涂，使老设备热效率提高、单耗下降。

耐火纤维喷涂技术是工业炉衬里施工机械化的一种新工艺。纤维喷涂施工技术是通过专用纤维喷枪，同时，结合剂均匀地喷入纤维流，二者混为一体直接喷涂加热炉内壁形成三维网络状制品结构。其灵活性也较为突出，在施工中根据设备的使用温度、环境给予相应的纤维和厚度。总之纤维喷涂施工技术是弥补常规纤维制品施工缺陷、提高纤维制品综合性能的更新换代产品。另外，在炉衬外面喷刷高温远红外涂料，可加强保温效果。

（2）基本原理　硅酸铝耐火纤维是20世纪70年代出现的较为理想的耐热、保温材料，系用玻璃和陶瓷为主要原料，经高温熔化分解再经高压喷吹成蓬松柔软的丝状物，绝热保温性能良好。热导率小，经测仅有118.63W/(m·K)，为普通耐火砖的1/9左右，重量是轻质耐火砖的25%，不怕急冷急热，在高温中化学稳定性及绝缘性良好，还有防振、隔声等特点。已广泛应用于冶金、石油、化工、机械、电子、建筑、轻工等行业，是耐火、保温、隔热、隔声、防火的优选材料。

专用耐火纤维棉经预处理后加入喷涂机内用高压风机输送到喷枪中喷出，与喷枪周边的几个雾化喷嘴喷出的雾状专用结合剂均匀、高速混合后，直接喷射至作业面，一次成型耐火纤维衬里或保温层。

高温远红外涂料在炉衬固化后形成釉状涂层，其黑度较高的材料可提高炉衬对红外辐射的吸收率及发射率，将吸收的热能转换成远红外电磁波的形式辐射，从而提高了炉温，大大提高加热炉的热效率，减少了热能损失，并使辐射场及温度均匀。

（3）可行性分析

① 技术可行性分析。为了满足热处理的全面质量控制和节能要求，对高耗电设备的淬火炉和回火炉进行技术改造。主要内容包括炉体的炉衬和炉门密封改造。

a. 炉体的炉衬改造。耐火纤维喷涂技术是通过专用纤维喷涂设备，将经过预处理的散状耐火纤维棉直接喷涂到加热炉炉墙或炉壳的表面上，并在喷射过程中将专用高温结合剂均匀地喷入纤维流，二者充分混合后一同喷到施工表面上。耐火纤维喷涂炉衬的特点如下。

（a）一次性整体喷涂所得到的炉衬无接缝，并且由于散状耐火纤维棉在喷涂中形成的三维网络结构，有效地避免了纤维在高温下定向收缩，弥补了传统落后的耐火纤维层铺、叠加、贴面等施工工艺中的单元间接缝缺陷，强化了整体密封、保温性能。

（b）减少了锚固件的用量，并能有效地防止烧损。

（c）喷涂时，只要炉墙表面稍加处理即可，无需像安装纤维毯或预制块那样对基体进行平整，施工很方便；对于异形面的喷涂，降低了喷涂难度，提高了作业质量。

（d）可根据材料传热机理的温度梯度分布复合，使衬层材料温度、厚度设计综合造价经济合理，实现了复合材料和混合材料的整体形成。

根据加热炉衬里层有温度梯度这一实际情况及设计参数，用高铝层厚 60mm 和普铝层厚 170mm 的复合衬里，衬里总厚度为 230mm。

炉体内表面温度在 300℃ 以上，热量传递以辐射传热为主，约占 90% 以上。当炉体内壁的耐火材料表面喷涂上高温远红外绝缘节能涂料，经高温后该涂层形成三层聚合体，由黏附在耐火材料表面涂料的底层渗透到耐火材料里面 2～5mm 深的主体层，该层气密性好而且隔热；中间层布满蜂窝眼蓄热；最表面层釉面铺展性好，不产生釉滴。

根据斯蒂芬-玻尔兹曼定律，物体在一定温度下，单位面积单位时间内向周围空间发射的辐射能称为该物体的辐射能力（E），最终辐射能力与其表面绝对温度的四次方差成正比，且温度越高，辐射能力越大。该涂层与原耐火材料相比，黑度从 0.6～0.8 上升到 0.98，热辐射能力大大提高，从而强化了炉膛内的热交换，增加了被加热工件的热量。

炉体内壁喷涂高温远红外涂料后，涂层表面温度显著增加，而涂层本身吸收的热量很少，大部分热量被辐射出去，从而提高了炉膛内温度。调控炉膛内的热射线从无序到有序，炉膛温度均匀，炉温稳定，从根本上解决了辐射到位的问题，因此使加热工件的升温时间大幅度缩短，负载升温阶段的节电率大幅度提高。空炉升温节电效果显著；保温时耗电少，保温期间主电路接触器通断频率减少近 20%，延长了电器元件的寿命。涂料与炉体内壁的耐火材料表面紧密接合，形成完整的覆盖层，经过高温后互相渗透，且热导率小，气密性好，黏结非常牢固，形成一层坚硬的陶瓷釉面硬壳。高温远红外涂料性能参数见表 8-62。

表 8-62　高温远红外涂料性能参数

性　能	参　考　值	备　注
辐射波长	5.6～100μm	
热导率	0.104kcal/(m·h·℃)（900℃）	
热膨胀系数（20～1800℃）	5～7×10⁶	
使用温度/℃	700～1300	温度分布均匀，自主选择波长为 3～2000μm 不同波段的涂料

采用远红外加热炉进行热处理，可缩短升温时间，节约能源，提高生产效率，且无环境污染，施工简便，方案可行。

b. 炉门密封改造。改进炉门密封是提高炉温均匀性的重要途径。加热炉温度不稳是由于炉门、热偶、加热器引出线、观察孔、炉体、煅炉顶等处密封不良所造成的。如若在炉门增设橡胶石棉盘根、密封圈，用浸泡球玻璃的石棉绳或掺和耐火泥堵漏炉体焊缝、孔洞，增加其炉内炉门装置，采用硅酸铝纤维堵封加热器、热电偶孔隙，用橡胶石棉封垫或砂封炉门、炉顶、石英玻璃的观察孔等，均可有效地防止热损失而节能。所用纤维材料性能见表8-63，改造前后外壁温度对比见表8-64。

表 8-63　所用纤维材料性能表

最高工作温度/℃	1200		Al_2O_3	>55
密度/(kg/m³)	222	化学成分/%	$Al_2O_3 + SiO_2$	98.5
抗气蚀冲刷/(m/s)	20		FeO	<0.2
热线收缩率/%	−1.9		$K_2O + Na_2O$	<0.5
热导率/[W/(m·K)]	0.061			

表 8-64　改造前后外壁温度对比

项　目	炉墙外壁平均温度/℃
改造前	>80
改造后	34

② 经济可行性分析。总投资费用 53 万元，包括更换一台旧履带板淬火炉、两台回火炉炉衬所需费用 50 万元，炉门密封改造费用 3 万元。方案实施后，年运行节约资金 80.4 万元（按年运行 350 天计），履带板热处理减少的热量损失 1.33×10^{13} J/a，轮淬火热处理减少的热量损失 9.14×10^{12} J/a，可节省 373.8 万元/年，净利润 246.9 万元/年，一年即可回收投资。

③ 环境可行性分析。节省用电，从而间接减少 SO_2、CO_2 排放；加强保温以减少炉外热辐射。

8.4.6　方案实施

各种方案实施效益见表8-65、表8-66。

表 8-65　已实施清洁生产无低费方案效益一览表（按全年计算）

环境效益						经济效益	
节电	节水	节漆	节约液压油	减排固体废物	节约刀具	投资	效益
15638.7kW·h	2000t	2.3L	15t	157.7t	300 把	9.57 万元	19.24 万元

表 8-66　本轮中高费方案效益一览表

方案编号	方案名称	效益									投资/(万元/a)
		经济效益/(万元/a)	环境效益								
			节电/万千瓦时	节水/(t/a)	节约柴油/(t/a)	减少CO_2/(t/a)	减少COD/(t/a)	减少BOD/(t/a)	减少氨氮/(t/a)	其他	
HF01	污水处理站改造	20					3.93	1.31	1.04		96

续表

方案编号	方 案 名 称	经济效益/(万元/a)	效　益								投资/(万元/a)
			环境效益								
			节电/万千瓦时	节水/(t/a)	节约柴油/(t/a)	减少CO₂/(t/a)	减少COD/(t/a)	减少BOD/(t/a)	减少氨氮/(t/a)	其他	
HF02	搭建原材料及产品库房	20	减少因产品生锈而增加的打磨损耗等								450
HF03	烘干蒸汽做喷漆前处理及轮清洗用水	29.68		1920							10
HF07	改变冷却水系统	36.3	50.4								6
HF08	加热源用蒸汽代替柴油	184.34			360	1666					20
总　　计		290.32	50.4	1920	360	1666	3.93	1.31	1.04		582

8.4.7　持续清洁生产

（1）成立专门的清洁生产组织机构

（2）下一轮清洁生产审核工作展望　随着清洁生产审核工作在组织内的广泛、深入开展，各方面的调研结果及数据的采集、整理，审核小组对企业内的清洁生产潜力及审核重点也有了更新的认识和设想。鉴于此，下一轮的审核重点可从以下两方面选取。

① 加强节能措施。节约能源是企业可持续发展的永恒主题，作为能源消耗大户，生产中一方面要提高各炉子的热利用效率，另一方面通过科学方法规范与优化生产工艺中的参数，合理控制加热时间及加热温度等，综合降低企业成本，赢得最大利润。因此从提高大功率电炉的热利用效率方面，挖掘节能潜力，可以作为下一轮审核的重点。

② 加强生产自动化过程控制管理，减少人为主观因素对生产的影响。例如引进先进的自动化装配设备，使装配过程实现自动化生产，减少主观因素对产品质量的影响，同时缩短工人劳动强度。

（3）清洁生产新技术的研究与开发　清洁生产新技术的研究与开发是清洁生产工作的源动力，企业应予以大力提倡并伴以相应的精神和物质奖励，以提高员工的积极性。为此，应在适当时机，对以下重大行业技术问题加以深入研究：

① 先进节能设备及生产工艺参数的优化。

② 提高产品成品率。

持续清洁生产计划见表 8-67。

表 8-67　持续清洁生产计划

计划分类	主　要　内　容	开始时间	结束时间	负责部门
本轮审核清洁生产方案的实施计划	污水处理站改造	2008 年	—	厂务
	搭建原材料及产品库房			供应链
	烘干蒸汽做喷漆前处理及轮清洗用水	2008.4	2008.5	厂务
下一轮清洁生产审核工作计划	（1）清洁生产方案的征集； （2）确定本轮审核重点； （3）实测审核重点输入输出物料； （4）方案的产生和筛选与可行性分析； （5）方案的实施	2010 年	2012 年	清洁生产工作小组

续表

计划分类	主 要 内 容	开始时间	结束时间	负责部门
清洁生产新技术的研究与开发计划	(1)与生产密切相关的新技术、新工艺的研究； (2)增强清洁生产相关信息的收集； (3)与科研院所建立长期的合作关系； (4)拿出专项资金，鼓励清洁生产相关技术的研究与开发	长期		技术部
企业职工的清洁生产培训计划	(1)职工定期培训； (2)职工的清洁生产业绩与年终考核结合,提高职工的主动性和积极性	每年8月	历时 1个月	厂务

附录　清洁生产审核工作表格

附表 1　审核小组成员表

姓名	审核小组职务	来自部门及职务职称	专业	职责	应投入的时间

附表 2　审核工作计划表

阶　段	工作内容	完成时间	责任部门及责任人	产出
1. 筹划和组织				
2. 预评估				
3. 评估				
4. 方案产生和筛选				
5. 中期审核报告				
6. 可行性分析				
7. 方案实施				
8. 持续清洁生产				
9. 审核报告				

附表 3 组织简述

企业名称：　　　　　　　　　　所属行业：

企业类型：　　　　　　　　　　法人代表：

电话及传真：　　　　　　　　　联系人：

地址及邮政编码：

主要产品、生产能力及工艺：

关键设备：

年末职工总数：　　　　　　　　技术人员总数：

企业固定资产总值：

企业年总产值：　　　　　　　　年总利税：

建厂日期：　　　　　　　　　　投产日期：

其他：

附表 4　资料收集名录

序号	内　容	可否获得(是或否)	来源	获取方法	备注
1	平面布置图				
2	组织机构图				
3	工艺流程图				
4	物料平衡资料				
5	水平衡资料				
6	能源衡算资料				
7	产品质量记录				
8	原辅材料消耗及其成本				
9	水、燃料、电力、消耗及其成本				
10	组织环境方面的资料				
11	组织设备及管线资料				
12	生产管理资料				

附表 5 环保设施状况表

设施名称＿＿＿＿＿＿＿ 处理废物种类＿＿＿＿＿＿＿

建成时间＿＿＿＿＿＿＿ 折旧年限＿＿＿＿＿＿＿＿＿

建设投资＿＿＿＿＿（万元） 设计处理量＿＿＿＿＿＿＿＿

实际处理量＿＿＿＿＿＿＿ 年运行费＿＿＿＿＿（万元）

年耗电量＿＿＿＿＿（千瓦时） 运行天数＿＿＿＿＿（天/年）＿＿＿＿＿（天/月）

监测频率＿＿＿＿＿（次/月） 设施运行效果＿＿＿＿＿＿＿

污染物名称	实际处理量		入口浓度			出口浓度			污染物去除量	说明
	平均值	最大值	平均值	最高值	最低值	平均值	最高值	最低值		

处理方法及工艺流程简图

附表 6　企业环保达标及污染事故调查表

一、环保达标情况

1. 采用的标准

2. 达标情况

3. 排污费

4. 罚款与赔偿

二、重大污染事故

1. 简述

2. 原因分析

3. 处理与善后措施

附表 7 工段生产情况表

工段名称：

工段简述：

工段生产类型：　　　　　　　　□连续
　　　　　　　　　　　　　　　□间歇加工
　　　　　　　　　　　　　　　□批量生产
　　　　　　　　　　　　　　　□其他：＿＿＿＿＿＿＿＿＿

附表 8 产品设计信息

产品名称

问 题	描 述
1. 产品能满足哪些功能？	
2. 产品是否进行转变或功能改进？	
3. 其功能有否更符合保护环境的要求？	
4. 使用哪些物料(包括新的物料)？	
5. 现用物料对环境有何影响？	
6. 今后需用的物料对环境有何影响？	
7. 产品(产品设计)是否便于拆卸和维修？	
8. 包括多少组件？	
9. 拆卸需多少时间？	
10. 不拆卸对废物处理有什么后果？	
11. 使用期限有多长？	
12. 哪些组件决定其使用期限？	
13. 那些决定使用期限的组件是否易于更换？	
14. 产品/物料使用后有多大的回用可能性？	
15. 产品组件或物料有多大的回用可能性？	
16. 如何提高产品/物料回用的可能性？	
17. 提高产品/物料回用存在的问题？	
18. 能否减少或消除这些问题？	
19. 能否通过贴标签增强对物料的识别？需要什么样的机会？	
20. 这样做对环境和能源方面有什么影响？	

附表 9　输入物料汇总表

项　　目		物　　料		
		物料号：	物料号：	物料号：
物料种类				
名称				
物料功能				
有害成分及特性				
活性成分及特性				
有害成分浓度				
年消耗量	总计			
	有害成分			
单位价格				
年总成本				
输送方法				
包装方法				
储存方法				
内部运输方法				
包装材料管理				
库存管理				
储存期限				
供应商是否回收	到储存期限的物料			
	包装材料			
可能的替代物料				
可能选择的供应商				
其他资料				

附表 10　产品汇总

项　目		物　料		
		物料号：	物料号：	物料号：
产品种类				
名称				
有害成分特性				
年产量	总计			
	有害成分			
运输方法				
包装方法				
就地储存方法				
包装能否回收（是/否）				
储存期限				
客户是否准备	接受其他规格的产品			
	接受其他包装方式			
其他资料				

附表 11 废物特性

工段名称

1. 废物名称

2. 废物特性

化学和物理特性简介（如有分析报告请附上）_____

有害成分

有害成分浓度（如有分析报告请附上）

有害成分及废物所执行的环境/法规

有害成分及废物所造成的问题

3. 排放种类
　□连续
　□不连续
　　类型　　周期性　　　　　周期时间
　　　　　　偶尔发生（无规律）

4. 产生量

5. 排放量
　最大　　　　　　　　　平均

6. 处理处置方式

7. 发生源

8. 发生形式

9. 是否分流
　□是
　□否，与何种废物合流

附表 12　企业历年原辅料和能源消耗表

主要原辅料和能源	单位	使用部位	近三年年消耗量			近三年单位产品消耗量				备注
						实耗			定额	

附表 13　企业历年产品情况表

产品名称	生产车间	产品单位	近三年年产量			近三年年产值			占总产值比例			备注

附表 14 企业历年废物流情况表

类别	名称	近三年年排放量			近三年单位产品消耗量				备注
					排放			定额	
废水	废水量								
废气	废气量								
固废	总废渣量								
	有毒废渣								
	炉渣								
	垃圾								
其他									

附表 15 企业废物产生原因分析表

主要废物产生源	原因分析							
	原辅材料和能源	技术工艺	设备	过程控制	产品	废物特性	管理	员工

附表 16 审核重点资料收集名录

序号	内 容	可否获得(是或否)	来源	获取方法	备注
1	平面布置图				
2	组织机构图				
3	工艺流程图				
4	各单元操作工艺流程图				
5	工艺设备流程图				
6	输入物料汇总				参见工作表 2-7
7	产品汇总				参见工作表 2-8
8	废物特性				参见工作表 2-9
9	历年原辅料和能源消耗表				参见工作表 2-10
10	历年产品情况表				参见工作表 2-11
11	历年废物流情况表				参见工作表 2-12

附表 17 审核重点单元操作功能说明表

单元操作名称	功 能

附表 18　审核重点物流准备表

序号	监测点位置及名称	监测项目及频率								备注
		项目	频率	项目	频率	项目	频率	项目	频率	

附表 19　审核重点物流数据表

序号	监测点名称	取样时间	实测结果				备注

附表 20　审核重点废物产生的原因分析表

废物产生部位	废物名称	影响因素							
		原辅材料和能源	技术工艺	设备	过程控制	产品	废物特性	管理	员工

附表 21 清洁生产合理化建议表

姓名： 部门：

联系电话：

建议名称：

建议的主要内容：

可能产生的效益估算：

所需的投入估算：

附表 22　方案汇总表

方案类型	方案编号	方案名称	方案简介	预计投资	预计效果	
					环境效果	经济效益
原辅材料和能源替代						
技术工艺改造						
设备维护和更新						
过程优化控制						
产品更换或改进						
废物回收利用和循环使用						
加强管理						
员工素质的提高及积极性的激励						

附表 23 方案的权重总和计分排序表

权重因素	权重值(W)	方案得分($R=1\sim10$)			
		名称:	名称:	名称:	名称:
环境效益					
经济可行性					
技术可行性					
可实施性					
总分(ΣWR)					
排序					

附表 24　方案筛选结果汇总表

筛 选 结 果	方 案 编 号	方 案 名 称
可靠的无低费方案		
初步可行的中高费方案		
不可行方案		

附表 25　方案说明表

方案编号及名称	
要点	
主要设备	
主要技术经济指标（包括费用及效益）	
可能的环境影响	

附表 26　无低费方案实施效果的核定与汇总表

方案编号	方案名称	实施时间	投资	运行费	经济效益	环境效果			
	小计								

附表 27　投资费用统计表

可行性分析方案名称：

项目	
1. 基建投资	
(1)固定资产投资	
1)设备购置	
2)物料和场地准备	
3)与公用设施连接费(配套工程费)	
(2)无形资产投资	
1)专利或技术转让费	
2)土地使用费	
3)增容费	
(3)开办费	
1)项目前期费用	
2)筹建管理费	
3)人员培训费	
4)试车和验收的费用	
(4)不可预见费	
2. 建设期利息	
3. 项目流动资金	
(1)原材料,燃料占用资金的增加	
(2)在制品占用资金的增加	
(3)产成品占用资金的增加	
(4)库存现金的增加	
(5)应收账款的增加	
(6)应付账款的增加	
总投资汇总 1＋2＋3	
4. 补贴	
总投资费用 1＋2＋3－4	

附表 28　运行费用收益统计表

可行性分析方案名称：

1. 年运行费用总节省金额　　　　　_____

$P=(1)+(2)$　　　　　_____

　　(1)收入增加额　　　　　_____

　　1)由于产量增加的收入　　　　　_____

　　2)由于质量提高、价格提高的收入增加　　　　　_____

　　3)专项财政收益　　　　　_____

　　4)其他收入增加额　　　　　_____

　　(2)总运行费用的减少额　　　　　_____

　　1)原材料消耗的减少　　　　　_____

　　2)动力和燃料费用的减少　　　　　_____

　　3)工资和维修费用的减少　　　　　_____

　　4)其他运行费用的减少　　　　　_____

　　5)废物处理处置费用的减少　　　　　_____

　　6)销售费用的减少　　　　　_____

2. 新增设备年折旧费(D)　　　　　_____

3. 应税利润(吨)$=P-D$　　　　　_____

4. 净利润＝应税利润－各项应纳税金　　　　　_____

　　1)增值税　　　　　_____

　　2)所得税　　　　　_____

　　3)城建税和教育附加税　　　　　_____

　　4)资源税　　　　　_____

　　5)消费税　　　　　_____

附表 29　方案经济评估指标汇总表

经济评价指标	方案：	方案：	方案：
1. 总投资费用(I)			
2. 年运行费用总节省金额(P)			
3. 新增设备年折旧费			
4. 应税利润			
5. 净利润			
6. 年增加现金流量(F)			
7. 投资偿还期(N)			
8. 净现值(NPV)			
9. 净现值(NPVR)			
10. 内部收益率(IRR)			

附表 30 方案简述及可行性分析结果表

方案名称/类型 ＿＿＿＿＿＿＿＿＿＿＿＿＿＿＿＿＿＿＿＿＿＿＿＿＿＿＿＿＿

方案的基本原理：

方案简述：

获得何种效益

国内外同行业水平

方案投资

影响下列废物

影响下列原料和添加剂＿＿＿＿＿＿＿＿＿＿＿＿＿＿＿＿＿＿＿＿＿＿＿

影响下列产品

技术评估结果简述：

环境评估结果简述：

经济评估结果简述：

附表 31　方案实施进度表（甘特图）

编号	任务	期限	时　标									负责部门和负责人

附表 32　已实施的无低费方案环境效果对比一览表

编号	方案名称	比较项目	资源消耗				废物产生		
			物耗	水耗	能耗		废水	废气量	固废量
		实施前							
		实施后							
		削减量							
		实施前							
		实施后							
		削减量							
		实施前							
		实施后							
		削减量							
		实施前							
		实施后							
		削减量							
		实施前							
		实施后							
		削减量							
		实施前							
		实施后							
		削减量							
		实施前							
		实施后							
		削减量							

附表 33 已实施的无低费方案经济效益对比一览表

编号	比较项目 方案名称	产值	原材料 费用	能源 费用	公共设 备费用	水费	污染控 制费用	污染排 放费用	维修费	税金	其他 支出	净利 润		
	实施前													
	实施后													
	经济效益													
	实施前													
	实施后													
	经济效益													
	实施前													
	实施后													
	经济效益													
	实施前													
	实施后													
	经济效益													
	实施前													
	实施后													
	经济效益													
	实施前													
	实施后													
	经济效益													

附表 34　已实施的中高费方案环境效果对比一览表

编号	方案名称	项　目	资源消耗					废物产生			
			物耗	水耗	能耗			废水量	废气量	固废量	
		方案实施前(A)									
		设计的方案(B)									
		方案实施后(C)									
		方案实施前后之差($A-C$)									
		方案设计与实际之差($B-C$)									
		方案实施前(A)									
		设计的方案(B)									
		方案实施后(C)									
		方案实施前后之差($A-C$)									
		方案设计与实际之差($B-C$)									
		方案实施前(A)									
		设计的方案(B)									
		方案实施后(C)									
		方案实施前后之差($A-C$)									
		方案设计与实际之差($B-C$)									

附表 35　已实施的无低费方案经济效益对比一览表

编号	方案名称	项　目	产值	原材料费用	能源费用	公共设备费用	水费	污染控制费用	污染排放费用	维修费	税金	其他支出	净利润
		方案实施前(A)											
		设计的方案(B)											
		方案实施后(C)											
		方案实施前后之差($A-C$)											
		方案设计与实际之差($B-C$)											
		方案实施前(A)											
		设计的方案(B)											
		方案实施后(C)											
		方案实施前后之差($A-C$)											
		方案设计与实际之差($B-C$)											
		方案实施前(A)											
		设计的方案(B)											
		方案实施后(C)											
		方案实施前后之差($A-C$)											
		方案设计与实际之差($B-C$)											

附表 36　实施的清洁生产方案环境效益汇总表

类型	编号	名称	资源消耗(削减量)					废物产生(削减量)			
			物耗	水耗	能耗			废水量	废气量	固废量	
无低费方案											
小计		削减量									
		削减率									
中高费方案											
小计		削减量									
		削减率									
总计		总削减量									
		总削减率									

附表 37 已实施的清洁生产方案经济效益汇总表

类型	编号	名称	产值	原材料费用	能源费用	公共设备费用	水费	污染控制费用	污染排放费用	维修费	税金	其他支出	净利润
无低费方案													
	小计												
中高费方案													
	小计												
	总计												

附表 38　已实施的清洁生产方案实施效果的核定与汇总

方案类型	方案编号	方案名称	实施时间	投资	运行费	经济效益	环境效果		
无低费方案									
		小计							
中高费方案									
		小计							
		总计							

附表 39 审核前后企业各项单位产品指标对比表

单位产品指标	审核前	审核后	差值	国内先进水平	国外先进水平
单位产品原料消耗					
单位产品耗水					
单位产品耗煤					
单位产品耗能（折标煤）					
单位产品耗汽					
单位产品排水量					

附表 40　清洁生产的组织机构

组织机构名称	
行政归属	
主要任务及职责	

附表 41　持续清洁生产计划

计　划　分　类	主要内容	开始时间	结束时间	负责部门
下一轮清洁生产审核工作计划				
本轮审核清洁生产方案的实施计划				
清洁生产新技术的研究与开发计划				
企业职工的清洁生产培训计划				

参 考 文 献

[1] 洪楠，于宏兵，薛旭方，王攀，展思辉. 餐厨垃圾中典型组分的裂解液化特征研究 [J]. 环境工程学报，2010，4 (5)：1161-1166.

[2] 薛旭方，于晗，洪楠，王攀，展思辉，于宏兵. 餐饮垃圾主要成分的热解动力学研究 [J]. 环境工程学报，2010，4 (10)：2349-2354.

[3] 孟小燕，于宏兵，王攀，戎晓坤. 低碳经济视角下中药行业药渣催化裂解资源化研究 [J]. 环境污染与防治，2010，32 (6)：32-35.

[4] 展思辉，袁杰，于宏兵，张仁江，赵萍. 低碳经济走进中国 [J]. 环境保护与循环经济，2010，6，7-9.

[5] 于宏兵，闫春红，展思辉，张霞，马淑芹，蒋彬. 基于成品率的电子行业节能减排探析 [J]. 环境保护，2008，402 (3)：4-6.

[6] 王攀，展思辉，于宏兵，薛旭方，张霞，洪楠. 废弃中药渣催化热解制取生物油的研究 [J]. 环境污染与防治，2010，32 (5)：14-18.

[7] 藏留洋，于宏兵，金国平，王金鑫. 废轮胎热裂解行业清洁生产审核方法研究 [J]. 环境科学与技术，2009，32 (4)：195-198.

[8] 马淑芹，于宏兵，蒋彬，张霞，闫春红，展思辉. 电力行业节能减排途径探讨 [J]. 环境工程，2008，26 增刊：196-199，251.

[9] 于宏兵，张霞，展思辉. 综合评判法识别清洁生产审核重点方法学研究 [J]. 环境污染与防治，2008，6，110.

[10] 于宏兵，闫春红，展思辉等. 基于成品率的电子行业节能减排探析 [J]. 环境保护，2008，16：4-6.

[11] 马淑芹，于宏兵，蒋彬等. 电力行业节能减排途径探讨 [J]. 环境工程. 2008，12 增刊.

[12] 于宏兵，马淑芹等. 煤矿废弃物资源化利用与循环经济浅议 [J]. 环境保护与循环经济. 2008，28 (11)：15-18.

[13] 张霞，于宏兵，洪楠等. 染料行业节能减排实践 [J]. 环境工程，2008，26 增刊.

[14] 张霞，于宏兵. 染料行业节水减污措施探讨 [J]. 环境科学与管理，2009，34 (8)：183-187.

[15] 藏留洋，于宏兵，金国平，王金鑫. 废旧轮胎热解行业清洁生产审核方法研究 [J]. 环境科学与技术，2009，32 (4)：195-198.

[16] 于宏兵，袁杰，戎晓坤等. 制药行业清洁化构想 [J]. 环境保护，2010，02：65-67.

[17] 戎晓坤，于宏兵，袁杰等. 油气田企业节能减排时间探析 [J]. 环境污染与防治，2010，32 (3)：85-89.

[18] 于宏兵，宗秀雨，朱坦，郭昊，再生胶清洁生产评价指标的构建 [J]. 化工环保，2010，30 (5)：432-436.

[19] 袁杰，于宏兵，戎晓坤，李云飞，新疆棉花生态产业链构建研究 [J]. 环境保护与循环经济，2010，(10)：37-40.

[20] 孟小燕，于宏兵，王攀，李云飞. 中药行业药渣资源化的低碳经济模式 [J]. 环境保护，2010：63-65.

[21] 张璐鑫，王攀，于宏兵. 金属掺杂 TiO_2 对中药渣裂解油特性的影响 [J]. 现代农业科技，2010，9：13-15.

[22] 孟小燕，于宏兵，王攀，李云飞. 中药行业药渣资源化低碳经济模式研究——以天津某制药企业为例 [J]. 环境保护，2010，8：63-65.

[23] 金适. 清洁生产与循环经济 [M]. 北京：气象出版社，2007.

[24] 魏立安. 清洁生产审核与评价 [M]. 北京：中国环境科学出版社，2005.

[25] 国家环境保护总局科技标准司. 清洁生产审计培训教材 [M]. 北京：中国环境科学出版社，2001.

[26] 赵玉明. 清洁生产 [M]. 北京：中国环境科学出版社，2005.

[27] 朱慎林. 清洁生产导论 [M]. 北京：化学工业出版社，2001.

[28] 主沉浮，孙良，魏云鹤. 清洁生产的理论与实践 [M]. 济南：山东大学出版社，2003.

[29] 《企业清洁生产审计手册》

[30] 赵华林，陈吕军，温东辉. 污染预防与清洁生产原理-教师手册 [M]. 北京：中国环境科学出版社，2003.

[31] 郭斌，庄源益. 清洁生产工艺 [M]. 北京：化学工业出版社，2003.

[32] 张天柱，石磊，贾小平. 清洁生产导论 [M]. 北京：高等教育出版社，2006.

[33] 裴宏杰，张春晔，王贵成. 工业生产系统环境污染治理理念的探讨 [D]. 北京：中国科学院上海冶金研究所，2000.

[34] 刘冀生. 企业经营战略 [M]. 北京：清华大学出版社，1998.

[35] 方战强，任官平. 能源审计原理与实施方法.

[36] 冯宵，李勤凌. 化工节能原理与技术 [M]. 北京：化学工业出版社，2008.

[37] 尹洪超. 企业能源审计与节能技术 [M]. 大连：大连理工大学出版社，2006.

[38] 陈清林，华贵. 能量系统热力学分析优化方法发展趋势 [J]. 自然杂志，1999，6.

[39] 魏建中，刘荣英. 设备更新的技术经济分析 [M]. 西安：山西科学技术出版社.

[40] 刑芳芳，欧阳志云，杨建新，郑华，罗婷文. 经济环境系统的物质流分析 [J]. 生态学杂志，2007 (2).

[41] 黄和平，毕军，张炳，李祥妹，杨洁，石磊. 物质流分析研究述评 [J]. 生态学报，2007，27 (1)：368-379.

[42] 胡长庆，张玉柱，张春霞. 烧结过程物质流和能量流分析 [J]. 烧结球团，2007，2.

[43] 杨再鹏. 清洁生产的理论与实践 [M]. 北京：中国标准出版社，2008.

[44] 孙启宏. 清洁生产标准体系研究 [M]. 北京：新华出版社，2006.

[45] 郭显锋，张新力，方平. 清洁生产审核指南 [M]. 北京：中国环境科学出版社，2007.

[46] 史捍民. 企业清洁生产实施指南 [M]. 北京：化学工业出版社，2001.

[47] 江丕森. 推行清洁生产对策研究 [D]. 沈阳：东北大学，2000.

[48] 陈科峰，陈自兰. 清洁发展机制及其在我国的实施 [J]. 化工生产与技术，2007，14 (3)：60-64.

[49] 戴伟娣. 清洁发展机制简介（Ⅱ）——清洁发展机制方法学理论基础 [J]. 生物质化学工程，2006，40 (2)：50-52.

[50] 汪秀丽. 清洁发展机制浅论 [J]. 水利电力科技，2007，33 (4)：1-8.

[51] 齐海云，藏留洋，张灿. 国内外 CDM 项目开展现状对比分析及建议 [D]. 天津：南开大学环境科学与工程学院，2000.

[52] 张忠宪. 环境与绿色化学 [M]. 北京：清华大学出版社，2008.

[53] 朱文祥. 绿色化学与绿色化学教育 [J]. 化学教育，2001，1：1-4，18.

[54] 臧树良，关伟，李川. 清洁生产绿色化学原理与实践 [M]. 北京：化学工业出版社，2006.

[55] 孙大光，杨旭海. 企业持续清洁生产的保障措施 [J]. 江苏环境科技，2004，17 (2)：16-48.

[56] 段宁，周长波. 我国强制性清洁生产审核法律政策形成过程的研究与分析 [J]. 中国人口·资源与环境，2007，17 (4)：107-110.

[57] 曹若愚，张宏放. 浅析我国清洁生产制度及立法现状 [J]. 内燃机与动力装置，2009，2：55-58.

[58] 魏娜，田义文，闫华娟. 论我国清洁生产法律制度的完善 [J]. 安徽农业科学，2009，37 (10)：4725-4727.

[59] 孙大光，路红军. 清洁生产审核思路的实现方法与形式 [J]. 环境与可持续发展，2009，6：61-63.

[60] 孙大光. 清洁生产标准在审核过程中的应用 [J]. 环境保护，2009，14 (21)：40-41.

[61] 孙大光. 清洁生产审核工作职能定位探讨 [J]. 工业安全与环保，2005，31 (2)：51-52.

[62] 孙大光，赵力，郝亚男. 企业清洁生产方案的产生与识别研究 [J]. 环境技术，2004，5：46-48.

[63] 孙大光，肖尊东. 浅谈企业清洁生产审核过程中信息的采集 [J]. 北方环境，2004，29 (3)：71-73.

[64] Pan Wang, Sihui Zhan, Hongbing Yu, Xufang Xue, Nan Hong. The effects of temperature and catalysts on the pyrolysis of industrial wastes (herb residue). Bioresour. Technol, 2010, 101 (9)：3236-3241. (SCI IF：4.253)

[65] Pan Wang, Hongbing Yu, Sihui Zhan, Shengqiang Wang. Catalytic hydrolysis of lignocellulosic biomass into 5-hydroxymethylfurfural in ionic liquid. Bioresour. Technol, 2011, 102 (5)：4179-4183. (SCI IF：4.253)

[66] R. Aravindhan, S. Saravanabhavan, P. Thanikaivelan, J. Raghava Rao, B. Unni Nair. A chemo-enzymatic pathway leads towards zero discharge tanning [J]. Journal of Cleaner Production, 2007 (15)：1217-1227.

[67] Robinson Alazraki, James Haselip. Assessing the uptake of small-scale photovoltaic electricity production in Argentina：the PERMER project [J]. Journal of Cleaner Production, 2007 (15)：131-142.

[68] Olli Salmi. Eco-efficiency and industrial symbiosis-a counterfactual analysis of a mining community [J]. Journal of Cleaner Production, 2007 (15)：1696-1706.

[69] Tinashe D. Nhete. Electricity sector reform in Mozambique：a projection into the poverty and social impacts [J]. Journal of Cleaner Production, 2007 (15)：190-202.

[70] Semereab Habtetsion, Zemenfes Tsighe. Energy sector reform in Eritrea：initiatives and implications [J]. Journal of Cleaner Production, 2007 (15)：178-189.

[71] Eija Nieminen , Michael Linke, Marion Tobler, Bob Vander Beke. EU COST Action 628：life cycle assessment (LCA) of textile products, eco-efficiency and definition of best available technology (BAT) of textile processing [J]. Journal of Cleaner Production, 2007 (15)：1259-1270.

[72] Special issue of the Journal of Cleaner Production, From Material Flow Analysis to Material Flow Management：strategic sustainability management on a principle level [J]. Journal of Cleaner Production, 2007 (15)：1585-1595.

[73] Mo'nica Marcela Zuluaga, Isaac Dyner. Incentives for renewable energy in reformed Latin-American electricity markets：the Colombian case [J]. Journal of Cleaner Production, 2007 (15)：153-162.

[74] Jarmo Vehmas, Jyrki Luukkanen, Jari Kaivo-oja. Linking analyses and environmental Kuznets curves for aggregated material flows in the EU [J]. Journal of Cleaner Production, 2007 (15)：1662-1673.

[75] Ben Pearson. Market failure：why the Clean Development Mechanism won't promote clean development [J]. Journal of Cleaner Production, 2007 (15)：247-252.

[76] David Gibbs, Pauline Deutz. Reflections on implementing industrial ecology through eco-industrial park development [J]. Journal of Cleaner Production, 2007 (15)：247-252.

[77] Judith A. Cherni, Felix Preston. Rural electrification under liberal reforms: the case of Peru [J]. Journal of Cleaner Production, 2007 (15): 143-152.

[78] Daniel J. Lang, Claudia R. Binder, Roland W. Scholz, Arnim Wiek, Beat Sta'ubli, Christian Sieber. Sustainability Potential Analysis (SPA) of landfillsda systemic approach: initial application towards a legal landfill assessment [J]. Journal of Cleaner Production, 2007 (15): 1654-1661.

[79] Daniel J. Lang, Roland W. Scholz, Claudia R. Binder, Arnim Wiek, Beat Stäubli. Sustainability Potential Analysis (SPA) of landfills e a systemic approach: theoretical considerations [J]. Journal of Cleaner Production, 2007 (15): 1628-1638.

[80] A. R. Ometto, P. A. R. Ramos b, G. Lombardi. The benefits of a Brazilian agro-industrial symbiosis system and the strategies to make it happen [J]. Journal of Cleaner Production, 2007 (15): 1253-1258.

[81] Harald Throne-Holst, Eivind Stɸ, Pa°l Strandbakken. The role of consumption and consumers in zero emission strategies [J]. Journal of Cleaner Production, 2007 (15): 1328-1336.

[82] Leo Baas. To make zero emissions technologies and strategies become a reality, the lessons learned of cleaner production dissemination have to be known [J]. Journal of Cleaner Production, 2007 (15): 1205-1216.

[83] Sɸren Nors Nielsen. What has modern ecosystem theory to offer to cleaner production, industrial ecology and society? The views of an ecologist [J]. Journal of Cleaner Production, 2007 (15): 1639-1653.

[84] Janis Gravitis. Zero techniques and systems-ZETS strength and weakness [J]. Journal of Cleaner Production, 2007 (15): 1190-1197.

[85] Paul Ekins, Robin Vanner, James Firebrace. Zero emissions of oil in water from offshore oil and gas installations: economic and environmental implications [J]. Journal of Cleaner Production, 2007 (15): 1302-1315.

[86] Mohammed S. Al-Soud, Eyad S. Hrayshat. A 50MW concentrating solar power plant for Jordan [J]. Journal of Cleaner Production, 2009 (17): 625-635.

[87] Kai Li, Hui Chen a, Yajuan Wang, Zhihua Shan, Jeff Yang, Patrick Brutto. A salt-free pickling regime for hides and skins using oxazolidine [J]. Journal of Cleaner Production, 2009 (17): 1603-1606.

[88] Xianbing Liu, V. Anbumozhi. Determinant factors of corporate environmental information disclosure: an empirical study of Chinese listed companies [J]. Journal of Cleaner Production, 2009 (17)): 593-600.

[89] Thomas Bechtold, Aurora Turcanu. Electrochemical reduction in vat dyeing: greener chemistry replaces traditional processes [J]. Journal of Cleaner Production, 2009 (17): 1669-1679.

[90] Simon Lehuger, Benoı̂t Gabrielle, Nathalie Gagnaire. Environmental impact of the substitution of imported soybean meal with locally-produced rapeseed meal in dairy cow feed [J]. Journal of Cleaner Production, 2009 (17): 616-624.

[91] Klaus Hubacek, Dabo Guan b, John Barrett, Thomas Wiedmann. Environmental implications of urbanization and lifestyle change in China: Ecological and Water Footprints [J]. Journal of Cleaner Production, 2009 (17): 1241-1248.

[92] Dagmara Nawrocka, Thomas Parker. Finding the connection: environmental management systems and environmental performance [J]. Journal of Cleaner Production, 2009 (17): 601-607.

[93] Irene Mei Leng Chew, Raymond R. Tan, Dominic Chwa, Yee Foo, Anthony Shun Fung Chiu. Game theory approach to the analysis of inter-plant water integration in an eco-industrial park [J]. Journal of Cleaner Production, 2009 (17): 1611-1619.

[94] Zengwei Yuan, Lei Shi. Improving enterprise competitive advantage with industrial symbiosis: case study of a smeltery in China [J]. Journal of Cleaner Production, 2009 (17): 1295-1302.

[95] Yong Geng, Zhao Hengxin. Industrial park management in the Chinese environment [J]. Journal of Cleaner Production, 2009 (17): 1289-1294.

[96] W. L. M. Tamis a, A. van Dommelen, G. R. de Snoo. Lack of transparency on environmental risks of genetically modified micro-organisms in industrial biotechnology [J]. Journal of Cleaner Production, 2009 (17): 581-592.

[97] Marcello M. Veiga, Denise Nunes, Bern Klein, Janis A. Shandro, P. Colon Velasquez, Rodolfo N. Sousa. Mill leaching: a viable substitute for mercury amalgamation in the artisanal gold mining sector? [J]. Journal of Cleaner Production, 2009 (17): 1373-1381.

[98] D. Wattanasiriwech, A. Saiton, S. Wattanasiriwech. Paving blocks from ceramic tile production waste [J]. Journal of Cleaner Production, 2009 (17): 1663-1668.

[99] Christopher R. Cherry a, Perry Gottesfeld. Plans to distribute the next billion computers by 2015 creates lead pollution risk [J]. Journal of Cleaner Production, 2009 (17): 1620-1628.

[100] Nae-Wen Kuo, Pei-Hun Chen. Quantifying energy use, carbon dioxide emission, and other environmental loads

from island tourism based on a life cycle assessment approach [J]. Journal of Cleaner Production, 2009 (17): 1324-1330.

[101] Hossein Mousazadeh, Alireza Keyhani, Hossein Mobli, Ugo Bardi, Ginevra Lombardi, Toufic el Asmar. Technical and economical assessment of a multipurpose electric vehicle for farmers [J]. Journal of Cleaner Production, 2009 (17): 1556-1562.

[102] Nguyen Thi Van Ha, A. Prem Ananth, C. Visvanathan, V. Anbumozhi. Techno policy aspects and socio-economic impacts of eco-industrial networking in the fishery sector: experiences from An Giang Province, Vietnam [J]. Journal of Cleaner Production, 2009 (17): 1556-1562.

[103] Rogerio Ceravolo Calia, Fabio Muller Guerrini, Mario de Castro. The impact of Six Sigma in the performance of a Pollution Prevention program [J]. Journal of Cleaner Production, 2009 (17): 1303-1310.

[104] Brian Vad Mathiesen, Marie Munster, Thilde Fruergaard. Uncertainties related to the identification of the marginal energy technology in consequential life cycle assessments [J]. Journal of Cleaner Production, 2009 (17): 1331-1338.

[105] G. Daian, B. Ozarska. Wood waste management practices and strategies to increase sustainability standards in the Australian wooden furniture manufacturing sector [J]. Journal of Cleaner Production, 2009 (17): 1594-1602.

[106] Lei Liu, Xiaoming Ma. Technology-based industrial environmental management: a case study of electroplating in Shenzhen, China [J]. Journal of Cleaner Production, 2010 (18): 1731-1739.

[107] Joachim H. Spangenberg, Alastair Fuad-Luke, Karen Blincoe. Design for Sustainability (DfS): the interface of sustainable production and consumption [J]. Journal of Cleaner Production, 2010 (18): 1485-1493.

[108] Jacob Park, Joseph Sarkis, Zhaohui Wu. Creating integrated business and environmental value within the context of China's circular economy and ecological modernization [J]. Journal of Cleaner Production, 2010 (18): 1494-1501.

[109] Yong Geng, Wang Xinbei, Zhu Qinghua, Zhao Hengxin Regional initiatives on promoting cleaner production in China: a case of Liaoning [J]. Journal of Cleaner Production, 2010 (18): 1502-1508.

[110] Ali Hasanbeigi, Christoph Menke, Lynn Price. The CO_2 abatement cost curve for the Thailand cement industry [J]. Journal of Cleaner Production, 2010 (18): 1509-1518.

[111] Mats Zackrisson, Lars Avellän, Jessica Orlenius. Life cycle assessment of lithium-ion batteries for plug-in hybrid electric vehicles e Critical issues [J]. Journal of Cleaner Production, 2010 (18): 1519-1529.

[112] Sanda Mid _ zic-Kurtagic, Irem Silajdzic, Tarik Kupusovi. Mapping of environmental and technological performance of food and beverage sector in Bosnia and Herzegovina [J]. Journal of Cleaner Production, 2010 (18): 1535-1544.

[113] Mariliz Gutterres, Patrice M. Aquim, Joana B. Passos, Jorge O. Trierweiler. Water reuse in tannery beamhouse process [J]. Journal of Cleaner Production, 2010 (18): 1545-1552.

[114] Deanna Kempa, Carol J. Bond b, Daniel M. Franks a, Claire Cote. Mining, water and human rights: making the connection [J]. Journal of Cleaner Production, 2010 (18): 1553-1562.

[115] S. Geetha, K. Ramamurthy. Environmental friendly technology of cold-bonded bottom ash aggregate manufacture through chemical activation [J]. Journal of Cleaner Production, 2010 (18): 1545-1552.

[116] Sophie Hallstedt, Henrik Nya, Karl-Henrik Robe`rt, Goran Broman. An approach to assessing sustainability integration in strategic decision systems for product development [J]. Journal of Cleaner Production, 2010 (18): 703-712.

[117] Tavis Potts. The natural advantage of regions: linking sustainability, innovation, and regional development in Australia [J]. Journal of Cleaner Production, 2010 (18): 713-725.

[118] Brigitte Langevin, Claudine Basset-Mens, Laurent Lardon. Inclusion of the variability of diffuse pollutions in LCA for agriculture: the case of slurry application techniques [J]. Journal of Cleaner Production, 2010 (18): 747-755.

[119] Iñaki Heras, German Arana. Alternative models for environmental management in SMEs: the case of Ekoscan vs. ISO 14001 [J]. Journal of Cleaner Production, 2010 (18): 726-735.

[120] Thu Lan T. Nguyen, John E. Hermansen, Lisbeth Mogensen. Environmental consequences of different beef production systems in the EU [J]. Journal of Cleaner Production, 2010 (18): 756-766.

[121] Alessandro K. Cerutti, Marco Bagliani, Gabriele L. Beccaro, Giancarlo Bounous. Application of Ecological Footprint Analysis on nectarine production: methodological issues and results from a case study in Italy [J]. Journal of Cleaner Production, 2010 (18): 771-776.

[122] Hatice Sengül, Thomas L. Theis. An environmental impact assessment of quantum dot photovoltaics (QDPV) from raw material acquisition through use [J]. Journal of Cleaner Production, 2011 (19): 21-31.

[123] A. Zabaniotou, K. Andreou. Development of alternative energy sources for GHG emissions reduction in the textile

industry by energy recovery from cotton ginning waste [J]. Journal of Cleaner Production，201 (18)：784-790.

[124] Jovan Jovanovic, Mica Jovanovic, Ana Jovanovic, Vedrana Marinovic . Introduction of cleaner production in the tank farm of the Pancevo Oil Refinery, Serbia [J]. Journal of Cleaner Production, 2010 (18)：791-798.

[125] Ines Costa, Guillaume Massard, Abhishek Agarwal . Waste management policies for industrial symbiosis development：case studies in European countries [J]. Journal of Cleaner Production, 2010 (18)：815-822.

[126] Jindan Du, Weijian Han, Yinghong Peng . Life cycle greenhouse gases, energy and cost assessment of automobiles using magnesium from Chinese Pidgeon process [J]. Journal of Cleaner Production, 2010 (18)：112-119.

[127] Harish Kumar Jeswani, Adisa Azapagic, Philipp Schepelmann , Michael Ritthoff . Options for broadening and deepening the LCA approaches [J]. Journal of Cleaner Production, 2010 (18)：120-127.

[128] Ian Holton, Jacqui Glass, Andrew D. F. Price. Managing for sustainability：findings from four company case studies in the UK precast concrete industry [J]. Journal of Cleaner Production, 2010 (18)：152-160.

[129] Sanni Eloneva, Eeva-Maija Puheloinen, Jaakko Kanerva, Ari Ekroos, Ron Zevenhoven Carl-Johan Fogelholm. Co-utilisation of CO_2 and steelmaking slags for production of pure $CaCO_3$ e legislative issues [J]. Journal of Cleaner Production, 2010 (18)：1833-1839.

[130] Carlos Cerdan, Cristina Gazulla, Marco Raugei, Eva Martinez , Pere Fullana-i-Palmer. Proposal for new quantitative eco-design indicators：a first case study [J]. Journal of Cleaner Production, 2009 (17)：1638-1643.

[131] Franci Pusavec, Peter Krajnik, Janez Kopac. Transitioning to sustainable production-Part I ：application onmachining technologies [J]. Journal of Cleaner Production, 2010 (18)：174-184.

[132] Irene Mei Leng Chew, Raymond R. Tan, Dominic Chwan Yee Foo, Anthony Shun Fung Chiu. Game theory approach to the analysis of inter-plant water integration in an eco-industrial park [J]. Journal of Cleaner Production, 2009 (17)：1611-1619.

[133] Meor Othman Hamzah, Ali Jamshidi, Zulkurnain Shahadan. Evaluation of the potential of Sasobit to reduce required heat energy and CO_2 emission in the asphalt industry [J]. Journal of Cleaner Production, 2010 (18)：1859-1865.

[134] María-Vicenta Galiana-Aleixandre, José-Antonio Mendoza-Roca, Amparo Bes-Piá. Reducing sulfates concentration in the tannery effluent by applying pollution prevention techniques and nanofiltration [J]. Journal of Cleaner Production, 2011 (19)：91-98.

[135] Stefan Gold, Stefan Seuring. Supply chain and logistics issues of bio-energy production [J]. Journal of Cleaner Production, 2011 (19)：32-42.

[136] Jeffrey K. Seadon. Sustainable waste management systems [J]. Journal of Cleaner Production, 2010 (18)：1639-1651.

[137] Silvia Blajberg Schaffel, Emilio Lèbre La Rovere. The quest for eco-social efficiency in biofuels production in Brazil [J]. Journal of Cleaner Production, 2010 (18)：1663-1670.

[138] Ramesh Subramoniam, Donald Huisingh, Ratna Babu Chinnam. Aftermarket remanufacturing strategic planning decision-making framework：theory & practice [J]. Journal of Cleaner Production, 2010 (18)：1575-1586.